叶片泵设计数值模拟
基础与应用

张德胜　张启华　施卫东　编著

机械工业出版社

本书运用大量图片和案例，对叶片泵数值模拟必须进行的三维造型、网格划分和计算流体动力学（CFD）三个步骤进行阐述，提供了实战性强的方法，为叶片泵水力设计提供了有力的工具。

　　本书围绕对不同类型的叶片泵进行计算流体力学数值模拟这一主题，首先简要介绍了计算流体力学基础知识；然后，基于Siemens公司的三维建模软件Unigraphics向读者详细介绍圆柱形离心泵叶轮、扭曲离心泵叶轮、双流道泵叶轮、双叶片污水泵、混流泵叶轮、轴流泵叶轮、蜗壳、径向导叶、空间导叶等三维建模技术；最后，基于ANSYS-ICEM软件介绍网格划分技术，基于ANSYS-CFX介绍CFD数值模拟、流固耦合模拟等技术。全书内容深入浅出，理论和实践相结合，侧重软件的操作和使用，实用性强，读者可在短时间内掌握CFD技术，解决叶片泵数值模拟中的三维造型、网格划分和数值模拟中的难点，掌握关键操作步骤，应用于叶片泵的性能预测和优化。

　　本书适合流体机械专业的本科生、硕士研究生和博士研究生，以及水泵行业的工程技术人员阅读使用和参考，以便尽快掌握CFD这一技术并应用在水泵行业工程实践中，推动我国水泵行业设计技术的发展和创新。

图书在版编目（CIP）数据

叶片泵设计数值模拟基础与应用 / 张德胜，张启华，施卫东编著.
— 北京：机械工业出版社，2015.12
ISBN 978-7-111-52131-0

Ⅰ.①叶… Ⅱ.①张… ②张… ③施… Ⅲ.①叶片泵 – 设计 – 数值模拟 Ⅳ.① TH310.22

中国版本图书馆 CIP 数据核字（2015）第 270270 号

机械工业出版社（北京市百万庄大街22号　邮政编码100037）
策划编辑：李万宇　责任编辑：李万宇　杨明远
版式设计：霍永明　责任校对：肖　琳
封面设计：马精明　责任印制：李　洋
三河市宏达印刷有限公司印刷
2015 年 12 月第 1 版第 1 次印刷
184mm × 260mm·18 印张·420 千字
0001—3000 册
标准书号：ISBN 978-7-111-52131-0
定价:68.00 元

前　言

本书运用大量图片和案例，对叶片泵数值模拟必须进行的三维造型、网格划分和计算流体动力学（CFD）三个步骤进行阐述，提供了实战性强的泵 CFD 模拟方法，为叶片泵水力设计和 CFD 优化提供了设计平台和借鉴性强的方法。

由于叶片泵内部叶轮、蜗壳等水力部件是空间三维扭曲的，且泵内部流体运动复杂，传统的性能预测方法较难准确预测泵的水力性能。在实际叶片泵产品研制过程中，若要验证设计的性能，通常要制造样机进行真机试验才能获得各项叶片泵的性能参数，成本高、周期长，严重制约了水泵产品的技术发展。近年来，随着计算机仿真技术的飞速发展，计算机辅助设计和计算流体力学为分析叶片泵内部的流动以及叶片泵的优化设计提供了新的思路和方法。在此背景下，高等院校本科生、研究生和企业工程师可快速通过本书，学习离心泵叶轮、轴流泵叶轮、蜗壳、径向导叶和空间导叶等水力部件的三维造型方法、网格划分方法、流固耦合等，掌握计算流体动力学（CFD）的基本原理，熟练使用计算流体动力学ANSYS CFX 软件平台，解决叶片泵数值模拟中的三维造型、网格划分和数值模拟中的难点和关键操作步骤。

本书围绕对不同类型的叶片泵进行计算流体力学数值模拟这一主题，内容覆盖面广、图文并茂、语言通俗。首先简要介绍了计算流体力学基础知识，供读者掌握 CFD 基本原理；然后，基于 Siemens 公司的三维建模软件 Unigraphics 向读者详细介绍圆柱形离心泵叶轮、扭曲离心泵叶轮、双流道泵叶轮、双叶片污水泵、混流泵叶轮、轴流泵叶轮、蜗壳、径向导叶、空间导叶等三维建模技术；最后，基于 ANSYS-ICEM 软件介绍网格划分技术，基于 ANSYS-CFX 介绍 CFD 数值模拟、流固耦合模拟、CFX 二次开发等技术。全书内容深入浅出，理论和实践相结合，侧重软件的操作和使用，实用性强，读者可在较短时间内掌握 CFD 这一新兴技术，应用于叶片泵的性能预测和工程优化设计。

本书适合流体机械专业的本科生、硕士研究生和博士研究生，以及水泵行业的工程技术人员阅读使用和参考。作者希望本书的出版，可推动我国工程界技术人员尽快掌握 CFD 技术，并应用于泵行业工程实践中，推动我国水泵行业设计技术的发展和创新。

张德胜　于江苏大学
2015 年 8 月

目　录

第 **1** 章 泵数值模拟基础知识

1.1 泵数值方法简介

求解泵内部流动方程组存在多种方法，一般能求出解析解的情况是非常有限的，大多数工程中的流动问题，都需要借助数值方法来获得近似解。

1.1.1 网格生成

本节介绍贴体网格生成方法。

由于在数值求解方程组时，需要对计算域进行网格划分。对任意边界可以有两种网格生成方法：代数法和微分法。对于代数法，边界上的已知节点可以表示为

$$x_b = x_b(\xi,0) , \quad y_b = y_b(\xi,0) \tag{1.1-1}$$

$$x_t = x_t(\xi,1) , \quad y_t = y_t(\xi,1) \tag{1.1-2}$$

式中，ξ 和 η 是边界点，采用连续插值方法，图 1-1-1 中内部节点坐标（x, y）可由边界点（ξ, h）插值获得

$$x(\xi,\eta) = x_b(\xi)f_1(\eta) + x_t(\xi)f_2(\eta) \tag{1.1-3}$$

$$y(\xi,\eta) = y_b(\xi)f_1(\eta) + y_t(\xi)f_2(\eta) \tag{1.1-4}$$

式中，$f_1(\eta)=1-\eta$，$f_2(\eta)=\eta$，根据不同的边界特征，可以选择从 ξ 或者 η 方向插值，从而获得理想的网格，如图 1.1-1 所示。

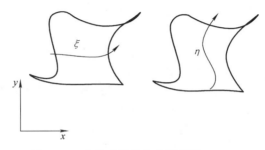

图 1.1-1　代数法插值方向示意图

对于微分方法，拉普拉斯（Laplace）方程代表边值问题，可用来映像生成网格

$$\begin{cases} \nabla^2 \xi = \xi_{xx} + \xi_{yy} = 0 \\ \nabla^2 \eta = \eta_{xx} + \eta_{yy} = 0 \end{cases} \tag{1.1-5}$$

容易地导出其反函数为

$$\begin{cases} \alpha \dfrac{\partial^2 x}{\partial \xi^2} - 2\beta \dfrac{\partial^2 x}{\partial \xi \partial \eta} + \gamma \dfrac{\partial^2 x}{\partial \eta^2} = 0 \\ \alpha \dfrac{\partial^2 y}{\partial \xi^2} - 2\beta \dfrac{\partial^2 y}{\partial \xi \partial \eta} + \gamma \dfrac{\partial^2 y}{\partial \eta^2} = 0 \end{cases} \tag{1.1-6}$$

式中，$\alpha = \left(\dfrac{\partial x}{\partial \eta} \right)^2 + \left(\dfrac{\partial y}{\partial \eta} \right)^2$，$\beta = \dfrac{\partial x}{\partial \xi} \dfrac{\partial x}{\partial \eta} + \dfrac{\partial y}{\partial \xi} \dfrac{\partial y}{\partial \eta}$，$\gamma = \left(\dfrac{\partial x}{\partial \xi} \right)^2 + \left(\dfrac{\partial y}{\partial \xi} \right)^2$。

求解上述方程，即可获得网格数据。根据边界特点，两种方法交互使用可以获得满意的网格，图 1.1-2 所示为单个叶轮通道内流和绕翼型外流的计算网格。

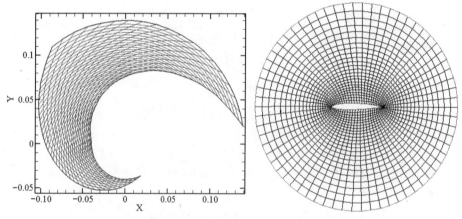

图 1.1-2　单个叶轮通道内流和绕翼型外流网格

1.1.2　网格划分工具

对于复杂结构的网格生成，现在已经演变成为一个专业的技术领域，涉及领域包括计算机图形学、几何拓扑理论、并行计算等。常用的网格划分工具有 ICEMCFD、GridPro、Gridgen 等。下面对几种主要的软件进行简要介绍。

1. ICEMCFD 软件

ICEMCFD 提供丰富的 CAD 模型修复功能，可实现自动中面抽取、独特的网格"雕塑"技术、网格编辑技术、丰富的网格输出格式，以及广泛的求解器支持能力。ICEMCFD 的主要技术优势有如下几点：

1）ICEMCFD 已集成于 ANSYS Workbench 平台，享有 Workbench 平台的技术优势。

2）ICEMCFD 支持与 Unigraphics、Pro/ENGINEER、CATIA、I-DEAS、SolidWorks 等主流建模软件的对接。

3）ICEMCFD 能够快速生成以六面体为主的网格。ICEMCFD 采用了由顶至下的"雕塑"方式，可以生成多重拓扑块的结构和非结构化网格。整个过程半自动化，使用户能在短时间内熟练掌握网格划分核心技术。

4）采用了 O-Grid 等技术，用户可以方便地在 ICEMCFD 中对非规则几何形状划出高质量的"O"形、"C"形、"L"形六面体网格。

5）ICEMCFD 也提供了快速四面体网格划分的能力。对于结构复杂的几何模型进行快速高效的网格划分，用户只需要设定网格参数，系统就可以自动快速地生成四面体网格。

6）ICEMCFD 系统还提供丰富的网格检查工具，便于用户对网格质量进行检查和修改。

7）ICEMCFD 提供了边界 Prism 网格，对边界层进行局部网格细化，或是在不同形状网格（六面体和四面体）之间交接处进行过渡，保证了边界层及交接部较好的计算网格条件。

2. GridPro 软件

GridPro 是美国 PDC 公司专为 NASA 开发的网格生成工具，主要服务于航天、航空、汽车、医药、化工等领域。GridPro 的主要优点有如下几点：

1）GridPro 集成了自动模板功能，当用户完成几何构型修改后，只需轻松点击几下鼠标就可以创建一个新的网格，网格重用性非常好。

2）GridPro 能够非常方便地实现局部和边界层的网格加密，实现只在用户指定分区加密，并自动协调周边分区的网格密度，这样既保证了局部的网格精度，又不影响其他区域网格的数量和计算速度。

3）GridPro 对每一个网格能够进行充分的优化，使每一个元素都是平滑和正交的，从而提高网格的精确度和正交性。

4）GridPro 提供了全方位的检查和评估，从而保证了高质量的细部网格。

5）GridPro 提供了集成输入工具 CADfix，使得用户可以方便地导入和修复所有主流 CAD 建模数据，同时还为 UG、CATIA、ProE、SolidWorks 等 CAD 系统提供了丰富的输入接口。

3. Gridgen 软件

Gridgen 是最初由通用动力公司在研制 F16 战机的过程中于 20 世纪 80 年代开发的网格工具，主要服务于美国军方。随后，Gridgen 的设计人员在 1994 年成立了 Pointwise 公司并推出其商业网格软件。

Gridgen 曾是美国工程师和科学家采用的主流网格划分工具。该软件采用的是传统的思路，即由线到面、由面到体的装配方式生成网格。另外 Gridgen 还支持转动、平移、缩放、复制、投影等多种几何技术。许多现代网格生成技术都能在 Gridgen 中找到。Gridgen 可以生成多块结构网格、非结构网格和混合网格，可以引进 CAD 的输出文件作为网格生成基础。该软件不需要人工清理模型，还能够分析存在瑕疵的 CAD 模型。Gridgen 生成的网格可以支持十几种常用商业的 CFD 软件格式。由于 Gridgen 是在工程应用中发展而来的，实用性强是其主要优点。

1.1.3 数值计算方法概述

常用的数值方法有：有限差分、有限元、有限体积、边界元、谱元等。从上面的分析看到，CFD 模型（控制方程）是一系列偏微分方程组，要得到解析解比较困难，目前，均采用数值方法得到其满足实际需要的近似解。

数值方法求解 CFD 模型的基本思想是：把原来在空间与时间坐标中连续的物理量的场（如速度场、温度场、浓度场等），用一系列有限个离散点（称为节点）上的值的集合来代替，通过一定的原则建立起这些离散点上变量值之间关系的代数方程（称为离散方程），求解所建立起来的代数方程以获得所求解变量的近似解。在过去的几十年内已经发展了多种数值解法，其间的主要区别在于区域的离散方式、方程的离散方式及代数方程求解的方法这三个环节上。目前，在商用软件中常用的是有限体积法和有限元法。下面简要介绍几种常用方法。

1. 有限差分法

有限差分法是一种较经典的算法，其基本原理是泰勒（Taylor）级数展开方法，有限差分曾是求解复杂偏微分方程的最主要的数值计算方法。有限差分法用差商代替微商，用计算区域网格节点值构成差商，近似表示微分方程中各阶导数。例如

$$\left(\frac{\partial u}{\partial x}\right)_{i,n} \approx \frac{u_{i+1}^n - u_i^n}{\Delta x} \tag{1.1-7}$$

式（1.1-7）为一阶向前差分，类似的还有一阶向后差分

$$\left(\frac{\partial u}{\partial x}\right)_{i,n} \approx \frac{u_i^n - u_{i-1}^n}{\Delta x} \tag{1.1-8}$$

或中心差分

$$\left(\frac{\partial u}{\partial x}\right)_{i,n} \approx \frac{u_{i+1}^n - u_{i-1}^n}{2\Delta x} \tag{1.1-9}$$

将表示流场变量一阶导数和二阶导数的差商近似式代入微分方程，就可以得出关于网格节点处的差分方程。求解这一组代数方程组，可得到节点处的流场变量数值解。

有限差分形式简单，对任意复杂的偏微分方程都可以写出其对应的差分方程。但获得差分方程是通过以差商代替微分方程中的微商实现的，微分方程中各项的物理意义和微分方程所反映的物理定律在差分方程中并未体现。因此具有不同流动或传热特征的实际问题在微分方程中所表现的特点，在差分方程中没有得到体现。因此差分方程只是对微分方程的数学近似，并未反映其物理特征，因而差分方程的计算结果可能得不到反映物理本质的某些现象。

2. 有限体积法

在有限体积法中将所计算的区域划分成一系列控制体积，每个控制体积都有一个节点作为代表，通过将守恒型的控制方程对控制体积作积分来导出离散方程。在导出过程中，需要对界面上的被求函数本身及其一阶导数的构成做出假定，这种构成的方式就是有限体积法中的离散格式。用有限体积法导出的离散方程可以保证具有守恒特性，而且离散方程系数的物理意义明确，是目前流动与传热问题数值计算中应用最广泛的一种方法。

有限体积法是在有限差分法的基础上发展起来的，同时它又吸收了有限元法的一些优

点。有限体积法生成离散方程的方法很简单，而且积分方程具有清晰的物理意义。例如，一维稳态对流扩散方程的有限体积法离散方程的出发点为

$$\int_V \frac{\mathrm{d}}{\mathrm{d}x}(\rho u \phi)\mathrm{d}V = \int_V \frac{\mathrm{d}}{\mathrm{d}x}\left(\Gamma \frac{\mathrm{d}\phi}{\mathrm{d}x}\right)\mathrm{d}V \qquad (1.1\text{-}10)$$

式（1.1-10）左边表示控制体的对流量，右边表示控制体的扩散量。把方程改写为

$$\int_V \frac{\mathrm{d}}{\mathrm{d}x}(\rho u \phi) - \frac{\mathrm{d}}{\mathrm{d}x}\left(\Gamma \frac{\mathrm{d}\phi}{\mathrm{d}x}\right)\mathrm{d}V = 0 \qquad (1.1\text{-}11)$$

式（1.1-11）表征稳定状态时通过控制体的对流量与扩散量总和为零，即通量平衡。因此，有限体积法推导其离散方程时是通过控制容积中的积分方程作为出发点，这一点与有限差分法直接从微分方程推导是不同的。另外，有限体积法获得的离散方程，物理上表示的是控制体的通量平衡，方程中各项具有明确的物理意义，这也是有限体积法与有限差分法和有限元法相比更具优势的地方。有限体积法是目前流体流动和传热问题求解中最有效的数值计算方法，已得到广泛应用。

最早的基于有限体积方法的商用 CFD 软件是英国帝国理工学院的 Spalding 教授所研发的 Phoenics 软件，其他常用的采用有限体积法的软件有 CFX、Fluent 和 STAR-CD 等，它们在流动、传热传质、燃烧等方面应用广泛。

3. 有限元法

有限元法是 20 世纪 60 年代出现的一种数值计算方法。最初被用于固体力学问题的数值计算，如杆结构、梁结构、板、壳等的受力与变形问题。20 世纪 70 年代在英国科学家 Zienkiewicz O.C. 等人的努力下，将它推广到各类场问题的数值求解，如温度场等、电磁场等，也包括流场。

在有限元法中把计算区域划分成一系列单元体（在二维情况下，单元体多为三角形或四边形），在每个单元体上取数个点作为节点，然后通过对控制方程做积分来获得离散方程。它与有限体积法的区别主要在于如下两点：

1）要选定一个形状函数（最简单的是线性函数），并通过单元体中节点上的被求变量之值来表示该形状函数，在积分之前将该形状函数代入到控制方程中去。这一形状函数在建立离散方程及求解后结果的处理上都要应用。

2）控制方程在积分之前要乘上一个权函数，要求在整个计算区域上控制方程余量（即代入形状函数后使控制方程等号两端不相等的差值）的加权平均值等于零，从而得出一组关于节点上的被求变量的代数方程组。

有限元法的优点是解题能力强，可以比较精确地模拟各种复杂的曲线或曲面边界，网格划分比较随意，可以统一处理多种边界条件，离散方程的形式规范，便于编制通用的计算机程序。因此，有限元法在固体力学方面获得了极大的成功，但在流体流动和传热方程求解过程中却遇到了一些困难，原因可归结为按加权余量法推导出的有限元离散方程也是对原偏微分方程的数学近似。当处理流动和传热问题的守恒性、强对流、不可压缩等条件方面的要求时，有限元离散方程中各项还无法给出合理的物理解释，对计算中出现的一些误差也难以进行改进，所以在流体流动和传热问题的应用中还存在问题。

有限元法的最大优点是对不规则区域的适应性好，但计算的工作量一般较有限体积法大，而且在求解流动与换热问题时，对流项的离散处理方法及不可压流体原始变量法求解方面没有有限体积法成熟。

目前，Ansys、Abaqus 和 LS-DYNA 等有限元软件比较流行。

4. 边界元法

边界元法是 20 世纪后期针对有限差分法和有限元法占用计算机内存过多的缺点发展起来的一种求解偏微分方程的数值方法，其最大优点是降维，只在求解区域边界进行离散就能求得整个流场的解。因而，三维问题降维为二维问题，二维问题降维为一维问题，从而利用较小的计算资源就可以求解大的问题。边界元法的思想不复杂，用边界积分方程将求解域的边界条件同域内的待求点变量值联系起来，然后求解边界积分即可。只是边界积分方程的导出较复杂。

一般地，边界元法由于降维使得占用的计算机资源较少，计算精度较高，更适合大空间外部绕流的计算，尤其是无黏流的计算采用边界元法有一定的优势。但是，如果面对的描述方程比较复杂，如黏性 N-S 方程，权函数算子基本解不一定能找到，从而限制了边界元法的应用。

综上所述，有限体积法在控制体上具有守恒特性，而且每一项都有明确的物理意义，从而离散时对各项可以给出一定的物理解释。而且区域离散的节点网格与进行积分的控制容积分立，使得整个求解域中场变量的守恒可以由各控制容积中特征变量的守恒来保证。正是由于有限体积法的这些特点，使其成为当前求解流动和传热问题的数值计算中最成功的方法，已经被绝大多数工程流体和传热计算软件采用。

下面以有限体积法为例，简要介绍求解的基本过程。

1.2 有限体积法

从上一节的介绍可看到，有限体积法是一种分块近似的计算方法，其中比较重要的步骤是计算区域的离散和控制方程的离散。本节以通用对流扩散方程为例介绍有限体积的离散方法。

1.2.1 通用对流扩散方程的有限体积离散

直角坐标下通用形式的二维对流扩散方程表示为

$$\frac{\partial(\rho\varphi)}{\partial t} + \frac{\partial}{\partial x}(\rho u\varphi) + \frac{\partial}{\partial y}(\rho v\varphi) = \frac{\partial}{\partial x}\left(\Gamma\frac{\partial\varphi}{\partial x}\right) + \frac{\partial}{\partial y}\left(\Gamma\frac{\partial\varphi}{\partial y}\right) + S \qquad (1.2\text{-}1)$$

利用有限体积法对上式进行离散

$$\iint_{s}^{e}{}_{w}\left[\frac{\partial(\rho\varphi)}{\partial t} + \frac{\partial}{\partial x}(\rho u\varphi) + \frac{\partial}{\partial y}(\rho v\varphi)\right]\mathrm{d}x\mathrm{d}y = \iint_{s}^{e}{}_{w}\left[\frac{\partial}{\partial x}\left(\Gamma\frac{\partial\varphi}{\partial x}\right) + \frac{\partial}{\partial y}\left(\Gamma\frac{\partial\varphi}{\partial y}\right) + S\right]\mathrm{d}x\mathrm{d}y \qquad (1.2\text{-}2)$$

$$\frac{(\rho\varphi)_p - (\rho\varphi)_p^0}{\Delta t}\Delta x\Delta y + (\rho u\varphi)_w^e \Delta y + (\rho v\varphi)_s^n \Delta x = \left(\Gamma\frac{\partial\varphi}{\partial x}\right)_w^e \Delta y + \left(\Gamma\frac{\partial\varphi}{\partial y}\right)_s^n \Delta x + S\Delta x\Delta y \qquad (1.2\text{-}3)$$

将源项线性化为：$S = S_C + S_P\varphi_P$

重新整理上式得

$$\left[(\rho v\varphi)_s^n \Delta x - \left(\Gamma\frac{\partial\varphi}{\partial y}\right)_s^n \Delta x\right] + \left[(\rho u\varphi)_w^e \Delta y - \left(\Gamma\frac{\partial\varphi}{\partial x}\right)_w^e \Delta y\right]$$

$$= \frac{(\rho\varphi)_p - (\rho\varphi)_p^0}{\Delta t}\Delta x\Delta y + (S_C + S_P\varphi_P)\Delta x\Delta y \qquad (1.2\text{-}4)$$

令式（1.2-4）中 $F_e = (\rho u)_e \Delta y$；$F_w = (\rho u)_w \Delta y$；$F_n = (\rho v)_n \Delta x$；$F_s = (\rho v)_s \Delta x$；$D_e = \dfrac{\Gamma_e \Delta y}{(\delta x)_e}$；

$D_w = \dfrac{\Gamma_w \Delta y}{(\delta x)_w}$；$D_n = \dfrac{\Gamma_n \Delta x}{(\delta y)_n}$；$D_s = \dfrac{\Gamma_s \Delta x}{(\delta y)_s}$；

令 $P_\Delta = F/D$，表征对流与扩散作用的相对大小。

　　为获得通用的离散格式，从原通用式中提取出东西方向的通量密度

$$J = \rho u\varphi - \Gamma\frac{\partial\varphi}{\partial x} \qquad (1.2\text{-}5)$$

再除以 D 得

$$J^* = \frac{J}{D} = \frac{J}{(\Gamma/\delta x)} = P_\Delta\varphi - \frac{\partial\varphi}{\partial(x/\delta x)} \qquad (1.2\text{-}6)$$

对式（1.2-6）取统一格式

$$J^* = B(P_\Delta)\varphi_i - A(P_\Delta)\varphi_{i+1} \qquad (1.2\text{-}7)$$

这样，F、D 与离散格式联系起来，只要选取恰当的格式，即确定了系数 B 和 A 的具体内容，就可以得到统一的离散方程。

　　回代入原通量密度式得

$$J_e = J_e^* D_e = \left[D_e A(P_{\Delta e})\right]\varphi_P + (D_e P_{\Delta e})\varphi_P - \left[D_e A(P_{\Delta e})\right]\varphi_E \qquad (1.2\text{-}8)$$

其中 $F_e = (D_e P_{\Delta e})$，令 $a_E = \left[D_e A(P_{\Delta e})\right]$，有

$$J_e = (a_E + F_e)\varphi_P - a_E\varphi_E \qquad (1.2\text{-}9)$$

类似可得

$$J_w = a_W\varphi_W - (a_w - F_w)\varphi_P \qquad (1.2\text{-}10)$$

对南北方向类似地有

$$J_n = (a_N + F_n)\varphi_P - a_N\varphi_N \qquad (1.2\text{-}11)$$

$$J_s = a_S\varphi_S - (a_S - F_s)\varphi_P \qquad (1.2\text{-}12)$$

将以上四项回代入原式得

$$a_P\varphi_P = a_E\varphi_E + a_w\varphi_W + a_N\varphi_N + a_S\varphi_S + b \tag{1.2-13}$$

对界面上函数及其导数采取特定的构造格式，即确定了系数 A 和 B 的具体形式，就可以获得最终的离散表达式。例如，由 $a_E = \left[D_e A(P_{\Delta e}) \right]$ 可以求得 a_E，同样可以获得 a_w、a_N 和 a_S。

$$a_P = a_E + a_W + a_N + a_S + \frac{\rho_P\Delta x\Delta y}{\Delta t} - S_P\Delta x\Delta y \tag{1.2-14}$$

$$b = S_C\Delta x\Delta y + \frac{\rho_P\Delta x\Delta y}{\Delta t}\varphi_P \tag{1.2-15}$$

上述方法同样适用于泵流动基本方程。对于流动方程，需将压力从源项中分离出，得到

$$a_{i,J}u_{i,J} = \sum a_{nb}u_{nb} + \left(p_{I-1,j} - p_{I,J} \right)A_{i,J} + b_{i,J} \tag{1.2-16}$$

$$a_{I,j}v_{I,j} = \sum a_{nb}v_{nb} + \left(p_{I,J-1} - p_{I,J} \right)A_{I,j} + b_{I,j} \tag{1.2-17}$$

$A_{i,j}$ 为东侧或西侧的面积，$A_{I,j}$ 为南侧或北侧的面积。下标 nb 表示边界面，(i, j) 和 (I, J) 为单元节点编号。

1.2.2 流场求解的 SIMPLE 算法

不可压缩流动方程组中没有显式的压力方程，为解决压力求解与速度耦合的问题，Patankar 和 Spalding 提出压力预测 – 修正方法，称为 SIMPLE 算法。它是通过不断地修正预测值，通过反复迭代最后求解出 p、u、v 的收敛解，其基本思路如下。

首先给出预测的压力分布 $p*$，利用它求解动量方程式，得到初始速度分布 $u*$ 和 $v*$，即

$$a_{i,J}u_{i,J}^* = \sum a_{nb}u_{nb}^* + \left(p_{I-1,J}^* - p_{I,J}^* \right)A_{i,J} + b_{i,J} \tag{1.2-18}$$

$$a_{I,j}v_{I,j}^* = \sum a_{nb}v_{nb}^* + \left(p_{I,J-1}^* - p_{I,J}^* \right)A_{I,j} + b_{I,j} \tag{1.2-19}$$

事实上上述方程等号右端的速度 u_{nb}^* 和 v_{nb}^* 也是初始假设值，等号左端速度才是计算得到的初始速度分布。一般地，这样求得的速度场 $u*$ 和 $v*$ 不能满足连续性方程，压力 $p*$ 也仅仅是一个假设分布，因此需要对压力 $p*$ 和速度 $u*$、$v*$ 进行修正。设压力修正量为 p'，速度修正量为 u'、v'。则修正后的压力和速度计算公式可写为

$$p = p^* + p' \tag{1.2-20}$$

$$u = u^* + u' \tag{1.2-21}$$

$$v = v^* + v' \tag{1.2-22}$$

为了求出这些修正量 p'、u' 和 v'，这里假设已经知道压力场的正确值 p，将 p 代入式（1.2-16）和式（1.2-17），可以得到速度场的正确值 u、v。这时将式（1.2-16）减去式（1.2-18），有 $u - u^* = u'$；将式（1.2-17）减去式（1.2-19），有 $v - v^* = v'$。从而可以得到速度修正量的表达式，结果为

$$a_{i,J}\left(u_{i,J}-u_{i,J}^{*}\right)=\sum a_{nb}\left(u_{nb}-u_{nb}^{*}\right)+\left[\left(p_{I-1,J}-p_{I-1,J}^{*}\right)-\left(p_{I,J}-p_{I,J}^{*}\right)\right]A_{i,J} \qquad (1.2\text{-}23)$$

$$a_{I,j}\left(v_{I,j}-v_{I,j}^{*}\right)=\sum a_{nb}\left(v_{nb}-v_{nb}^{*}\right)+\left[\left(p_{I,J-1}-p_{I,J-1}^{*}\right)-\left(p_{I,J}-p_{I,J}^{*}\right)\right]A_{I,j} \qquad (1.2\text{-}24)$$

由式（1.2-20）～式（1.2-24）可得

$$u_{i,J}'=\frac{\sum a_{nb}u_{nb}'}{a_{i,J}}+\frac{\left(p_{I-1,J}'-p_{I,J}'\right)A_{i,J}}{a_{i,J}} \qquad (1.2\text{-}25)$$

$$v_{i,J}'=\frac{\sum a_{nb}v_{nb}'}{a_{I,j}}+\frac{\left(p_{I,J-1}'-p_{I,J}'\right)A_{I,j}}{a_{I,j}} \qquad (1.2\text{-}26)$$

可见，速度修正量

$$u_{i,J}'=d_{i,J}\left(p_{I-1,J}'-p_{I,J}'\right) \qquad (1.2\text{-}27)$$

$$v_{i,J}'=d_{I,j}\left(p_{I,J-1}'-p_{I,J}'\right) \qquad (1.2\text{-}28)$$

$$d_{i,J}=\frac{A_{i,J}}{a_{i,J}}, \quad d_{I,j}=\frac{A_{I,j}}{a_{I,j}} \qquad (1.2\text{-}29)$$

$$u_{i,J}=u_{i,J}^{*}+d_{i,J}\left(p_{I-1,J}'-p_{I,J}'\right) \qquad (1.2\text{-}30)$$

$$v_{I,j}=v_{I,j}^{*}+d_{I,j}\left(p_{I,J-1}'-p_{I,J}'\right) \qquad (1.2\text{-}31)$$

同理可以写出南北方向的 $v_{I,j+1}$ 和东西方向的 $u_{i+1,J}$

$$u_{i+1,J}=u_{i+1,J}^{*}+d_{i+1,J}\left(p_{I,J}'-p_{I+1,J}'\right) \qquad (1.2\text{-}32)$$

$$v_{I,j+1}=v_{I,j+1}^{*}+d_{I,j+1}\left(p_{I,J}'-p_{I,J+1}'\right) \qquad (1.2\text{-}33)$$

式中

$$d_{i+1,J}=\frac{A_{i+1,J}}{a_{i+1,J}}, \quad d_{I,j+1}=\frac{A_{I,j+1}}{a_{I,j+1}} \qquad (1.2\text{-}34)$$

将上面关系式代入连续方程，可得

$$\left\{\rho_{i+1,J}A_{i+1,J}\left[u_{i+1,J}^{*}+d_{i+1,J}\left(p_{I,J}'-p_{I+1,J}'\right)\right]-\rho_{i,J}A_{i,J}\left[u_{i,J}^{*}+d_{i,J}\left(p_{I-1,J}'-p_{I,J}'\right)\right]\right\}+$$

$$\left\{\rho_{I,j+1}A_{I,j+1}\left[v_{I,j+1}^{*}+d_{I,j+1}\left(p_{I,J}'-p_{I,J+1}'\right)\right]-\rho_{I,j}A_{I,j}\left[v_{I,j}^{*}+d_{I,j}\left(p_{I,J-1}'-p_{I,J}'\right)\right]\right\}=0 \qquad (1.2\text{-}35)$$

整理后可得

$$\left[\left(\rho dA\right)_{i+1,J}+\left(\rho dA\right)_{i,J}+\left(\rho dA\right)_{I,j+1}+\left(\rho dA\right)_{I,j}\right]p_{I,J}'$$

$$=\left(\rho dA\right)_{i+1,J}p_{I+1,J}'+\left(\rho dA\right)_{i,J}p_{I-1,J}'+\left(\rho dA\right)_{I,j+1}p_{I,J+1}'+\left(\rho dA\right)_{I,j}p_{I,J-1}'+$$

$$\left[\left(\rho u^{*}A\right)_{i,J}-\left(\rho u^{*}A\right)_{i+1,J}+\left(\rho v^{*}A\right)_{I,j}-\left(\rho v^{*}A\right)_{I,j+1}\right] \qquad (1.2\text{-}36)$$

整理并归一化，就可得到压力修正方程

$$a_{I,J}\,p'_{I,J} = a_{I+1,J}\,p'_{I+1,J} + a_{I-1,J}\,p'_{I-1,J} + a_{I,J+1}\,p'_{I,J+1} + a_{I,J-1}\,p'_{I,J-1} + b'_{I,J} \qquad (1.2\text{-}37)$$

$$a_{I+1,J} = (\rho dA)_{i+1,J}\;;\quad a_{I-1,J} = (\rho dA)_{i,J}\;;\quad a_{I,J+1} = (\rho dA)_{i,J+1}\;;\quad a_{I,J-1} = (\rho dA)_{I,j} \qquad (1.2\text{-}38)$$

$$b'_{I,J} = (\rho u^* A)_{i,J} - (\rho u^* A)_{i+1,J} + (\rho v^* A)_{I,j} - (\rho v^* A)_{I,j+1} \qquad (1.2\text{-}39)$$

$$a_{I,J} = a_{I+1,J} + a_{I-1,J} + a_{I,J+1} + a_{I,J-1} \qquad (1.2\text{-}40)$$

式（1.2-37）是由连续性方程导出的压力修正方程。方程中源项 b' 的物理意义是：由于速度场的不正确引起的不平衡流量。通过多次迭代修正，最终 b' 应趋于零，所以 b' 可以作为判断迭代过程是否满足要求的判据。

综上，可将 SIMPLE 算法的求解步骤总结为：

1）假设压力初场 $p*$。

2）求解运动方程，得到速度场 $u*$、$v*$。

3）求解压力修正方程，计算 p'。

4）修正速度场 u、v，修正压力场 p。

以新的压力场 p 代替 $p*$，重复 2）开始的步骤，直至满足收敛判别条件。

1.2.3 交错网格离散法

1. 交错网格

在应用上述流程进行求解的时候，人们发现当压力呈棋盘状分布时该方法得到的计算结果存在严重的错误，也就是说压力和速度不能同时采用同一套网格布置，这就是采用交错网格的最初目的。因此，在早期的 CFD 软件中很多采用了交错网格的方法。从 CFD 历史发展的角度，基于交错网格的离散方法也是算法发展过程中的一个重要的基础。

所谓交错网格，就是将标量（如压力 p、温度 T 和密度 ρ 等）在正常的网格节点上存储和计算，而将各速度分量分别在各坐标方向上错位半个网格后存储和计算，这样，错位后的网格中心将位于原控制体积的边界面处。所以，对于二维问题，就存在三套不同的网格系统，分别用于存储 p、u 和 v；而对于三维问题，将用到四套网格系统，分别用于存储压力和三个速度分量。

二维流动计算的交错网格系统如图 1.2-1 所示，主控制体积为求解压力 p 的控制体积，称为标量控制体积或 p 控制体积，控制体积的节点 P 称为主节点或标量节点（见图 1.2-1a）。速度 u 在主控制体积的东、西界面 e 和 w 上定义和存储，速度 v 在主控制体积的南、北界面 s 和 n 上定义和存储。u 和 v 各自的控制体积则是分别以速度所在位置（界面 e 和界面 n）为中心的，分别称为 u 控制体积和 v 控制体积，如图 1.2-1b 和图 1.2-1c 所示。可以看到，u 控制体积和 v 控制体积是与主控制体积不一致的，u 控制体积与主控制体积在 x 方向上有半个网格步长的错位，而 v 控制体积与主控制体积则在 y 方向上有半个步长的错位。

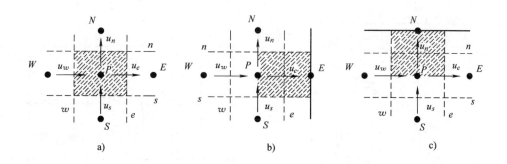

图 1.2-1 交错网格的基本控制体积

a）主控制体积 b）u 控制体积 c）v 控制体积

图 1.2-1 中所示的均匀网格是向后错位的，因为 u 的速度 $u_{I,J}$ 的 i 位置到标量节点（I，J）的距离是 $-1/2\delta x_u$；同样，v 速度 $v_{I,J}$ 的 j 位置到标量节点（I，J）的距离是 $-1/2\delta y_v$。当然，也可以选用向后两个错位的速度网格。

2. 离散过程

采用了交错网格后，所得到的离散方程组仍然保持了一般的离散方程形式，但需注意，对于每个变量所选择的控制体积是不同的，如图 1.2-2 所示，在处理上要特别注意。取 u 方向的动量方程，其离散形式如下。

$$a_{i,J}u_{i,J} = \sum a_{nb}u_{nb} + (p_{I-1,J} - p_{I,J})A_{i,J} + b_{i,J} \tag{1.2-41}$$

式中，$A_{i,J}$ 是 u 控制体积的东界面或西界面的面积，在二维问题中实际上是 Δy，即

$$A_{i,J} = \Delta y = y_{j+1} - y_j \tag{1.2-42}$$

式（1.2-41）中的 b 为 u 动量方程的源项部分（不包括压力在内）。对于稳态问题，有

$$b_{i,J} = S_{uC}\Delta V_u \tag{1.2-43}$$

式（1.2-43）中的 S_{uC} 是对源项 S_u 线性化分解的结果，若 S_u 不随速度 u 而变化，则有 $S_{uC} \geq S_u$，$S_{uP}=0$。式（1.2-43）中的 ΔV_u 是 u 控制体积的体积。式（1.2-41）中的压力梯度项已经按差分的方式进行了离散，差分使用了 u 控制体积边界上的两个节点的压力差。

在求和记号 $\sum a_{nb}u_{nb}$ 中所包含的 E、W、N 和 S 四个邻点是（i-1，J），（i+1，J），（i，J+1）和（i，J+1），它们的位置及主速度在图 1.2-3 中标出，图中阴影部分是 u 控制体积。图 1.2-3 中的 u 控制体积与图 1.2-2 中是一致的，这可从节点的编号看出，但是，图 1.2-3 中 u 控制体积的中心也用 P 来标记，其界面点也用 e、w、n 和 s 来标记，这里的标记与图 1.2-2 中的同名标记及系数 a 是由式（1.2-44）给定的。

$$a_{i,J} = \sum a_{nb} + \Delta F - S_{uP}\Delta V_u \tag{1.2-44}$$

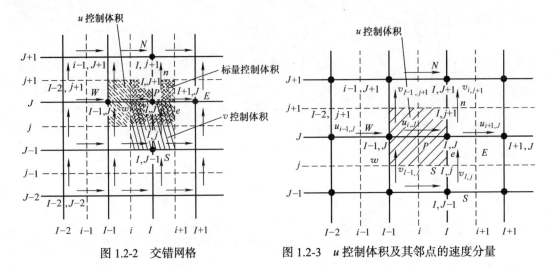

图 1.2-2　交错网格　　　　　图 1.2-3　u 控制体积及其邻点的速度分量

系数 a_{nb} 取决于所采用的离散格式，在计算式中含有 u 控制体积界面上的对流质量流量 F 与扩散传导性 D，在采用新编号系统下的计算公式为

$$F_w = (\rho u)_w = \frac{F_{i,J} + F_{i-1,J}}{2} = \frac{1}{2}\left(\frac{\rho_{I,J} + \rho_{I-1,J}}{2}u_{i,J} + \frac{\rho_{I-1,J} + \rho_{I-2,J}}{2}u_{i-1,J}\right) \qquad (1.2\text{-}45a)$$

$$F_e = (\rho u)_e = \frac{F_{i+1,J} + F_{i,J}}{2} = \frac{1}{2}\left(\frac{\rho_{I+1,J} + \rho_{I,J}}{2}u_{i+1,J} + \frac{\rho_{I,J} + \rho_{I-1,J}}{2}u_{i,J}\right) \qquad (1.2\text{-}45b)$$

$$F_s = (\rho u)_s = \frac{F_{I,j} + F_{I-1,j}}{2} = \frac{1}{2}\left(\frac{\rho_{I,J} + \rho_{I,J-1}}{2}v_{I,j} + \frac{\rho_{I-1,J} + \rho_{I-1,J-1}}{2}v_{I-1,j}\right) \qquad (1.2\text{-}45c)$$

$$F_n = (\rho u)_n = \frac{F_{I,j+1} + F_{I-1,j+1}}{2} = \frac{1}{2}\left(\frac{\rho_{I,J+1} + \rho_{I,J}}{2}v_{I,j+1} + \frac{\rho_{I-1,J+1} + \rho_{I-1,J}}{2}v_{I-1,j+1}\right) \qquad (1.2\text{-}45d)$$

$$D_w = \frac{\Gamma_{I-1,J}}{x_i - x_{i-1}} \qquad (1.2\text{-}45e)$$

$$D_e = \frac{\Gamma_{I,J}}{x_{i+1} - x_i} \qquad (1.2\text{-}45f)$$

$$D_s = \frac{\Gamma_{I-1,J} + \Gamma_{I,J} + \Gamma_{I-1,J-1} + \Gamma_{I,J-1}}{4(y_J - y_{J-1})} \qquad (1.2\text{-}45g)$$

$$D_n = \frac{\Gamma_{I-1,J+1} + \Gamma_{I,J+1} + \Gamma_{I-1,J} + \Gamma_{I,J}}{4(y_{J+1} - y_J)} \qquad (1.2\text{-}45h)$$

采用交错网格对动量方程离散时，涉及不同类别的控制体积，不同的物理量分别在各自相应的控制体积的节点上定义和存储。例如，密度是在标量控制体积的节点上存储的，如图 1.2-3 中的标量节点（I，J）；而速度分量却是在错位后的速度控制体积的节点上存储的，如图 1.2-3 中的速度节点（i，J）。这样就会出现这种情况：在速度节点处不存在密度值，而在标量节点处找不到速度值，当在某个确定位置处的某个复合物理量（见式（1.2-45）

中的流通量 F）同时需要该处的密度及速度时，要么找不到该处的密度，要么找不到该处的速度。为此，需要在计算过程中通过插值来解决。式（1.2-45）表明，标量（密度）及速度分量在 u 控制体积的界面上是不存在的，这时，根据周边的最近邻点的信息，使用二点或四点平均的办法来处理。

在每次迭代过程中，用于估计上述各表达式的速度分量 u 和速度分量 v 是上一次迭代后的数值（在首次迭代时是初始猜测值）。需要特殊说明的是，这些"猜测的"速度值 u 和 v 也用于计算方程式（1.2-41）中的系数 a，但是，它们与式（1.2-41）中的待求 $u_{i,j}$ 和 u_{nb} 是完全不同的。

还需要说明的是，式（1.2-45）中的线性插值是基于均匀网格的，若网格是不均匀的，应该将式（1.2-45）中的系数 2 和 4 等改为相应的网格长度或宽度值的组合。例如，对于不均匀网格上的 F_w，按式（1.2-46）计算：

$$
\begin{aligned}
F_w = (\rho u)_w &= \frac{x_i - x_{I-1}}{x_i - x_{i-1}} F_{i,J} + \frac{x_{I-1} - x_i}{x_i - x_{i-1}} F_{i-1,J} \\
&= \frac{x_i - x_{I-1}}{x_i - x_{i-1}} \left(\frac{x_I - x_i}{x_I - x_{I-1}} \rho_{I,J} + \frac{x_i - x_{I-1}}{x_I - x_{I-1}} \rho_{I-1,J} \right) u_{i,J} + \\
&\quad \frac{x_{I-1} - x_i}{x_i - x_{i-1}} \left(\frac{x_{I-1} - x_i}{x_{I-1} - x_{I-2}} \rho_{I-1,J} + \frac{x_{i-1} - x_{I-2}}{x_{I-1} - x_{I-2}} \rho_{I-2,J} \right) u_{i-1,J}
\end{aligned}
\tag{1.2-46}
$$

按上述同样的方式，可以写出在新的编号系统中，对于在位置 (I, j) 处的关于速度 $v_{I,j}$ 的离散动量方程：

$$
a_{I,j} v_{I,j} = \sum a_{nb} v_{nb} + (p_{I,J-1} - p_{I,J}) A_{I,j} + b_{I,j}
\tag{1.2-47}
$$

建立式（1.2-47）所使用的 v 控制体积表示在图 1.2-4 中。

在求和记号 $\sum a_{nb} u_{nb}$ 中所包含的 4 个邻点及其主速度也在图 1.2-4 中标出。在系数 $a_{I,j}$ 和 a_{nb} 中，同样包含在 v 控制体积界面上的对流质量流量 F 与扩散传导性 D，计算公式如下：

$$
F_w = (\rho u)_w = \frac{F_{i,J} + F_{i,J-1}}{2} = \frac{1}{2} \left(\frac{\rho_{I,J} + \rho_{I-1,J}}{2} u_{i,J} + \frac{\rho_{I-1,J-1} + \rho_{I,J-1}}{2} u_{i,J-1} \right)
\tag{1.2-48a}
$$

$$
F_e = (\rho u)_e = \frac{F_{i+1,J} + F_{i+1,J-1}}{2} = \frac{1}{2} \left(\frac{\rho_{I+1,J} + \rho_{I,J}}{2} u_{i+1,J} + \frac{\rho_{I,J-1} + \rho_{I+1,J-1}}{2} u_{i+1,J+1} \right)
\tag{1.2-48b}
$$

$$
F_s = (\rho v)_s = \frac{F_{I,j-1} + F_{I,j}}{2} = \frac{1}{2} \left(\frac{\rho_{I,J-1} + \rho_{I,J-2}}{2} v_{I,j-1} + \frac{\rho_{I,J} + \rho_{I,J-1}}{2} v_{I-1,j} \right)
\tag{1.2-48c}
$$

$$
F_n = (\rho v)_n = \frac{F_{I,j} + F_{I,j+1}}{2} = \frac{1}{2} \left(\frac{\rho_{I,J} + \rho_{I,J-1}}{2} v_{I,j} + \frac{\rho_{I,J+1} + \rho_{I,J}}{2} v_{I,j+1} \right)
\tag{1.2-48d}
$$

$$
D_w = \frac{\Gamma_{I-1,J-1} + \Gamma_{I,J-1} + \Gamma_{I-1,J} + \Gamma_{I,J}}{4(x_I - x_{I-1})}
\tag{1.2-48e}
$$

$$
D_e = \frac{\Gamma_{I,J-1} + \Gamma_{I+1,J-1} + \Gamma_{I,J} + \Gamma_{I+1,J}}{4(x_{I+1} - x_I)}
\tag{1.2-48f}
$$

$$D_s = \frac{\varGamma_{I,J-1}}{y_j - y_{j-1}} \qquad (1.2\text{-}48\text{g})$$

$$D_n = \frac{\varGamma_{I,J}}{y_{j+1} - x_j} \qquad (1.2\text{-}48\text{h})$$

同样，在每个迭代层次上，用于估计上述各表达式的速度分量 u 和速度分量 v 均取上一次迭代后的数值（在首次迭代时是初始猜测值）。

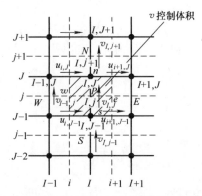

图 1.2-4　v 控制体积及其邻点的速度分量

给定一个压力场 p，便可针对每个 u 控制体积和 v 控制体积写出式（1.2-41）和式（1.2-47）所示的动量方程的离散方程，并可以从中求解出速度场。如果压力场是正确的，所得到的速度场将满足连续方程。

1.2.4　SIMPLE 改进算法

SIMPLE 算法自问世以来，在被广泛应用的同时，也以不同方式不断地得到改进和发展，其中最著名的几种算法包括 SIMPLER、SIMPLEC 和 PISO 算法。本节介绍这三种算法，并作简要的对比。

1. SIMPLER 算法

SIMPLER 是英文 SIMPLE Revised 的缩写，顾名思义是 SIMPLE 算法的改进版。它是由 SIMPLE 算法的提出人之一 Patanker 完成的。

我们知道，在 SIMPLE 算法中，为了确定动量离散方程的系数，一开始就假定了一个速度分布，同时又独立地假定了一个压力分布，两者之间一般是不协调的，从而影响了迭代计算的收敛速度。实际上，不必在初始时刻单独假定一个压力场，因为与假定的速度场相协调的压力场是可以通过动量方程求出的。另外，在 SIMPLE 算法中对压力修正值 p' 采用了欠松弛处理，而松弛因子是比较难确定的，因此，速度场的改进与压力场的改进不能同步进行，最终影响收敛速度。于是，Patanker 便提出了这样的想法：p' 只用修正速度，压力场的改进则另谋更合适的方法。将上述两方面的思想结合起来，就构成了 SIMPLER 算法。

在 SIMPLER 算法中，经过离散后的连续方程式（1.2-46）用于建立一个压力的离散方程，而不像在 SIMPLE 算法中用来建立压力修正方程。从而可直接得到压力，而不需要修正。但是，速度仍需要通过 SIMPLE 算法中的修正方程即式（1.2-25）和式（1.2-26）来修正。

将离散后的动量方程式（1.2-41）和式（1.2-47）重新改写后，有

$$u_{i,j} = \frac{\sum a_{nb} u_{nb} + b_{i,j}}{a_{i,j}} + \frac{A_{i,j}}{a_{i,j}} (p_{i-1,j} - p_{i,j}) \tag{1.2-49}$$

$$v_{i,j} = \frac{\sum a_{nb} v_{nb} + b_{i,j}}{a_{i,j}} + \frac{A_{i,j}}{a_{i,j}} (p_{i,j-1} - p_{i,j}) \tag{1.2-50}$$

在 SIMPLER 算法中，定义伪速度 $\hat{u}$ 与 $\hat{v}$ 如下：

$$\hat{u} = \frac{\sum a_{nb} u_{nb} + b_{I,J}}{a_{I,J}} \tag{1.2-51}$$

$$\hat{v} = \frac{\sum a_{nb} v_{nb} + b_{I,J}}{a_{I,J}} \tag{1.2-52}$$

这样，式（1.2-49）与式（1.2-50）可写为

$$u_{i,j} = \hat{u}_{i,j} + d_{i,j} (p_{i-1,j} - p_{i,j}) \tag{1.2-53}$$

$$v_{i,j} = \hat{v}_{i,j} + d_{i,j} (p_{i,j-1} - p_{i,j}) \tag{1.2-54}$$

以上两式中的系数 d，仍沿用前面 SIMPLE 算法所给出的计算公式。同样可写出 $u_{i+1,\ j}$ 与 $v_{i,j+1}$ 的表达式。然后，将 $u_{i,j}$、$v_{i,j}$、$u_{i+1,j}$ 与 $v_{i,j+1}$ 的表达式代入离散后的连续方程式（1.2-36），有

$$\begin{aligned} &\{\rho_{i+1,j} A_{i+1,j} [\hat{u}_{i-1,j} + d_{i+1,j} (p_{i,j} - p_{i+1,j})] - \rho_{i,j} A_{i,j} [\hat{u}_{i,j} + d_{i,j} (p_{i-1,j} - p_{i,j})]\} + \\ &\{\rho_{i,j+1} A_{i,j+1} [\hat{u}_{i,j+1} + d_{i,j+1} (p_{i,j} - p_{i,j+1})] - \rho_{i,j} A_{i,j} [\hat{v}_{i,j} + d_{i,j} (p_{i,j-1} - p_{i,j})]\} = 0 \end{aligned} \tag{1.2-55}$$

整理后，得到离散后的压力方程：

$$a_{I,J} p_{I,J} = a_{I+1,J} p_{I+1,J} + a_{I-1,J} p_{I-1,J} + a_{I,J+1} p_{I,J+1} + a_{I,J-1} p_{I,J-1} + b_{I,J} \tag{1.2-56}$$

式中

$$a_{I+1,J} = (\rho d A)_{i+1,J} \tag{1.2-57a}$$

$$a_{I-1,j} = (\rho d A)_{I,J} \tag{1.2-57b}$$

$$a_{I,J+1} = (\rho d A)_{I,j+1} \tag{1.2-57c}$$

$$a_{I,J-1} = (\rho d A)_{I,j} \tag{1.2-57d}$$

$$a_{I,J} = a_{I+1,J} + a_{I-1,J} + a_{I,J+1} + a_{I,J-1} \tag{1.2-57e}$$

$$b_{I,J} = (\rho \hat{u} A)_{i,J} - (\rho \hat{u} A)_{i+1,J} + (\rho \hat{v} A)_{I,j} - (\rho \hat{v} A)_{I,j+1} \tag{1.2-57f}$$

需注意到，式（1.2-56）中的系数与压力修正方程式（1.2-37）中的系数是一样的，差别仅在于源项 b。这里的源项 b 是用伪速度来计算的。因此，离散后的动量方程式（1.2-18）和式（1.2-19），可借助上面得到的压力场来直接求解。这样，可求出速度分量 u^* 和 v^*。

在 SIMPLER 算法中，初始的压力场与速度场是协调的，且由 SIMPLER 算法算出的压力场不必作欠松弛处理，迭代计算时比较容易得到收敛解。但在 SIMPLER 的每一层迭代中，要比 SIMPLE 算法多解一个关于压力的方程组，一个迭代步内的计算量较大。总体而言，SIMPLER 的计算效率要高于 SIMPLE 算法。

2. SIMPLEC 算法

SIMPLEC 是英文 SIMPLE Consistent 的缩写，指协调一致的 SIMPLE 算法。它也是 SIMPLE 的改进算法之一，是由 Van Doormal 和 Raithby 提出的。

由前述可知，在 SIMPLE 算法中，为求解方便，略去了速度修正方程中的 $\sum a_{nb} u'_{nb}$ 项，从而把速度的修正完全归结为由于压差项的直接作用。这一做法虽然并不影响收敛解的值，但加重了修正值 p' 的计算量，使得整个速度场迭代收敛效率降低。实际上，当我们在略去 $\sum a_{nb} u'_{nb}$ 时，出现一个"不协调一致"的问题。为了能略去 $a_{nb} u'_{nb}$ 而同时又能使方程基本协调，然后在 $u'_{i,j}$ 方程式（1.2-25）的等号两端同时减去 $\sum a_{nb} u'_{i,j}$ 有

$$(a_{i,j} - \sum a_{nb}) u'_{i,j} = \sum a_{nb} (u'_{nb} - u'_{i,j}) + A_{i,j} (p'_{i-1,j} - p'_{i,j}) \tag{1.2-58}$$

可以预期，$u'_{i,j}$ 与其邻点的修正值 u'_{nb} 具有相同的数量级，因而略去 $\sum a_{nb} (u'_{nb} - u'_{i,j})$ 所产生的影响远比在式（1.2-25）中不计 $\sum a_{nb} u'_{nb}$ 所产生的影响要小得多，于是有

$$u'_{i,j} = d_{i,j} (p'_{i-1,j} - p'_{i,j}) \tag{1.2-59}$$

式中

$$d_{i,j} = \frac{A_{i,j}}{(a_{i,j} - \sum a_{nb})} \tag{1.2-60}$$

类似地，有

$$v'_{i,j} = d_{i,j} (p'_{i,j-1} - p'_{i,j}) \tag{1.2-61}$$

式中

$$d_{i,j} = \frac{A_{i,j}}{(a_{i,j} - \sum a_{nb})} \tag{1.2-62}$$

将式（1.2-61）和式（1.2-62）代入 SIMPLE 算法中的式（1.2-30）和式（1.2-31），得到修正后的速度计算式：

$$u_{i,j} = u^*_{i,j} + d_{i,j} (p'_{i-1,j} - p'_{i,j}) \tag{1.2-63}$$

$$v_{i,j} = v^*_{i,j} + d_{i,j} (p'_{i,j-1} - p'_{i,j}) \tag{1.2-64}$$

式（1.2-63）和式（1.2-64）在形式上与式（1.2-30）和式（1.2-31）一致，只是其中的系数项 d 的计算公式不同，现在需要按式（1.2-60）和式（1.2-62）进行计算。

这就是 SIMPLEC 算法。SIMPLEC 算法与 SIMPLE 算法的计算步骤相同，只是速度修正方程中的系数项 d 的计算公式有所区别。

由于 SIMPLEC 算法没有像 SIMPLE 算法那样将 $\sum a_{nb} u'_{nb}$ 项忽略，因此，得到的压力修正值 p' 一般是比较合适的，因此，在 SIMPLEC 算法中可不再对 p' 进行欠松弛处理。但据数值试验，适当选取一个稍小于 1 的 α_p 对 p' 进行欠松弛处理，在一定情况下对加快迭代过程中解的收敛是有益的。

3. PISO 算法

PISO 是 Pressure Implicit with Splitting of Operators 的首字母缩写，意为压力的隐式算子分裂算法。PISO 算法是 Issa 于 1986 年提出的，起初是针对非稳态可压流动的无迭代计算所建立的一种压力速度计算程序，后来在稳态问题的迭代计算中也较广泛地使用了该算法。

PISO 算法与 SIMPLE、SIMPLEC 算法的不同之处在于：SIMPLE 和 SIMPLEC 算法是两步算法，即一步预测和一步修正；而 PISO 算法增加了一个修正步，包含一个预测步和两个修正步，在完成了第一步修正得到 (u, v, p) 后寻求二次改进值，目的是使它们更好地同时满足动量方程和连续方程。PISO 算法由于使用了预测—修正—再修正三步，从而可加快单个迭代步中的收敛速度。现将三个步骤介绍如下。

（1）预测步

使用与 SIMPLE 算法相同的方法，利用猜测的压力场 p^*，求解动量离散方程式（1.2-18）与方程式（1.2-19），得到速度分量 u^* 与 v^*。

（2）第一步修正

所得到的速度场 (u^*, v^*) 一般不满足连续方程，除非压力场 p^* 是准确的。现引入对 SIMPLE 的第一个修正步，该修正步给出一个速度场 (u^{**}, v^{**})，使其满足连续方程。此处的修正公式与 SIMPLE 算法中的式（1.2-27）和式（1.2-28）完全一致，只不过考虑到在 PISO 算法还有第二个修正步，因此，使用不同的记法：

$$p^{**} = p^* + p' \tag{1.2-65}$$

$$u^{**} = u^* + u' \tag{1.2-66}$$

$$v^{**} = v^* + v' \tag{1.2-67}$$

这组公式用于定义修正后的速度 u^{**} 与 v^{**}：

$$u^{**}_{i,j} = u^*_{i,j} + d_{i,j}(p'_{i-1,j} - p'_{i,j}) \tag{1.2-68}$$

$$v^{**}_{i,j} = v^*_{i,j} + d_{i,j}(p'_{i,j-1} - p'_{i,j}) \tag{1.2-69}$$

就像在 SIMPLE 算法中一样，将式（1.2-68）与式（1.2-69）代入连续方程式（1.2-36），产生与式（1.2-37）具有相同系数和源项的压力修正方程。求解该方程，产生第一个压力修正值 p'。一旦压力修正值已知，可通过式（1.2-68）与式（1.2-69）获得速度分量 u^{**} 与 v^{**}。

（3）第二步修正

为了强化 SIMPLE 算法的计算，PISO 要进行第二步的修正。u^{**} 和 v^{**} 的动量离散方程是

$$a_{i,j}u_{i,j}^{**} = \sum a_{nb}u_{nb}^{*} + (p_{i-1,j}^{**} - p_{i,j}^{**})A_{i,j} + b_{i,j} \qquad (1.2\text{-}70)$$

$$a_{i,j}v_{i,j}^{**} = \sum a_{nb}v_{nb}^{*} + (p_{i,j-1}^{**} - p_{i,j}^{**})A_{i,j} + b_{i,j} \qquad (1.2\text{-}71)$$

注意这两式实际就是式（1.2-18）和式（1.2-19）。为引用方便，给出新的记号。

再次求解动量方程，可以得到两次修正的速度场（u^{***}，v^{***}）：

$$a_{i,j}u_{i,j}^{***} = \sum a_{nb}u_{nb}^{**} + (p_{i-1,j}^{***} - p_{i,j}^{***})A_{i,j} + b_{i,j} \qquad (1.2\text{-}72)$$

$$a_{i,j}v_{i,j}^{***} = \sum a_{nb}v_{nb}^{**} + (p_{i,j-1}^{***} - p_{i,j}^{***})A_{i,j} + b_{i,j} \qquad (1.2\text{-}73)$$

注意修正步中的求和项是用速度分量 u^{**} 和 v^{**} 来计算的。

现在，从式（1.2-72）中减去式（1.2-70），从式（1.2-73）中减去式（1.2-71），有

$$u_{i,j}^{***} = u_{i,j}^{**} + \frac{\sum a_{nb}(u_{nb}^{**} - u_{nb}^{*})}{a_{i,j}} + d_{i,j}(p_{i-1,j}'' - p_{i,j}'') \qquad (1.2\text{-}74)$$

$$v_{i,j}^{***} = v_{i,j}^{**} + \frac{\sum a_{nb}(v_{nb}^{**} - v_{nb}^{*})}{a_{i,j}} + d_{i,j}(p_{i,j-1}'' - p_{i,j}'') \qquad (1.2\text{-}75)$$

以上两式中，记号 p'' 是压力的二次修正值。有了该记号，p^{***} 可表示为

$$p^{***} = p^{**} + p'' \qquad (1.2\text{-}76)$$

将 u^{***} 和 v^{***} 的表达式（1.2-72）和式（1.2-73）代入连续方程式（1.2-36），得到二次压力修正方程：

$$a_{i,j}p_{i,j}'' = a_{i+1,j}p_{i+1,j}'' + a_{i-1,j}p_{i-1,j}'' + a_{i,j+1}p_{i,j+1}'' + a_{i,j-1}p_{i,j-1}'' + b_{i,j}'' \qquad (1.2\text{-}77)$$

式中，$a_{i,j} = a_{i+1,j} + a_{i-1,j} + a_{i,j+1} + a_{i,j-1}$。读者可参考建立方程式（1.2-37）同样的过程，写出各系数如下：

$$a_{i+1,j} = (\rho dA)_{i+1,j} \qquad (1.2\text{-}78a)$$

$$a_{i-1,j} = (\rho dA)_{i,j} \qquad (1.2\text{-}78b)$$

$$a_{i,j+1} = (\rho dA)_{i,j+1} \qquad (1.2\text{-}78c)$$

$$a_{i,j-1} = (\rho dA)_{i,j} \qquad (1.2\text{-}78d)$$

$$b_{I,J}' = \left(\frac{\rho A}{a}\right)_{i,j} \sum a_{nb}(u_{nb}^{**} - u_{nb}^{*}) - \left(\frac{\rho A}{a}\right)_{i+1,J} \sum a_{nb}(u_{nb}^{**} - u_{nb}^{*}) +$$

$$\left(\frac{\rho A}{a}\right)_{I,j} \sum a_{nb}(v_{nb}^{**} - v_{nb}^{*}) - \left(\frac{\rho A}{a}\right)_{I,j+1} \sum a_{nb}(v_{nb}^{**} - v_{nb}^{*}) \qquad (1.2\text{-}78e)$$

下面对源项 b' 为何是式（1.2-78e）的形式作一简要分析和解释。

对比建立方程式（1.2-57）的过程，可以看出式（1.2-78e）中的各项，是因在 u^{***} 和 v^{***} 的表达式（1.2-74）和式（1.2-75）中存在 $\dfrac{\sum a_{nb}(u_{nb}^{**}-u_{nb}^{*})}{a_{i,j}}$ 和 $\dfrac{\sum a_{nb}(v_{nb}^{**}-v_{nb}^{*})}{a_{i,j}}$ 项所导致的，而在 u 和 v 的表达式（1.2-30）和式（1.2-31）中没有这样的项。因此，式（1.2-37）不存在类似式（1.2-78e）中的各项。但式（1.2-37）存在另外一个源项，即 $[(\rho u^{*}A)_{i,j}-(\rho u^{*}A)_{i+1,j}+(\rho v^{*}A)_{i,j}-(\rho v^{*}A)_{i,j+1}]$，这是因速度 u 和 v 的表达式（1.2-74）和式（1.2-75）中的 u^{*} 与 v^{*} 项所导致的。按此推断，在式（1.2-78e）中也应该存在类似表达式 $[(\rho u^{**}A)_{i,j}-(\rho u^{**}A)_{i+1,j}+(\rho v^{**}A)_{i,j}-(\rho v^{**}A)_{i,j+1}]$。但是，由于 u^{**} 和 v^{**} 满足连续方程，因此 $\left[(\rho u^{**}A)_{i,j}-(\rho u^{**}A)_{i+1,j}+(\rho v^{**}A)_{i,j}-(\rho v^{**}A)_{i,j+1}\right]$ 为 0。

现在，求解方程式（1.2-77），就可得到二次压力修正值 p''。这样，通过下式就可得到二次修正的压力场：

$$p^{***}=p^{**}+p''=p^{*}+p'+p'' \tag{1.2-79}$$

最后，求解方程式（1.2-74）与式（1.2-75），得到二次修正的速度场。

在瞬态问题的非迭代计算中，压力场 p^{***} 与速度场（u^{***}，v^{***}）一般认为是准确的。由于 PISO 算法要两次求解压力修正方程，因此，它需要额外的存储空间来计算二次压力修正方程中的源项。尽管该方法涉及较多的计算，但对比发现，它的计算速度很快，因此整体求解效率较高。对于瞬态问题，PISO 算法有明显的优势；而对于稳态问题，选择 SIMPLE 或 SIMPLEC 算法会更合适。

4. SIMPLE 系列算法的比较

SIMPLE 算法是该系列算法的基础，目前在各种 CFD 软件中均提供这种算法。SIMPLE 的各种改进算法，主要是提高了计算的收敛性，从而可缩短计算时间。

在 SIMPLE 算法中，压力修正值 p' 能够很好地满足速度修正的要求，但对压力修正不是十分理想。改进后的 SIMPLER 算法只用压力修正值 p' 来修正速度，另外构建一个更加有效的压力方程来产生"正确"的压力场。由于在推导 SIMPLER 算法的离散化压力方程时，没有任何项被忽略，因此所得到的压力场与速度场相适应。在 SIMPLER 算法中，正确的速度场将导致正确的压力场，而在 SIMPLE 算法中则不是这样。所以 SIMPLER 算法是在很高的效率下正确计算压力场的，这一点在求解动量方程时有明显优势。虽然 SIMPLER 算法的计算量比 SIMPLE 算法略高，但其收敛速度较快从而减少了计算时间。

SIMPLEC 算法和 PISO 算法总体上与 SIMPLER 算法具有同样的计算效率，相互之间很难区分谁高谁低，对于不同类型的问题每种算法都有自己的优势。一般来讲，动量方程与标量方程（如温度方程）如果不是耦合在一起的，则 PISO 算法在收敛性方面显得很健壮，且效率较高。而在动量方程与标量方程耦合非常密切时，SIMPLEC 和 SIMPLER 算法的效果可能更好些。

1.2.5　非正交同位网格有限体积法

对于大多数工程问题，通常涉及复杂的几何边界，采用正交坐标就很难进行求解。

针对这种问题，Ferziger 和 Peric 给出了非正交同位网格的有限体积算法。这种方法不需要进行计算域到物理域的变换，具有保证全域的物理量守恒特性，以及采用直角坐标分量描述更简洁清晰的特点。下面以 U 方程为例，简单介绍求解基本流程，U 方程表示为

$$a_p U_p = \sum_{nb} a_{nb} U_{nb} + (1 - \alpha_u) a_p U_p^0 - \delta y_p (P_e - P_w) \qquad (1.2\text{-}80)$$

压力速度耦合采用如下步骤。首先，预估流场初始速度（U^*，V^*），对于非正交单元，通量的贡献既有 x 方向的，也有 y 方向的。这样，在控制单元上将存在通量残差

$$S_m = \rho U_e^* \delta y - \rho U_w^* \delta y + \rho V_n^* \delta x - \rho V_s^* \delta x \qquad (1.2\text{-}81)$$

引入修正速度及修正压力，先求解下述修正压力方程

$$a_P P_P' = \sum_{nb} a_{nb} P_{nb}' - S_m \qquad (1.2\text{-}82)$$

由修正压力再求解修正速度

$$U_e' = -\overline{\left(\frac{1}{a_P}\right)_e} \delta y_e (P_E' - P_P') \qquad (1.2\text{-}83)$$

沿上述流程迭代，即可获得收敛解。

1.2.6　商业求解器

对于离心泵这样的复杂流动计算，需要用到专业的求解器来完成计算工作。常用的求解器有 PHEONICS、Fluent、CFX、STAR-CD 等。下面简要介绍上述四种软件。

1. PHEONICS 软件

1974 年，帝国理工学院的 Spalding 教授成立 CHAM 公司，专业致力于为工业界提供可靠的 CFD 工具，该公司在 1981 年发表了一款名为 PHEONICS 的商用 CFD 软件，这也是全球第一款商用 CFD 软件。

PHEONICS 可用于传热、流动、反应、燃烧过程的通用流场模拟。广泛用于航空航天、船舶、汽车、暖通空调、环境、能源动力、化工等各个领域。有关流动、传热、化学反应及燃烧过程的现象都可以采用该软件进行模拟。该软件涵盖了 20 多种湍流模型，包括多种多相流模型，多流体模型，燃烧模型，辐射模型等。还提供两种专用模块：建筑模块（FLAIR）和电站锅炉模块（COFFUS）。

2. Fluent 软件

几乎在 PHEONICS 软件发布的同时，谢菲尔德大学的 Swithenbank 和 Boysan 也正在筹划自己的商业 CFD 程序，他们的工作被 Creare 公司的 Patel 所注意，并鼓励他们开发成自己的 CFD 商用软件包，这样，在 1983 年一款名为 Fluent 的通用 CFD 软件发布。目前，Fluent 提供了 3 种求解核心模块。

1）基于压力的分离求解器，该算法基于经典的 SIMPLE 算法，其适用范围为不可压缩流动和中等可压缩流动。该求解器可以与燃烧、化学反应、辐射、多相流模型耦合，求

解流动传热等问题。

2）基于密度的显式求解器，主要用来求解可压缩流动（跨声速、超声速流动及高超声速）。该算法对整个 Navier-Stokes 方程组进行联立求解，空间离散采用通量差分分裂格式，在间断分辨率、黏性分辨率及稳定性方面均表现良好。

3）基于密度的隐式求解器，该算法对 Navier-Stokes 方程组进行联立求解，由于采用隐式格式，因而计算精度与收敛性要优于显式求解器，但占用内存较多。

Fluent 提供了丰富的湍流、燃烧、辐射、多相模型，支持并行及动网格技术。另外，Fluent 还提供自定义函数接口，为用户开发自定义模型及求解自定义传输方程提供了极大的便利。

3. CFX 软件

1985 年，加拿大的 ASC 公司开发并推出非结构求解器 TASCflow 软件，20 世纪 90 年代被英国原子能管理局的 AEA 技术公司购入，更名为 CFX 软件。

CFX 是全球首款采用全隐式多块网格耦合求解技术的商业 CFD 软件，加上其最先研发成功的多重网格技术，使得其求解速度更快。其更名前的 CFX-TASCflo 软件专业致力于透平机械内流数值模拟，在各类气动、水动力旋转机械的仿真领域取得了极大的成功，GE、普惠、罗罗等世界著名航空透平研发企业均采用该软件作为模型数值评估的重要技术手段。其专业的前处理工具 ICEMCFD 也曾为其增色不少。

另外，CFX 也提供了丰富的湍流、燃烧、辐射、多相模型，也同样支持基于 Fortran 语言的用户自定义接口，CFX 的后处理功能丰富，用户操作体验良好。

4. STAR-CD 软件

1987 年，帝国理工学院的 Gosman 教授成立了名为 CD 的商业 CFD 公司，Gosman 的主要研究集中在非结构网格有限体积法及动网格相关技术。该公司也推出了名为 STAR-CD 的通用 CFD 软件。

STAR-CD 求解器可用于热流解析，导热、对流、辐射等领域，在多相流问题、化学反应 / 燃烧问题、旋转机械问题、流动噪声问题等方面有着良好的表现，尤其在内燃机领域有着深厚的用户基础。

1.2.7　后处理

求解完上述方程组之后，就获得了整个场的数值解，包括速度和压力，以及求解湍流模型过程中产生的湍流参数。然后需要通过后处理，将这些数据整理为图表曲线的方式，以供分析和研究。数值模拟效果类似实际的试验过程，通过模拟不同流量条件下的流场，由流场速度和压力分布积分出扬程 H 和叶片水力矩 M，由 $\eta = \dfrac{\gamma QH}{M\omega}$ 得到效率，这样就计算出不同工况条件下的性能曲线。对于速度、压力及湍流参数可以直接通过后处理软件以图表曲线方式生成图线。目前，常用的后处理工具有 Matlab、Tecplot、Origin 等。

1.3 湍流发展概述

1.3.1 湍流的概要介绍

1. N-S 方程的导出

描述黏性不可压缩流体动量守恒的运动方程的推导，由纳维在 1821 年推得，该方程也被斯托克斯在 1845 年自行导出，因此取名 N-S 方程。在此基础上，后来的学者又推导了可压缩流体的 N-S 方程。连续方程和 N-S 方程构成了不可压流体运动的基本控制方程，由于方程组具有高度的非线性特征，一般认为很难取得其解析解。也只有在少数特定的简化情况下，才能够获得解析解。

2. 雷诺实验

1883 年，英国的雷诺通过实验研究发现，液体在流动中存在两种结构完全不同的流态：层流和湍流。当流体流速较小时，流体质点只沿流动方向作一维的运动，与其周围的流体不产生直接的混合，这种流动形态称为层流。流体流速增大到某个值后，流体质点除流动方向上的流动外，还向其他方向作随机的运动，即存在流体质点的不规则脉动，这种流体形态称为湍流。雷诺揭示了重要的流体流动机理，即根据流速的大小，流体有两种不同的形态。

3. 近代以来的湍流发展概述

1922 年 Richardson 发现湍流串联输运现象，流动的大尺度涡的脉动类似于一个巨大的能量池，不断从外界获得能量后再输送给小尺度的涡，而小尺度的湍流则不断消耗能量，从大尺度湍流输运来的能量全部耗散在这里，流体就是这样不断把大尺度脉动传递给小尺度脉动。1935 年 Taylor 在风洞实验的均匀气流中通过一排或者多排规则的格栅，测量均匀气流垂直流过格栅时产生不规则扰动。当干扰逐渐减小后，流动逐渐演化为各向同性湍流。这就为后续发展现代各向同性湍流奠定了基础。1938 年基于 Taylor 的各向同性理论导出 K-H 方程。1941 年苏联数学家 Kolmogorov 进一步地把 Taylor 的均匀各向同性理论发展成局部均匀各向同性统计理论，并在此基础上导出了湍流微结构的规律，即结构函数的 -p/3 定律，揭示了湍流的空间分布特性。1949 年 Batchelor 和 Townsend 发现湍流大尺度涡在时间上存在不连续性，或存在间歇性，一般认为这可能是 Kolmogorov 标度律存在缺陷的主要原因，但背后的机理至今尚未弄清。1967 年斯坦福大学的 Kline 及其同事采用氢泡技术揭示了湍流边界层大尺度涡的拟序结构。1981 年 Frisch、Morf 和 Orszag 提出了湍流的复奇点理论来揭示了湍流间歇性形成的机制，但尚未真正获得验证。1991 年 Robinson 绘制出湍流边界层的猝发图形。由此可见湍流基础领域研究的复杂性和任务的艰巨性。

1.3.2 常用的湍流模型

1. 雷诺平均的 N-S 方程模拟（RANS）

雷诺平均是将湍流流动分为时均和脉动两部分，代入 N-S 方程进行时间平均，作为平均部分的方程组仍然保持了原有的形式，但作为脉动量之间的关联则产生了新的未知项，即雷诺应力项。雷诺平均的方法目前仍然是计算流体动力学中的最主要的方法，对雷诺平均后产生的雷诺应力的封闭模式至少有上百种，笔者仅给出几种较有代表性的模型方程，至于每个模型的应用利弊，只能在具体应用的时候根据所研究的问题，综合考虑后进行选择。如前所述，雷诺平均（RANS）的基本方程如下：

$$\frac{\partial \rho}{\partial t} + \frac{\partial}{\partial x_i}(\rho u_i) = 0 \tag{1.3-1}$$

$$\nabla \cdot (\rho uu) + \rho \left[2\boldsymbol{\omega} \times \boldsymbol{u} + \boldsymbol{\omega} \times \boldsymbol{\omega} \times \boldsymbol{r} \right] = -\nabla p + \nabla \cdot \sigma + \nabla \cdot \left(-\rho \overline{\boldsymbol{u'}\boldsymbol{u'}} \right) \tag{1.3-2}$$

式中，$\rho \overline{\boldsymbol{u'}\boldsymbol{u'}}$ 是雷诺应力项，根据对该项处理的不同，分成多种封闭模型。常用的是 Boussinesq 假设，雷诺应力与平均速度梯度成正比，建立如下关系

$$-\rho \overline{\boldsymbol{u'}\boldsymbol{u'}} = \mu_t \left(\frac{\partial u_i}{\partial x_j} + \frac{\partial u_j}{\partial x_i} \right) - \frac{2}{3}(\rho k + \mu_t \nabla \cdot u)\delta_{ij} \tag{1.3-3}$$

商用 CFD 软件基本都采用该模型，这种模型的好处在于只需求解一个方程，计算量小。但该模型将 μ_t 简化为一个各向同性标量，在一些复杂流动场合，其适用性就受到局限。下面简单介绍几组常用的湍流模型。

（1）单方程（Spalart-Allmaras）模型

单方程模型求解变量是 $\tilde{v}$，表征出了近壁（黏性影响）区域以外的湍流运动黏性系数。$\tilde{v}$ 的输运方程为

$$\rho \frac{\mathrm{d}\tilde{v}}{\mathrm{d}t} = G_v + \frac{1}{\sigma_{\tilde{v}}} \left[\frac{\partial}{\partial x_j} \left\{ (\mu + \rho\tilde{v}) \frac{\partial \tilde{v}}{\partial x_j} \right\} + C_{b2} \left(\frac{\partial \tilde{v}}{\partial x_j} \right) \right] - Y_v \tag{1.3-4}$$

式中，G_v 是湍流黏性产生项；Y_v 是由于壁面阻挡与黏性阻尼引起的湍流黏性的减少；$\sigma_{\tilde{v}}$ 和 C_{b2} 是常数；v 是分子运动黏性系数。

湍流黏性系数 $\mu_t = \rho \tilde{v} f_{v1}$，其中，$f_{v1}$ 是黏性阻尼函数，定义为 $f_{v1} = \frac{\chi^3}{\chi^3 + C_{v1}{}^3}$，$\chi \equiv \frac{\tilde{v}}{v}$。

而湍流黏性产生项 G_v 模拟为 $G_v = C_{b1}\rho\tilde{S}\tilde{v}$，其中 $\tilde{S} \equiv S + \frac{\tilde{v}}{k^2 d^2} f_{v2}$，$f_{v2} = 1 - \frac{\chi}{1 + \chi f_{v1}}$，$C_{b1}$ 和 k

是常数，d 是计算点到壁面的距离；$S = \sqrt{2\Omega_{ij}\Omega_{ij}}$，$\Omega_{ij} = \frac{1}{2}\left(\frac{\partial u_j}{\partial x_i} - \frac{\partial u_i}{\partial x_j} \right)$。在商用 CFD 软件

中，考虑到平均应变率对湍流产生也起到很大作用，$S = |\Omega_{ij}| + C_{\mathrm{prod}} \min(0, |S_{ij}| - |\Omega_{ij}|)$，其中，

$C_{\mathrm{prod}} = 2.0$，$|\Omega_{ij}| \equiv \sqrt{2\Omega_{ij}\Omega_{ij}}$，$|S_{ij}| \equiv \sqrt{2S_{ij}S_{ij}}$，平均应变率 $S_{ij} = \frac{1}{2}\left(\frac{\partial u_j}{\partial x_i} + \frac{\partial u_i}{\partial x_j} \right)$。

在涡量超过应变率的计算区域计算出来的涡旋黏性系数变小。这适合涡流靠近涡旋中心的区域，那里只有"单纯"的旋转，湍流受到抑制。包含应变张量的影响更能体现旋转

对湍流的影响。忽略了平均应变，估计的涡旋黏性系数产生项偏高。

湍流黏性系数减少项 Y_v 为 $Y_v = C_{w1}\rho f_w\left(\dfrac{\tilde{v}}{d}\right)^2$，其中，$f_w = g\left(\dfrac{1+C_{w3}^6}{g^6+C_{w3}^6}\right)^{1/6}$，

$g = r + C_{w2}(r^6 - r)$，$r \equiv \dfrac{\tilde{v}}{\tilde{S}k^2d^2}$，$C_{w1}$、$C_{w2}$、$C_{w3}$ 是常数，在计算 r 时用到的 $\tilde{S}$ 受平均应变率的影响。

上面的模型常数在商用 CFD 软件中默认值为 $C_{b1} = 0.1335$，$C_{b2} = 0.622$，$\sigma_{\tilde{v}} = 2/3$，$C_{v1} = 7.0$，$Q = k_1\dfrac{\partial T}{\partial n}|_1 = k_2\dfrac{\partial T}{\partial n}|_2$，$v_1 = v_2$，$T_1 = T_2$，$p_1 = p_2$，$C_{w3} = 2.0$，$k = 0.41$。

（2）标准 k-ε 模型

标准 k-ε 模型需要求解湍动能及其耗散率方程。湍动能输运方程是通过精确的方程推导得到的，但耗散率方程是通过物理推理，数学上模拟相似原形方程得到的。该模型假设流动为完全湍流，分子黏性的影响可以忽略。因此，标准 k-ε 模型只适合完全湍流的流动过程模拟。标准 k-ε 模型的湍动能 k 和耗散率 ε 方程为如下形式：

$$\rho\frac{\mathrm{d}k}{\mathrm{d}t} = \frac{\partial}{\partial x_i}\left[\left(\mu + \frac{\mu_t}{\sigma_k}\right)\frac{\partial k}{\partial x_i}\right] + G_k + G_b - \rho\varepsilon - Y_M \tag{1.3-5}$$

$$\rho\frac{\mathrm{d}\varepsilon}{\mathrm{d}t} = \frac{\partial}{\partial x_i}\left[\left(\mu + \frac{\mu_t}{\sigma_\varepsilon}\right)\frac{\partial\varepsilon}{\partial x_i}\right] + C_{1\varepsilon}\frac{\varepsilon}{k}(G_k + C_{3\varepsilon}G_b) - C_{2\varepsilon}\rho\frac{\varepsilon^2}{k} \tag{1.3-6}$$

式中，G_k 表示由于平均速度梯度引起的湍动能产生，G_b 表示由于浮力影响引起的湍动能产生，Y_M 表示可压缩湍流脉动膨胀对总的耗散率的影响。湍流黏性系数 $\mu_t = \rho C_\mu\dfrac{k^2}{\varepsilon}$。

在商用 CFD 中，一般默认常数为 $C_{1\varepsilon}=1.44$，$C_{2\varepsilon}=1.92$，$C_{3\varepsilon}=0.09$，湍动能 k 与耗散率 ε 的湍流普朗特数分别为 $\sigma_k=1.0$，$\sigma_\varepsilon=1.3$。

（3）重整化群 k-ε 模型

重整化群 k-ε 模型是对瞬时的 Navier-Stokes 方程用重整化群的数学方法推导出来的模型。模型中的常数与标准 k-ε 模型不同，而且方程中也出现了新的函数或者项。其湍动能与耗散率方程与标准 k-ε 模型有相似的形式：

$$\rho\frac{\mathrm{d}k}{\mathrm{d}t} = \frac{\partial}{\partial x_i}\left[(\alpha_k\mu_{\text{eff}})\frac{\partial k}{\partial x_i}\right] + G_k + G_b - \rho\varepsilon - Y_M \tag{1.3-7}$$

$$\rho\frac{\mathrm{d}\varepsilon}{\mathrm{d}t} = \frac{\partial}{\partial x_i}\left[(\alpha_\varepsilon\mu_{\text{eff}})\frac{\partial\varepsilon}{\partial x_i}\right] + C_{1\varepsilon}\frac{\varepsilon}{k}(G_k + C_{3\varepsilon}G_b) - C_{2\varepsilon}\rho\frac{\varepsilon^2}{k} - R \tag{1.3-8}$$

式中，G_k 表示由于平均速度梯度引起的湍动能产生，G_b 表示由于浮力影响引起的湍动能产生，Y_M 表示可压缩湍流脉动膨胀对总的耗散率的影响，这些参数与标准 k-ε 模型中相同。α_k 和 α_ε 分别是湍动能 k 和耗散率 ε 的有效湍流普朗特数的倒数。湍流黏性系数计算公式为

$$\mathrm{d}\left(\frac{\rho^2 k}{\sqrt{\varepsilon\mu}}\right) = 1.72\frac{\tilde{v}}{\sqrt{\tilde{v}^3 - 1 - Cv}}\mathrm{d}\tilde{v}$$ ，其中，$\tilde{v} = \mu_{\mathrm{eff}}/\mu$，$C_v \approx 100$。对于前面方程的积分，可以

精确到有效雷诺数（涡旋尺度）对湍流输运的影响，这有助于处理低雷诺数和近壁流动问

题的模拟。对于高雷诺数，上面方程可以给出：$\mu_t = \rho C_\mu \dfrac{k^2}{\varepsilon}$，$C_\mu = 0.0845$。这个结果非常

有意思，和标准 $k\text{-}\varepsilon$ 模型的半经验推导给出的常数 $C_\mu = 0.09$ 非常接近。在商用 CFD 中，如果是默认设置，用重整化群 $k\text{-}\varepsilon$ 模型时是针对的高雷诺数流动问题。如果对低雷诺数问题进行数值模拟，必须进行相应的设置。

（4）可实现 $k\text{-}\varepsilon$ 模型

可实现 $k\text{-}\varepsilon$ 模型的湍动能及其耗散率输运方程为

$$\rho\frac{\mathrm{d}k}{\mathrm{d}t} = \frac{\partial}{\partial x_i}\left[\left(\mu + \frac{\mu_t}{\sigma_k}\right)\frac{\partial k}{\partial x_i}\right] + G_k + G_b - \rho\varepsilon - Y_M \tag{1.3-9}$$

$$\rho\frac{\mathrm{d}\varepsilon}{\mathrm{d}t} = \frac{\partial}{\partial x_i}\left[\left(\mu + \frac{\mu_t}{\sigma_\varepsilon}\right)\frac{\partial\varepsilon}{\partial x_i}\right] + \rho C_1 S\varepsilon - \rho C_2\frac{\varepsilon^2}{k + \sqrt{v\varepsilon}} + C_{1\varepsilon}\frac{\varepsilon}{k}C_{3\varepsilon}G_b \tag{1.3-10}$$

式中，$C_1 = \max\left[0.43, \dfrac{\eta}{\eta + 5}\right]$，$\eta = Sk/\varepsilon$。

在上述方程中，G_k 表示由于平均速度梯度引起的湍动能产生，G_b 表示由于浮力影响引起的湍动能产生，Y_M 表示可压缩湍流脉动膨胀对总的耗散率的影响，C_2 和 $C_{1\varepsilon}$ 是常数，σ_k 和 σ_ε 分别是湍动能及其耗散率的湍流普朗特数。在商用 CFD 中，默认值常数一般取 $C_{1\varepsilon} = 1.44$，$C_2 = 1.9$，$\sigma_k = 1.0$，$\sigma_\varepsilon = 1.2$。

该模型的湍流黏性系数与标准 $k\text{-}\varepsilon$ 模型相同。不同的是，黏性系数中的 C_μ 不是常数，

而是通过公式计算得到 $C_\mu = \dfrac{1}{A_0 + A_s\dfrac{U^* K}{\varepsilon}}$，其中，$U^* = \sqrt{S_{ij}S_{ij} + \tilde{\Omega}_{ij}\tilde{\Omega}_{ij}}$，$\tilde{\Omega}_{ij} = \Omega_{ij} - 2\varepsilon_{ijk}\omega_k$，

$\Omega_{ij} = \bar{\Omega}_{ij} + 2\varepsilon_{ijk}\omega_k$，$\tilde{\Omega}_{ij}$ 表示在角速度 ω_k 旋转参考系下的平均旋转张量率。模型常数 $A_0 = 4.04$，

$A_s = \sqrt{6}\cos\phi$，$\quad\phi = \dfrac{1}{3}\arccos\left(\sqrt{6}W\right)$，$\quad W = \dfrac{S_{ij}S_{jk}S_{ki}}{\tilde{S}}$，$\quad\tilde{S} = \sqrt{S_{ij}S_{ij}}$，$\quad S_{ij} = \dfrac{1}{2}\left(\dfrac{\partial u_j}{\partial x_i} + \dfrac{\partial u_i}{\partial x_j}\right)$。

从这些公式中发现，C_μ 是平均应变率与旋度的函数。在平衡边界层惯性底层，可以得到 $C_\mu = 0.09$，与标准 $k\text{-}\varepsilon$ 模型中采用的常数一样。

该模型适合的流动类型比较广泛，包括有旋均匀剪切流、自由流（射流和混合层）、腔道流动和边界层流动。对以上流动过程模拟结果都比标准 $k\text{-}\varepsilon$ 模型的结果好，特别是可实现 $k\text{-}\varepsilon$ 模型对圆口射流和平板射流模拟中，能给出较好的射流扩张角。

双方程模型中，无论是标准 $k\text{-}\varepsilon$ 模型、重整化群 $k\text{-}\varepsilon$ 模型还是可实现 $k\text{-}\varepsilon$ 模型，三个模型有类似的形式，即都有 k 和 ε 的输运方程，它们的区别在于：①计算湍流黏性的方法不同；②控制湍流扩散的湍流普朗特数不同；③方程中的产生项和 G_k 关系不同，但都包含

了相同的表示由于平均速度梯度引起的湍动能产生 G_k，表示由于浮力影响引起的湍动能产生 G_b，表示可压缩湍流脉动膨胀对总的耗散率的影响 Y_M。

湍动能产生项

$$G_k = -\rho \overline{u_i' u_j'} \frac{\partial u_j}{\partial x_i} \tag{1.3-11}$$

$$G_b = \beta g_i \frac{\mu_t}{P_{rt}} \frac{\partial T}{\partial x_i} \tag{1.3-12}$$

式中，P_{rt} 是能量的湍流普特朗数，对于可实现 k-ε 模型，默认设置值为 0.85；对于重整化群 k-ε 模型，$P_{rt}=1/\alpha$，$\alpha=1/P_{rt}=k/\mu C_p$。热膨胀系数 $\beta = -\frac{1}{\rho}\left(\frac{\partial \rho}{\partial T}\right)_p$，对于理想气体，浮力引起的湍动能产生项变为

$$G_b = -g_i \frac{\mu_t}{\rho P_{rt}} \frac{\partial \rho}{\partial x_i} \tag{1.3-13}$$

（5）雷诺应力模型

雷诺应力模型（RSM）是求解雷诺应力张量的各个分量的输运方程。具体形式为

$$\frac{\partial}{\partial t}(\rho \overline{u_i u_j}) + \frac{\partial}{\partial x_k}(\rho U_k \overline{u_i u_j}) = -\frac{\partial}{\partial x_k}[\rho \overline{u_i u_j u_k} + \overline{p(\delta_{kj} u_i + \delta_{ik} u_j)}] +$$

$$\frac{\partial}{\partial x_k}\left(\mu \frac{\partial}{\partial x_k} \overline{u_i u_j}\right) - \rho\left(\overline{u_i u_k}\frac{\partial U_j}{\partial x_k} + \overline{u_j u_k}\frac{\partial U_i}{\partial x_k}\right) - \rho\beta(g_i \overline{u_j \theta} + g_j \overline{u_i \theta}) + \tag{1.3-14}$$

$$\overline{p\left(\frac{\partial u_i}{\partial x_j} + \frac{\partial u_j}{\partial x_i}\right)} - 2\mu \overline{\frac{\partial u_i}{\partial x_k}\frac{\partial u_j}{\partial x_k}} - 2\rho\Omega_k(\overline{u_j u_m}\varepsilon_{ikm} + \overline{u_i u_m}\varepsilon_{jkm})$$

式中，左边的第二项是对流项 C_{ij}，右边第一项是湍流扩散项 C^T_{ij}，第二项是分子扩散项 D^L_{ij}，第三项是应力产生项 P_{ij}，第四项是浮力产生项 G_{ij}，第五项是压力应变项 ϕ_{ij}，第六项是耗散项 ε_{ij}，第七项系统旋转产生项 F_{ij}。

式（1.3-14）中，C_{ij}、D^T_{ij}、P_{ij}、F_{ij} 不需要模拟，而 D^T_{ij}、G_{ij}、ϕ_{ij}、ε_{ij} 需要模拟以封闭方程。下面简单对几个需要模拟项进行模拟。

根据用 Delay 和 Harlow 的梯度扩散模型来模拟 D^T_{ij}，但这个模型会导致数值不稳定，在商用 CFD 中采用的是标量湍流扩散模型：

$$D_{ij}{}^T = \frac{\partial}{\partial x_k}\left(\frac{\mu_t}{\sigma_k}\frac{\partial \overline{u_i u_j}}{\partial x_k}\right) \tag{1.3-15}$$

式中，湍流黏性系数用 $\mu_t = \rho C_\mu \frac{k^2}{\varepsilon}$ 来计算，根据 Lien 和 Leschziner，$\sigma_k=0.82$，这和标准 k-ε 模型中选取 1.0 有所不同。

压力应变项 ϕ_{ij} 可以分解为三项，即

$$\phi_{ij} = \phi_{ij,1} + \phi_{ij,2} + \phi_{ij}^w \tag{1.3-16}$$

式中，$\phi_{ij,1}$、$\phi_{ij,2}$ 和 ϕ_{ij}^w 分别是慢速项、快速项和壁面反射项，具体表述可以参见相关专业资料。

浮力引起的产生项 G_{ij} 模拟为

$$G_{ij} = \beta \frac{\mu_t}{P_{rt}} \left(g_i \frac{\partial T}{\partial x_j} + g_j \frac{\partial T}{\partial x_i} \right) \tag{1.3-17}$$

耗散张量 ε_{ij} 模拟为

$$\varepsilon_{ij} = \frac{2}{3} \delta_{ij} (\rho \varepsilon + Y_M) \tag{1.3-18}$$

式中，$Y_M = 2\rho\varepsilon M_t^2$，$M_t$ 是马赫数；标量耗散率 ε 用标准 k-ε 模型中采用的耗散率输运方程求解。

2. 直接数值模拟

将 N-S 方程不做任何平均，直接离散求解，称作直接模拟（DNS）。直接模拟要求网格在 Kolmogorov 尺度内，但一般认为最大网格尺度可以放宽到 Kolmogorov 尺度的 15 倍左右，由于 N-S 方程采用的假设之一是连续介质假定，此时 Kolmogorov 尺度分子的运动占据主导作用，但尚未达到分子运动的尺度。由于计算资源的限制，对于一些简单的湍流，直接数值模拟可以基本实现，但对于复杂的湍流，直接数值模拟仍然无法进行。

3. 空间滤波的大涡模拟（LES）

大涡模拟的理论来源是 Kolmogorov 标度律，大涡模拟是将流动的脉动进行空间平均（滤波），对大尺度涡进行直接模拟，小尺度涡由于具有统计意义上各向同性的性质，其对大尺度涡的影响很小，因此这种方法能模拟出大尺度涡的基本特征。大涡模拟成立的前提非常严格，必须要分辨出湍流中惯性子尺度涡的一些基本特征，否则就不构成严格意义上的大涡模拟。LES 模型以网格尺度为标准，将过小的时间尺度和长度尺度过滤掉，只对比网格尺度大的涡进行解析，而将比网格尺度小的涡交给亚格子尺度湍流模型模拟。所以，通过控制网格尺寸，可以控制 LES 对湍流的解析度，网格越密，能够解析出越小的涡。

虽然 LES 的计算代价相比直接数值模拟已经低很多了，但是严谨的 LES 计算应用在工程中的花费依然不小。因为边界层里的小尺度旋涡要求局部网格尺度足够小，否则会对边界层中的旋涡造成过度预测，比如，边界层中本该是小尺度涡主导的平静层流，计算结果却是大尺度涡主导的剧烈湍流。然而，边界层法向单维度加密网格无法解决该问题。一般，在 LES 模拟中网格必须三个维度同时加密才有意义，网格单元最好是立方体，即网格长宽比为 1。同时要求时间步较小，平均库朗特数在 0.5~1。边界层中致密的网格，网格长宽比为 1 的均质网格要求，较小的时间步，决定了严谨的 LES 计算花费也比较高。出于这个考虑，在进行 LES 模拟之前，最好先使用 RANS 和 DES、SAS 对问题进行研究，如果这些湍流模型不能满足要求，再使用 LES。

4. 分离涡模型（DES）

当需要模拟流体流经固体时的分离现象，对于大涡模拟这样的方法，边界层处的网格要布置得非常细密，对计算资源的要求也将是巨大的，于是人们想到把大涡模拟和雷诺平均进行杂交，边界层内的流动采用雷诺平均，边界层外的流动采用大涡模拟，最先由 Spalart 等在 1997 年提出。它结合了 LES 的湍流解析能力以及 RANS 模型对边界层网格的低要求，解决了 LES 计算花费过高和 RANS 模型瞬时解析不够的问题。当 RANS 预测的湍流尺度 L_t 比局部网格尺度大时，从 RANS 模式切换到 LES 模式进行计算。以 SST-DES 湍流模型为例，当 LES 模式在湍流充分发展区被激活时，局部网格尺寸 Δ 被用来计算 k 方程中的耗散率，来代替湍流尺度 L_t：

$$\varepsilon = \beta^* k \omega = k^{3/2} / L_t \rightarrow k^{3/2} / (C_{\text{des}} \Delta), \quad C_{\text{des}} \Delta < L_t \tag{1.3-19}$$

所以，SST 模型在 DES 中被修正为：

$$\varepsilon = \beta^* k \cdot F_{\text{des}}, \quad 其中 F_{\text{des}} = \max\left(\frac{L_t}{C_{\text{des}} \Delta}, 1\right) \tag{1.3-20}$$

式中，ε 是耗散率，Δ 是最大局部网格间距 $\Delta = \max(\Delta_i)$，下标 i 代表第 i 个坐标轴），$L_t = \sqrt{k} / \beta^* \omega$，是湍流长度尺度，$C_{\text{des}}$ 是 DES 方程中的标定常数，设定为 0.61。

在湍流充分发展区域，DES 要求网格各维度均质，因为在这个区域，已经转到 LES 模式进行计算。在 RANS 区和 LES 区之间的区域被称为"灰色区域"，该区域网格设置不好常会给计算带来问题，所以 DES 在被提出之后，又出现 Zonel DES、Delayed DES 等改进模型。

5. 尺度适应模型（SAS）

SAS 湍流模型由 Menter 等在 2004 年提出，是一种改进的 URANS 模型，使得解析不稳定流动中的湍流谱成为可能。在湍流尺度方程中引入冯卡门长度尺度，使得 SAS 模型可以动态适应 URANS 中解析的结构，在流场中生成类似 LES 的成分。同时，在稳定流动部分，该模型也提供 RANS 求解能力。冯卡门长度尺度 L_{vK} 被定义为速度矢量一阶导数除上速度导数二阶导数的绝对值，再乘以冯卡门系数 κ：

$$L_{vK} = \kappa \left| \frac{U'}{U''} \right| \tag{1.3-21}$$

式中，$U'' = \sqrt{\dfrac{\partial^2 U_i}{\partial x_k^2} \dfrac{\partial^2 U_i}{\partial x_j^2}}$；$U' = S = \sqrt{2 \cdot S_{ij} S_{ij}}$；$S_{ij} = \dfrac{1}{2} + \left(\dfrac{\partial U_i}{\partial x_j} + \dfrac{\partial U_j}{\partial x_i}\right)$。

原有的 SST-SAS 模型已经有一些改进，其中一种便是在式（1.3-23）中使用二次长度尺度比率 $(L/L_{vK})^2$ 代替原有模型中的线性项。使用二次项使得其与模型微分更加协调，也不会与原有模型存在太大差别。另一个新的地方是，使用显式调校的高波数阻尼来满足 SAS 所需的频谱上高波数末端湍流阻尼要求。

最新的 SAS 方法一般是基于 SST 方程的。SST-SAS 的控制方程比 SST 的 ω 输运方程多一个 SAS 源项 Q_{SAS}：

$$\frac{\partial \rho k}{\partial t}+\frac{\partial}{\partial x_j}\left(\rho U_j k\right)=P_k-\rho c_\mu k\omega+\frac{\partial}{\partial x_j}\left[\left(\mu+\frac{\mu_t}{\sigma_k}\right)\frac{\partial k}{\partial x_j}\right]\frac{\partial \rho\omega}{\partial t}+\frac{\partial}{\partial x_j}\left(\rho U_j\omega\right)$$

(1.3-22)

$$=\alpha\frac{\omega}{k}P_k-\rho\beta\omega^2+Q_{SAS}+\frac{\partial}{\partial x_j}\left[\left(\mu+\frac{\mu_t}{\sigma_\omega}\right)\frac{\partial \omega}{\partial x_j}\right]+(1-F_1)\frac{2\rho}{\sigma_{\omega2}}\frac{1}{\omega}\frac{\partial k}{\partial x_j}\frac{\partial \omega}{\partial x_j}$$

式中

$$Q_{SAS}=\max\left[\rho\varsigma_2\kappa S^2\left(\frac{L}{L_{vK}}\right)^2-C\cdot\frac{2\rho k}{\sigma_\phi}\max\left(\frac{1}{\omega^2}\frac{\partial \omega}{\partial x_j}\frac{\partial \omega}{x_j},\frac{1}{k^2}\frac{\partial k}{\partial x_j}\frac{\partial k}{x_j}\right),0\right]$$

(1.3-23)

该 SAS 源项可从 Rotta 的关联长度尺度输运模型中的一项： $U''\int_{-\infty}^\infty r_y\cdot\overline{u'(y)v'(y+r_y)}\mathrm{d}r_y$

得出。由于在均相湍流中该积分为零，所以该值与湍流不均匀程度有关。

SAS 具有 RANS 区不受网格间距影响的优势，所以不会像 DES 那样，在网格加密区计算精度下降。然而，当流动不稳定性不够强时，SAS 会保持在 RANS 模式，不会产生不稳定结构。

1.3.3　空化模型

目前常用的空化模型有三种。

1. Zwart 模型

Zwart 模型是 CFX 中默认的质量传输模型。它基于空泡动力学中简化的 Rayleigh-Plesset 方程：

$$\dot{m}=\begin{cases}F_e\dfrac{3r_{nuc}(1-\alpha)\rho_V}{R_B}\sqrt{\dfrac{2}{3}\dfrac{P_V-P}{\rho_L}} & if\ P<P_V \\[4mm] F_c\dfrac{3\alpha\rho_V}{R_B}\sqrt{\dfrac{2}{3}\dfrac{P-P_V}{\rho_L}} & if\ P>P_V\end{cases}$$

(1.3-24)

在上述方程中，P_V 是气相压力，P 是水蒸气饱和压力，r_{nuc} 是成核位置的气相体积分数，R_B 是成核位置的气泡半径，F_e 和 F_c 分别是气化和压缩过程中的两个经验参数。在 CFX 中，上述参数默认设置为：$r_{nuc}=5.0\times10^{-4}$，$R_B=2.0\times10^{-6}$m，$F_e=5.0$，$F_c=0.01$。

而且上述方程显示压缩和气化不是对称的。特别在气化方程中，随着气相体积分数增加，α 由 $r_{nuc}=(1-\alpha)$ 代替，成核位置密度必须相应减小。

2. 完全空化模型

由 Singhal 等提出的质量传输模型，最初被称为完全空化模型，现在用在一些商业 CFD 软件中，如 Fluent 和 PUMPLINX。这种模型也是基于空泡动力学简化的 Rayleigh-Plesset 方程，方程如下：

$$\dot{m}=\begin{cases}-C_e\dfrac{\sqrt{k}}{T}\rho_L\rho_V\sqrt{\dfrac{2}{3}\dfrac{P_V-P}{\rho_L}}(1-f_V) & if\ P<P_V \\[4mm] C_c\dfrac{\sqrt{k}}{T}\rho_L\rho_V\sqrt{\dfrac{2}{3}\dfrac{P-P_V}{\rho_L}}f_V & if\ P>P_V\end{cases}$$

(1.3-25)

式中，f_v 是气相质量分数，$k(\text{m}^2/\text{s}^2)$ 是湍动能，$T(\text{N/m})$ 是表面张力，$C_e=0.02$ 和 $C_c=0.01$ 是两个经验校正系数。

值得注意的是，在本文中，为了方便，我们没有使用这个模型的原方程，而使用了由 Huuva 提出的方程，气相质量分数 f_v 由气相体积分数 α 代替。

3. Kunz 模型

Kunz 质量传输模型基于 Merkle 等的工作，现在是 OpenFOAM 中使用的一种质量传输模型。在这个模型中，不同于如上提到的模型，质量传输采用了液相产生 $\dot{m}^+$ 和消失 $\dot{m}^-$ 的对策。从液相到气相的变化被校正成与压力场低于气化压力的部分成比例。从气相到液相的变化是体积分数 γ 的三次多项式函数。比质量传输率定义为 $\dot{m}=\dot{m}^++\dot{m}^-$：

$$\dot{m}^+=\frac{C_{\text{prod}}\rho V\gamma^2\left(1-\gamma\right)}{t_\infty} \tag{1.3-26}$$

$$\dot{m}^-=\frac{C_{\text{dest}}\rho V\gamma\min\left[0,\ P-P_V\right]}{\left(1/2\rho_L U_\infty^2\right)t_\infty} \tag{1.3-27}$$

在上述方程中，U_∞（m/s）是自由来流速度，$t_\infty=L/U_\infty$ 是时间尺度上的平均流，L 是特征长度尺度。C_{dest} 和 C_{prod} 两个经验参数。在原有方程中 $C_{\text{dest}}=100$，$C_{\text{prod}}=100$。

下面修正结果。

Zwart 模型的气化参数 F_e 和压缩系数 F_c 在如下范围内调整：$30\leqslant F_e\leqslant 500$，$5.0\times10^{-4}\leqslant F_c\leqslant 8.0\times10^{-2}$，最佳值为 $F_e=300$，$F_e=0.03$。

对于 FCM 模型，气化系数 C_e 和压缩系数 C_c 分别在如下范围内进行调整：$0.01\leqslant C_e\leqslant 1$，$1.0\times10^{-6}\leqslant C_c\leqslant 1.0\times10^{-2}$，最佳值为 $C_e=0.40$，$C_c=2.30\times10^{-4}$。

Kunz 模型中调整范围是，$100\leqslant C_{\text{dest}}\leqslant 5000$，$10\leqslant C_{\text{prod}}\leqslant 1000$，最佳值为 $C_{\text{prod}}\leqslant 455$，$C_{\text{dest}}=4100$。

各个模型系数校正前后的对比：

	Zwart		FCM		Kunz	
	F_e	F_c	C_e	C_c	C_{dest}	C_{prod}
默认值	50	0.01	0.02	0.01	100	100
修正值	300	0.03	0.40	2.3E-04	4100	455

1.3.4 泵流动模拟的基本概况

由于较高的转速，离心泵内的流动通常是高度复杂的三维湍流流动。原则上不可压缩 N-S 方程适用于任何可以近似为连续介质流体的流动场合，包括层、湍流，当然也适用于离心泵内部的流动。目前，在湍流的计算机模拟中有下面几种方法：第一种是直接求解基本方程组，简称直接数值模拟（DNS）；第二种是大涡模拟（LES），这种方法能捕获大尺度漩涡，对小漩涡采用模型近似表示；第三种是求解雷诺应力方程（RANS），这方面已经发展出了许多种湍流模式，如 k-ε 模型等。从理论上，准确性由第一种向第三种依次降低，而计算成本也是依次降低的，所以，在具体问题中，应当根据需求来选择适合的方案。综合经济性和精度要求，从科研角度分离涡方法是当前一个较有前景的方法。而对于离心泵的工程模拟，一些经典的模式，如标准 $k\text{-}\varepsilon$ 模型、RNG $k\text{-}\varepsilon$ 模型、$k\text{-}\omega$ 模型、RSM 模型等都曾获得大量的工程应用。由于上述模型本身存在一定的局限性，读者需要通过长期的模拟实践来判断计算结果的合理与否。

目前，采用常用的湍流模型和全流场计算可较准确预测额定工况的水泵性能，然而在非设计工况和空化工况，由于流动分离等复杂涡流存在，预测误差仍较大。针对泵多方案水力优化设计，CFD 在科研单位和一些大中型水泵制造企业也已得到了应用和实践。

第2章 水力部件三维造型方法

2.1 圆柱形叶片

思路分析：通常叶轮叶片的设计资料都是二维图样（如 AutoCAD 文件，本例中圆柱形叶片水力图见图 2.1-1），我们要做的就是把数据导入 NX 中，圆柱形叶片比扭曲叶片的易画之处就在于，可以直接拉伸叶片二维横截面，然后用周面投影图去截取，具体步骤按如下所述。

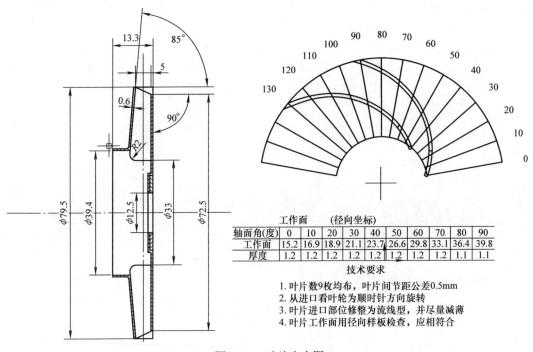

轴面角(度)	0	10	20	30	40	50	60	70	80	90
工作面	15.2	16.9	18.9	21.1	23.7	26.6	29.8	33.1	36.4	39.8
厚度	1.2	1.2	1.2	1.2	1.2	1.2	1.2	1.2	1.1	1.1

技术要求

1. 叶片数9枚均布，叶片间节距公差0.5mm
2. 从进口看叶轮为顺时针方向旋转
3. 叶片进口部位修整为流线型，并尽量减薄
4. 叶片工作面用径向样板检查，应相符合

图 2.1-1　叶片水力图

2.1.1 新建 NX 文件

1）在菜单栏中，选择【文件】→【新建】。

2）在对话框中选择："单位"：毫米；"模板"：模型；"名称"：yzyp.prt；"文件夹"：X：\NX\chapter1.1\（可自定，注意，设定文件夹路径时，路径中不得有中文，且文件名也不得为中文，否则就出现错误）。

3）单击【确定】，完成新建 NX 文件。

2.1.2　导入叶片型线

按照 NX 的要求，把二维水力图中的数据在数据文件中编辑成如图 2.1-2 所示格式的文本文件。

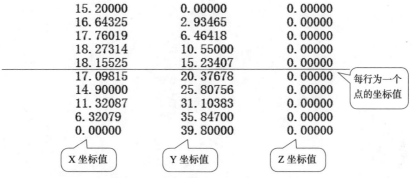

图 2.1-2　曲线坐标点的数据文件格式

文件中的三列数据分别为 X、Y、Z 坐标值，每行为一个点的坐标值。

本例中已经预备了必要的数据文本文件，分别为工作面型线：yzg.dat；背面型线：yz.dat。NX 默认的数据文件扩展名为 ".dat"。

以下是导入曲线的操作过程：

1）在菜单栏，选择【插入（S）】→【曲线（C）】→【样条（S）】[⊖]，弹出 "样条" 对话框，如图 2.1-3a 所示。

2）在 "样条" 对话框中，选择【通过点】按钮，弹出 "通过点生成样条" 对话框如图 2.1-3b 所示。

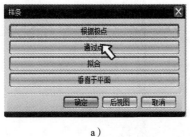
　　　　a）

　　　　b）

图 2.1-3　用数据文件建立样条曲线

3）在 "通过点生成样条" 对话框中，"曲线类型" 选项为：多段；"曲线阶次" 选项为：3；选择【文件中的点】按钮，弹出 "点文件" 对话框。

4）在 "点文件" 对话框中，选择存放本例数据文件的文件夹（Samples\chpater1.1\dat\），选择 yzg.dat（工作面型线），"输入坐标" 选项为：绝对。单击【确定】，返回 "通过点生成样条" 对话框。

5）在 "通过点生成样条" 对话框中，单击【确定】，生成工作面型线曲线。

⊖　该选项在高版本中需通过命令查找。

6）对话框又回到"通过点生成样条"状态。重复步骤3）、4）和5），单击文件选择 yzb.dat（背面型线），生成背面型线曲线。

7）在"通过点生成样条"对话框中，选择【取消】。

至此，完成了导入型线的工作，结果如图2.1-4所示。

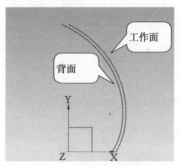

图2.1-4　导入横截面型线

2.1.3　绘制补充图

1）在菜单栏，选择【插入（S）】→【草图（H）】，在"创建草图"对话框中，"类型"选项为：在平面上；"平面方法"选项为：现有平面；单击选择XY平面，单击【确定】，进入"草图生成器"环境。

2）在菜单栏上，选择【插入（S）】→【现有曲线（X）】，在"添加曲线"对话框中，"对象 > 选择对象"选项选择加入草图的两条曲线，单击【确定】，如图2.1-5所示。

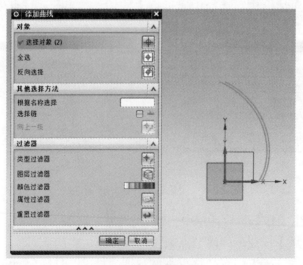

图2.1-5　添加曲线

3）在草图环境中，使用草图工具　　　　　　　　　　　　　　　　　　　　来进行绘制，选择【／直线（L）】连接图2.1-5中X轴上的两个端点，再选择【　圆弧（A）】，在"圆弧"对话框中，"圆弧方法"选项为：　（中心和端点定圆弧）；"输入模式"为：XY，以原点为圆心，剩余的两条曲线的端点为端点画圆弧，如图2.1-6所示。

4）单击【▦完成草图】，完成插入曲线以及绘制。

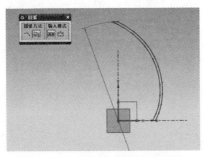

图 2.1-6　圆柱叶片的横截面图

2.1.4　创建叶片实体

1）在菜单栏中，选择【插入（S）】→【设计特征（E）】→【拉伸（E）】，在"拉伸"对话框中，"截面选项"选择上面绘制的草图；"方向"选项为：Z 轴；"限制"选项："开始"为⬡值，"距离"为 –20mm，"结束"为⬡值，"距离"为 20mm；"布尔"选项为：无；单击【确定】，如图 2.1-7 所示。

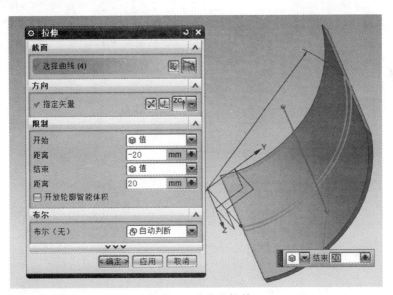

图 2.1-7　叶片的拉伸

2）在菜单栏中，选择【插入（S）】→【关联复制（A）】→【阵列特征（A）】，在"阵列特征"对话框中选择拉伸的叶片，"布局"选项：圆形；以 Z 轴为旋转轴、原点为指定点；本例中叶片数是 9 片均布，"角度方向＞间距"选择：数量和节距，"数量"为 9，"节距角"为 40deg。单击【确定】。

3）根据图 2.1-8 所示的叶轮水力轴面投影图，在 YOZ 平面上建立草图并绘制出叶片轴面投影图，如图 2.1-9 所示。

4）在菜单栏中，选择【插入（S）】→【设计特征（E）】→【回转（R）】，在"回转"

对话框中，"选择曲线"为上面绘制的叶片轴面投影图，"指定矢量"为 Z 轴；"指定点"为原点；"限制"选项中"开始"为▥值，"角度"为 0deg；"结束"为▥值，"角度"为 360deg；单击【确定】，如图 2.1-10 所示。

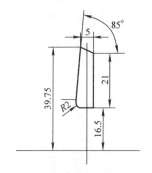

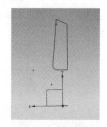

图 2.1-8　叶轮水力轴面投影图　　　　　　图 2.1-9　草图中叶片轴面投影图

5）在菜单栏中，选择【插入（S）】→【组合（B）】→【求交（I）】，在"求交"对话框中，"目标"选择图 2.1-10 中的叶片回转体；"工具"选择拉伸的 9 个叶片，单击【确定】，如图 2.1-11 所示。

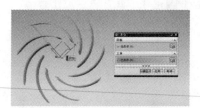

图 2.1-10　叶片轴面回转图　　　　　　　　图 2.1-11　叶轮叶片图

6）按照图 2.1-12 中叶轮前后盖板轴面图，在 YOZ 平面上建立草图并绘制出叶轮前后盖板轴面投影图，如图 2.1-13 所示。

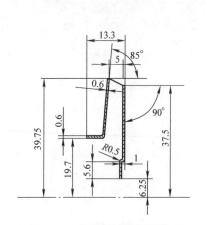

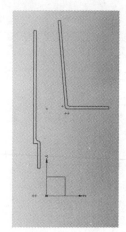

图 2.1-12　叶轮前后盖板轴面　　　　　　图 2.1-13　草图中叶轮前后盖板轴面

7）按照 4）中旋转叶片轴面图的方法旋转叶轮前后盖板，这样就完成圆柱叶片的造型，如图 2.1-14 所示。

图 2.1-14　叶轮实体图

2.2　扭曲叶片

思路分析：图 2.2-1 所示为离心泵扭曲叶片水力图，最重要的就是圆柱坐标系中轴面型线的获得，首先创建叶片工作面与背面的轴面截线，然后通过【曲面🔲】命令形成叶片工作面与背面，接着通过【缝合🔳】命令对叶片进行实体化，形成完整的叶片，然后通过【变换🔳】命令对叶片进行变换，形成全部的叶片，最后进行前后盖板的设计，最终形成模型。

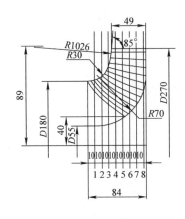
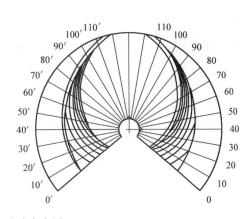

图 2.2-1　叶片水力图

2.2.1　录入轴面流道型线

先将工作面型线的 r、θ、z^* 和背面型线 r、θ、z^* 逐一输入 excel 表格中，并在单元格中输入公式，将圆柱坐标转换为笛卡儿坐标，转换公式分别为

1）工作面：$x=r^*\cos\theta$，$y=r^*\sin\theta$，$z=-z^*$

2）背面：$x=r^*\cos\theta$，$y=r^*\sin\theta$，$z=-(z^*+\Delta z^*)$

按照 NX 的要求，将笛卡儿坐标复制到 .txt 文档中，另存为 .dat 格式文件，如图 2.2-2 所示，文件名要便于区分各个型线。其中，每行为一个点的坐标，三列数据分布为 X、Y、Z。

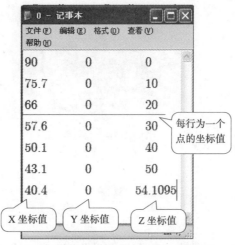

图 2.2-2　曲线坐标点的数据文件格式

2.2.2　新建 NX 文件

1）在菜单栏中，选择【文件】→【新建】。

2）在对话框中选择："单位"：毫米；"模板"：模型；"名称"：impeller.prt；"文件夹"：可自行定义，且设定文件夹路径时，路径中不得有中文，且文件名也不得为中文，否则就出现错误。

3）单击【确定】，完成新建 NX 文件。

2.2.3　从 AutoCAD 文件导入工作面和背面的型线

启动 UG 软件，在菜单栏中选择【文件（F）】→【导入（M）】→【AutoCAD DXF/DWG】，在 "/DWG 文件" 对话框中选择本例的文件；"导入至" 中选择：工作部件，单击【完成】，如图 2.2-3 所示。

图 2.2-3　新建模型

2.2.4　进行扭曲叶片工作面与背面轴面截线的绘制

1）单击工具栏中的【插入】→【曲线】→【样条🖱】→【根据极点】→【确定】。

2）在弹出的对话框中依次选择【曲线类型：多段】→【曲线阶次 3】→【文件中的点】，如图 2.2-4、图 2.2-5 所示，选择图 2.2-2 中所做的 .dat 文件。

3）最后单击【OK】按钮，如图 2.2-6 所示。

4）依次导入工作面 .dat 文件，形成样条曲线，如图 2.2-7 所示。

5）背面型线的导入方法与工作面的方法相同。

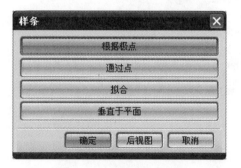

图 2.2-4　"样条"对话框

图 2.2-5　"根据极点生成样条"对话框

图 2.2-6　.dat 文件的导入

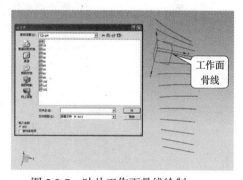

图 2.2-7　叶片工作面骨线绘制

2.2.5　叶片工作面和背面的绘制

1）单击菜单栏中的【插入】→【网格曲面】→【通过曲线组🖱】命令，单击鼠标中键确认，弹出"通过曲线组"对话框。

2）在"通过曲线组"对话框中，选择"截面 > 选择曲线或点"选项，单击选择叶片工作面所有曲线，形成一个曲面，此曲面即为扭曲叶轮的工作面，如图 2.2-8 所示。

3）使用同样方法绘制出扭曲叶轮的背面。

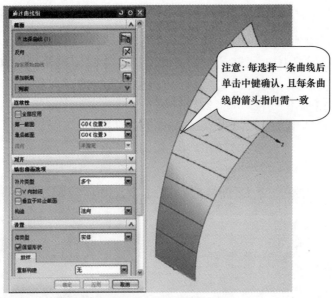

图 2.2-8　叶片工作面的绘制

2.2.6　叶片各曲面的绘制

与 2.2.5 节相同，通过单击菜单栏中的【插入】→【网格曲面】→【通过曲线组💾】命令，拾取其他要构成同一曲面的曲线，构造一个封闭的叶片，如图 2.2-9 所示。

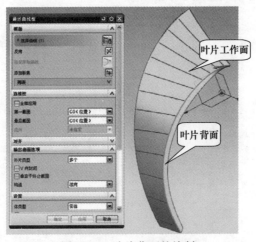

图 2.2-9　叶片曲面的绘制

2.2.7　叶片实体化

单击【缝合💾】按钮并选取所要缝合的叶片表面作为目标体和刀具体进行缝合，最后形成一个完整的实体化的叶片。

2.2.8　阵列叶片

1）在菜单栏中，选择【编辑（E）】→【移动对象（O）】。

2）在"移动对象"对话框中，"对象"选择图 2.2-9 中的导叶；"运动"选择：角度；"指定矢量"：Z 轴；"指定轴点"：原点；"角度"：60deg；"结果"选择"复制原先的"；"图层选项"：原始的；"距离 / 角度分割"：1 ；非关联副本数：5。

3）单击【确定】，叶片阵列后如图 2.2-10 所示。

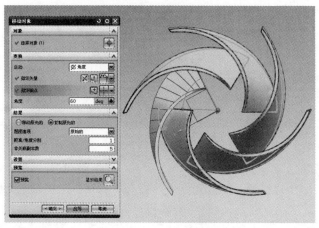

图 2.2-10　叶片的阵列

2.2.9　回转轴面投影图

1）单击草图按钮，以 ZC-YC 为草图平面进行绘图，如图 2.2-11 所示。

2）单击工具栏中的【回转🔄】按钮，对完成的草图进行回转，形成一个完整的图形，如图 2.2-12 所示。

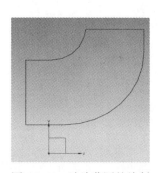

图 2.2-11　叶片草图的绘制

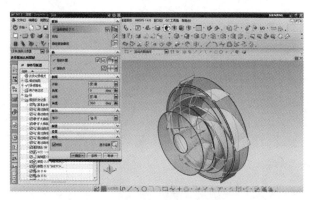

图 2.2-12　对草图进行回转

2.2.10　求交

对回转所形成的图形与所有的叶片进行【求交🔲】布尔运算，生成完整的叶片，如图 2.2-13 所示。

图 2.2-13　完整的叶片实体

2.2.11　保存文件

单击【保存■】按钮保存文件，完成模型的设计。具体更详细的操作过程可参见 2.5 节。

2.3　双流道泵叶轮

思路分析：对双流道泵叶轮的水力图进行一定的了解。双流道泵的水力模型最重要的就是在空间流道中线上作出各分点截面，如图 2.3-1 所示。首先根据流道中线在横截面上的投影图得到相应点的角度和半径，再根据轴面投影图中对应点的 Z 轴坐标值，即可在空间中画出该点。完成空间流道中线后，将流道中线上各分点处作出相应的截面。

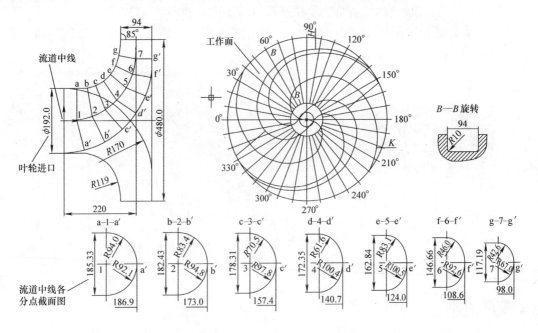

图 2.3-1　双流道叶轮水力图

2.3.1　新建 NX 文件

1）双击 UG 图标，打开 UG 页面，在菜单栏中，选择【文件】→【新建】，打开"新建"

对话框。

2）在对话框中选择："模型"；"类型"：建模；"单位"：毫米；建立"名称"：sldyl.prt；"文件夹"：X：\NX\chapter1.3\（可自定，注意，设定文件夹路径时，路径中不得有中文，且文件名也不得为中文，否则就出现错误）。

3）单击【确定】，完成新建 NX 文件。

2.3.2　绘制空间流道中线

1. AutoCAD 文件导入流道中线在轴面图上的投影

在菜单栏中，选择【文件（F）】→【导入（M）】→【AutoCAD DXF/DWG】，在"/DWG 文件"对话框中选择本例的文件 1.1.2.1.dxf；"导入至"中选择：工作部件，单击【完成】，如图 2.3-2 所示。

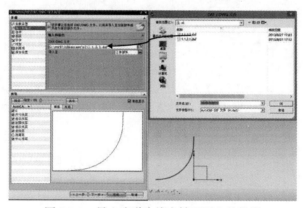

图 2.3-2　导入流道中线在轴面图上的投影

2. 移动导入的流道中线投影图至正确的位置

在菜单栏中，选择【编辑（E）】→【移动对象（O）】，在"移动对象"对话框中，"对象"选择图 2.3-2 中的流道中线；"运动"选择：角度；"指定矢量"：Y 轴；"指定轴点"：原点；"角度"：90deg；"结果"选择"移动原先的"；"图层选项"：原始的；"距离 / 角度分割"：1，如图 2.3-3 所示。

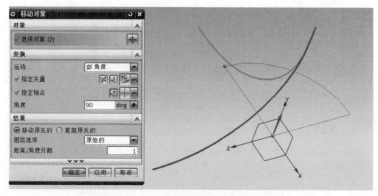

图 2.3-3　流道中线轴面投影图的移动

3. 回转轴面投影图

回转图 2.3-3 中移动后的流道中线轴面投影图。在菜单栏中，选择【插入（S）】→【设计特征（E）】→【回转（R）】，在"回转"对话框中，"选择曲线"为移动后的流道中线轴面投影图，"指定矢量"为 Z 轴；"指定点"为原点；"限制"选项中"开始"为 ▦ 值，"角度"为 0deg；"结束"为 ▦ 值，"角度"为 360deg；"设置"中"体类型"选择：片体。单击【确定】，如图 2.3-4 所示。

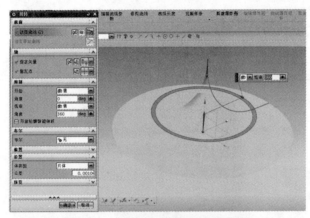

图 2.3-4　回转流道中线轴面投影图

4. AutoCAD 文件导入流道中线在横截面上的投影

在菜单栏中，选择【文件（F）】→【导入（M）】→【AutoCAD DXF/DWG】，在"/DWG 文件"对话框中选择本例的文件 1.1.2.2dxf；"导入至"中选择：工作部件，单击【完成】，如图 2.3-5 所示。

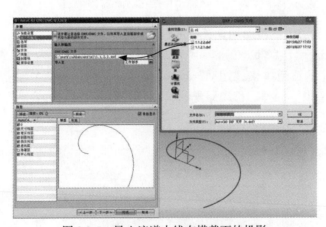

图 2.3-5　导入流道中线在横截面的投影

5. 投影曲线

在菜单栏中，选择【插入（S）】→【来自曲线集的曲线（F）】→【投影（P）】，"要投影的曲线或点"选择图 2.3-5 中的曲线；"要投影的对象"选择图 2.3-4 中所创建的回转曲面；"投影方向"选择：沿矢量；"指定矢量"选择：Z 轴，其他默认，单击【确定】。完成情况如图 2.3-6 所示。

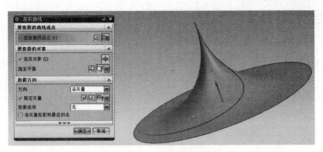

图 2.3-6　流道中线

2.3.3　确定流道中线上各个分点

1）在菜单栏中，选择【插入（S）】→【草图（H）】，"草图平面"选择：XOY 平面，其他默认，单击【确定】。

2）按照水力图中各分点的半径，在草图中画圆。例如：流道出口点 7，半径为 183.2，在草图中画圆，在草图工具中，单击【 ○ 圆 】，以原点为圆心，直径为 366.4 画圆，单击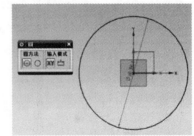，如图 2.3-7 所示。

3）在菜单栏中，选择【插入（S）】→【设计特征（E）】→【拉伸（E）】，在"拉伸"对话框中，"截面选项"选择图 2.3-7 中的圆；"方向"选项为 Z 轴；"限制"选项："开始"为 值，"距离"为 0mm，"结束"为 值，"距离"为 300mm；"布尔"选项：无；"设置"中"体类型"选择：片体，单击【确定】，如图 2.3-8 所示。

图 2.3-7　以内流道出口点 7 到
Z 轴的距离为半径的圆

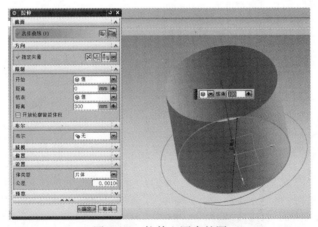

图 2.3-8　拉伸上图中的圆

4）在菜单栏中，选择【插入（S）】→【基准 / 点（D）】→【点（P）】，在"点"对话框中，"类型"选择：交点；"曲线、曲面或平面"选择图 2.3-8 中拉伸的曲面；"要相交的曲线"选择：流道中线；其他默认，单击【确定】，如图 2.3-9 所示。

5）重复 1）～ 4）中的步骤确定 1 ～ 6 所有点的位置，如图 2.3-10 所示。

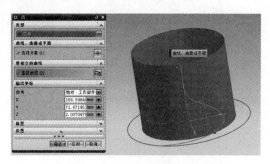
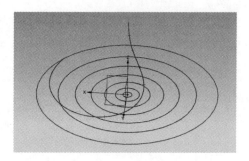

图 2.3-9 确定流道中线上点 7 的位置　　　图 2.3-10 流道中线上各分点位置

2.3.4 在流道中线各个分点处作流道截面

1. 画出内流道上各截面图

1）从流道中线进口端开始，在菜单栏中选择【插入（S）】→【基准 / 点（D）】→【基准平面（D）】，在"基准平面"对话框中，"类型"选择：点和方向；"通过点"选择：流道中线进口端点；"指定矢量"选择：Z 轴，单击【确定】，如图 2.3-11 所示。

2）在菜单栏中选择【插入（S）】→【草图（H）】，"草图平面"选择图 2.3-11 中建立的基准面，其他默认，单击【确定】，在草图环境中画出叶轮进口圆，如图 2.3-12 所示。

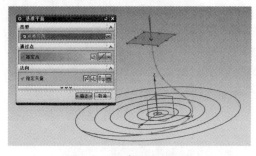
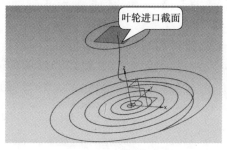

图 2.3-11 建立基准面图　　　　　　　　图 2.3-12 叶轮进口截面

3）在菜单栏中选择【插入（S）】→【基准 / 点（D）】→【基准平面（D）】，在"基准平面"对话框中，"类型"选择：曲线上；"曲线"选择：流道中线；"位置"选择：通过点；"指定点"：选择图 2.3-1 中流道中线上的分点中的 1 点；"方向"选择：垂直于路径，单击【确定】，建立基准面 A1，如图 2.3-13 所示。

4）在菜单栏中选择【插入（S）】→【基准 / 点（D）】→【基准平面（D）】，在"基准平面"对话框中，"类型"选择：点和方向；"通过点"选择：选择图 2.3-1 中流道中线上的分点中的 1 点；"指定矢量"选择：Z 轴，单击【确定】。建立基准面 B1，如图 2.3-14 所示。

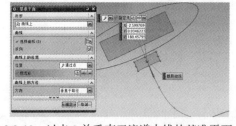

图 2.3-13 过点 2 并垂直于流道中线的基准平面 A1　　图 2.3-14 过点 2 并垂直于 Z 轴（旋转轴）

5）在菜单栏中选择【插入（S）】→【来自体的曲线（U）】→【求交（I）】，在对话框中，"第一组选择面"选择基准面 A1 或 B1；"第二组选择面"则选择另外一个。单击【确定】，得到交线 S1，如图 2.3-15 所示。

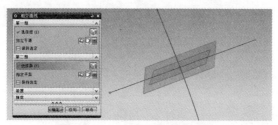

图 2.3-15　两个基准面的交线

6）在菜单栏中选择【插入（S）】→【基准／点（D）】→【基准平面（D）】,在"基准平面"对话框中，"类型"选择：点和方向；"通过点"选择：选择图 2.3-1 中流道中线上的分点中的 2 点；"指定矢量"选择：图 2.3-15 中的交线 S1，单击【确定】，建立基准面 C1，如图 2.3-16 所示。

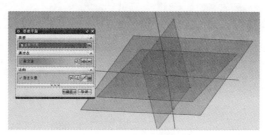

图 2.3-16　C1 基准面

7）在菜单栏中选择【插入（S）】→【草图（H）】，"类型"选择：在平面上；"草图平面"选择：基准面 A1；"参考"选择：水平；"选择参考"选择：基准面 C1；"指定点"是点 1，单击【确定】，如图 2.3-17 所示。

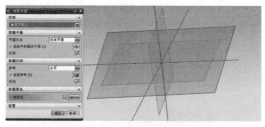

图 2.3-17　把 A1 当作草图

8）首先注意，a-1-a' 是和交线 S1 重合的。选择【插入（S）】→【草图曲线（S）】→【椭圆（E）】，"指定点"选择：草图原点；"大半径"即交线 S1 的方向，输入 92.665mm；"小半径"输入 93.45mm；"角度"为 0deg，单击【确定】，如图 2.3-18 所示。单击■，完成草绘。

9）重复步骤 3）~ 8），将流道中线上其余分点都作出其对应的截面，如图 2.3-19 所示。

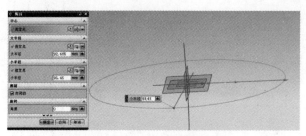

图 2.3-18　点 1 处流道截面

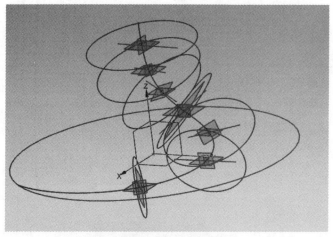

图 2.3-19　各分点截面图

2. 画出外流道上各截面图

从 AutoCAD 文件导入工作面型线 H。

1）在菜单栏中，选择【文件（F）】→【导入（M）】→【AutoCAD DXF/DWG】，在 "/DWG 文件" 对话框中选择本例的文件 1.1.2.3dxf；"导入至" 中选择：工作部件，单击【完成】，如图 2.3-20 所示。

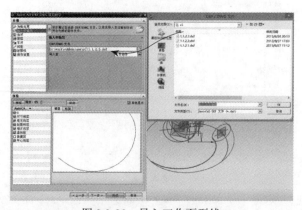

图 2.3-20　导入工作面型线

2）延长工作面型线，选择【编辑】→【曲线（V）】→【长度（L）】，在对话框中，"曲线"选择：工作面型线；"开始"输入 20mm；"结束"输入 0mm，单击【确定】，如图 2.3-21 所示。（注意，导入的工作面型线仍然存在，将原先的工作面型线隐藏。）

3）流道中线横截面的投影图是一个变异的螺旋线，其方程为 $\rho=a\theta^{b}$，根据已知数据可以得出该螺旋线的方程，$\rho=3.208286\theta^{0.8}$。在 XOY 平面上从流道中线的端点开始画出该螺旋线，选择【插入（S）】→【草图（H）】，"草图平面"选择：XOY 平面，其他默认，单击【确定】，如图 2.3-22 所示。

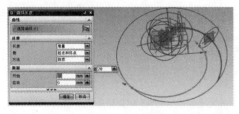

图 2.3-21　工作面型线延长

图 2.3-22　螺旋线

4）在菜单栏中选择【插入（S）】→【基准 / 点（D）】→【基准平面（D）】，在"基准平面"对话框中，"类型"选择：曲线上；"曲线"选择：螺旋线；"位置"选择：通过点；"指定点"选择：螺旋线起点；"方向"选择：垂直于路径，单击【确定】，建立基准面 A8，如图 2.3-23 所示。

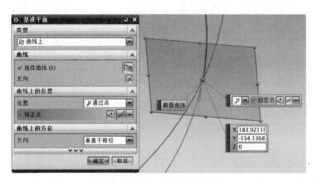

图 2.3-23　基准面 A8

5）在基准面上画流道截面。宽度为草图原点到背面型线的距离的一半，高度为 94mm，即在水力图中叶轮的出口宽度，如图 2.3-24 所示。单击 ▦，完成草图。

6）选择【插入（S）】→【草图（H）】，"草图平面"选择：XOY 平面，其他默认，单击【确定】。在草图环境中，单击【／直线】，起始点是工作面型线上离原点较远的端点，作垂直于螺旋线的直线，如图 2.3-25 所示。单击 ▦，完成草图。

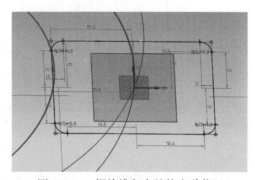

图 2.3-24　螺旋线起点处外流道截面

7）按照 4）中的方法在图 2.3-25 中垂线和螺旋线的交点处作基准面，然后按照 5）中的步骤在该基准面上作流道截面，如图 2.3-26 所示。

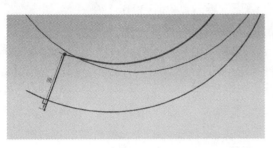

图 2.3-25　垂线

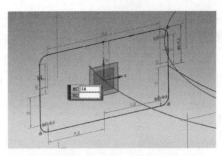

图 2.3-26　外流道截面

2.3.5　绘制流道

从图 2.3-19 中可以看出流道中线上第 4 点和第 5 点处的截面明显不正确，所以舍弃不用。

1）在菜单栏，选择【插入（S）】→【曲线（C）】→【样条（S）】，弹出"样条"对话框。

2）在"样条"对话框中，选择【通过点】按钮，如图 2.3-27a 所示，弹出"通过点生成样条"对话框。

3）在"通过点生成样条中"对话框中选择【文件中的点】，如图 2.3-27b 所示，弹出"样条"对话框。在"样条"对话框中单击"点构造器"，如图 2.3-27c 所示。

4）在"点"对话框中，"类型"选择：象限点，如图 2.3-27d 所示。

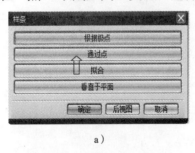

a）

b）

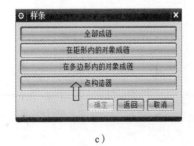

c）

d）

图 2.3-27　样条

5）流道中线进口以及 1 ～ 7 的各个截面上对应的象限点用 4）中的方法连接起来，画出图 2.3-28 所示两条样条曲线。作这两条样条曲线的原因是，单一中间流线并不能很好地扫掠出流道的形状（根据具体情况并不一定是这两条样条曲线）。

6）在菜单栏中，选择【插入(S)】→【扫掠（W）】→【扫掠（S）…】或单击工具栏的"扫掠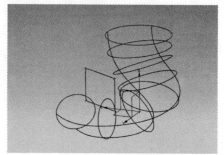"，按照 5）中的步骤扫掠流道截面到截面 7（第 4 和第 5 截面没有采用），
"引导线"选择图 2.3-28 中的两条样条曲线和流道中线，如图 2.3-29 所示。

7）同样将第 7 断面（即内流道出口）和第一个外流道截面扫掠。"引导线"选择：流道中线，如图 2.3-30 所示。

8）将两个外流道截面扫掠。"引导线"是延长的工作面型线，如图 2.3-31 所示。

9）在菜单栏中，选择【插入 (S)】→【组合（B）】→【求和（U）…】或直接单击工具栏的"求和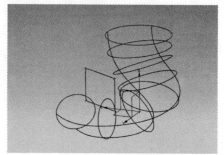"，将所有扫掠实体进行求和，结果如图 2.3-32 所示。

图 2.3-28　样条曲线

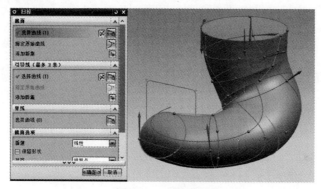

图 2.3-29　内流道

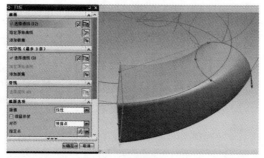

图 2.3-30　外流道 1

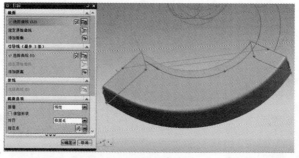

图 2.3-31　外流道 2

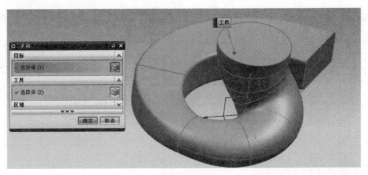

图 2.3-32　求和流道图

10）在菜单栏中,选择【插入（S）】→【草图（H）】, "草图平面"选择:XOY 平面,其他默认,单击【确定】。

11）按照水力图中叶轮出口半径,在草图中画圆。在草图工具中, 单击【○圆】,以原点为圆心、直径为480 画圆,单击 ▓,完成情况如图 2.3-33 所示。

12）拉伸步骤 11）中的圆,在菜单栏中选择【插入（S）】→【设计特征（E）】→【拉伸（E）】,在"拉伸"对话框中,"截面选项"选择 11）中的圆;"方向"选项:

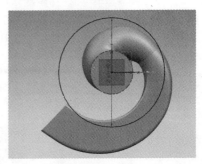

图 2.3-33　圆

Z 轴;"限制"选项:"开始"为 ▣ 值 ,"距离"为 – 300mm,"结束"为 ▣ 值,"距离"为300mm;"布尔"选项:求交;"选择体"选择:求和后的流道;"设置"中"体类型"选择:实体。单击【确定】,如图 2.3-34 所示。

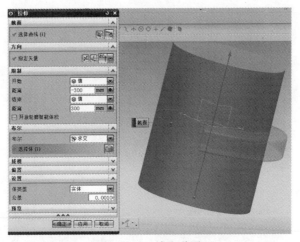

图 2.3-34　单流道图

13）在菜单栏中,选择【编辑（E）】→【移动对象（O）】,在"移动对象"对话框中, "对象"选择 12）中的单流道;"运动"选择:角度;"指定矢量":Z 轴;"指定轴点":原点; "角度":180deg;"结果"选择"复制原先的";"图层选项":原始的;"距离 / 角度分割":1; "非关联副本数"输入:1；单击【确定】,如图 2.3-35 所示。

14）将两个流道求和。

图 2.3-35　双流道水体

2.3.6　绘制叶轮

1）导入叶轮前后盖板和叶轮出口以及进口的一半组成的轴面投影图，如图 2.3-36 所示。在菜单栏中，选择【文件（F）】→【导入（M）】→【AutoCAD DXF/DWG】，在 "/DWG 文件" 对话框中选择本例的文件 1.1.2.4.dxf；"导入至" 中选择：工作部件，单击【完成】，如图 2.3-37 所示。

2）在菜单栏中，选择【编辑（E）】→【移动对象（O）】或直接单击工具栏的 "移动 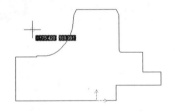"，打

图 2.3-36　叶轮

开 "移动对象" 对话框。在 "移动对象" 对话框中，"对象" 选择图 2.3-37 中的轴面投影图；"运动" 选择：角度；"指定矢量"：Y 轴；"指定轴点"：原点；"角度"：90deg；"结果" 选择 "移动原先的"；"图层选项"：原始的；"距离 / 角度分割"：1，单击【确定】，如图 2.3-38 所示。

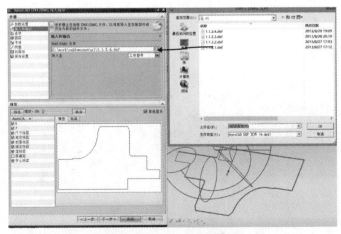

图 2.3-37　导入轴面投影图

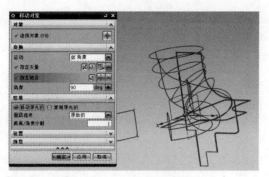

图 2.3-38　移动轴面投影图

3）在菜单栏中，选择【插入（S）】→【设计特征（E）】→【回转（R）】或单击工具栏的"回转 █"，在"回转"对话框中，"选择曲线"选择图 2.3-7 中的投影图，"指定矢量"：Z 轴；"指定点"：原点；"限制"选项中"开始"为 █ 值，"角度"为 0deg；"结束"为 █ 值，"角度"为 360deg；"设置"中"体类型"选择：实体。单击【确定】，如图 2.3-39 所示。

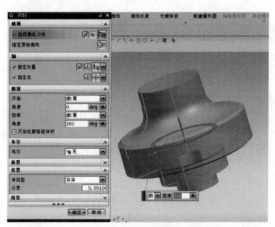

图 2.3-39　回转

4）对所作实体进行求差。在菜单栏中选择【插入（S）】→【组合（B）】→【求差（S）…】或单击工具栏的"求差 █"，打开"求差"对话框。在对话框中，"目标"选择图 2.3-38 中所作的回转体；"工具"选择 2.3.5 节所绘制的双流道水体，单击【确定】，如图 2.3-40 所示。完成双流道泵的叶轮造型。

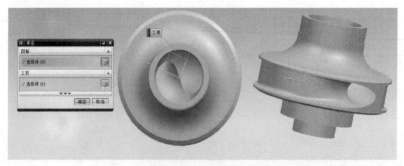

图 2.3-40　叶轮实体

2.4　双叶片污水泵叶轮

　　思路分析：通常叶轮叶片的设计资料都是二维图样（如 AutoCAD 文件），我们要做的就是把数据导入 NX 中。这些数据包括轴面投影图、叶片型线上点的三维坐标。然后创建水体，通过导入的样条生成叶片的工作面和背面，采用【修剪体】命令对水体进行修剪，得到叶片实体。

2.4.1　新建 NX 文件

　　1）双击 UG 图标，打开 UG 页面，在菜单栏中，选择【文件】→【新建】，打开"新建"对话框。

　　2）在对话框中"单位"：毫米；"模板"：模型；"名称"：800-40-A.prt；"文件夹"：X：\NX\chapter1.4\（注意，路径中不得包含中文，可含有英文和阿拉伯数字）。

　　3）单击【确定】，完成新建 NX 文件。

2.4.2　创建叶片曲面特征

1. 创建叶片工作面

（1）工作面型线导入

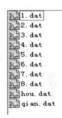

图 2.4-1　曲线坐标点的数据文件格式

　　前面章节中已经详细讲解了叶片型线坐标的读取与转化，这里不再进行赘述。按照 NX 的要求，把二维水力图中的数据在数据文件中编辑成 dat 格式的文本文件。找到"dat"文件夹，打开"gongzuomian"文件夹，可以看到叶片背面上各型线的 dat 坐标文档，如图 2.4-1 所示。

　　以下是导入曲线的操作过程：

　　1）在菜单栏，选择【插入（S）】→【曲线（C）】→【样条（S）】或单击工具条上的按钮～，打开"样条"对话框，如图 2.4-2a 所示。

　　2）在"样条"对话框中，选择【通过点】按钮，打开"通过点生成样条"对话框。

　　3）在"通过点生成样条"对话框中，"曲线类型"选项为：多段；"曲线阶次"选项为：3；选择【文件中的点】按钮，打开"点文件"对话框，如图 2.4-2b 所示。

　　4）在"点文件"对话框中，选择存放本例数据文件的文件夹（Samples\chpater1.4\dat\gongzuomian），选择 1.dat 文件，"输入坐标"选项为：绝对，单击【OK】，如图 2.4-2c 所示。单击【确定】，生成 1.dat 所对应的样条，并返回"通过点生成样条"对话框，如图 2.4-2d 所示。

　　5）在"通过点生成样条"对话框中，单击【确定】，生成工作面型线曲线。

　　6）对话框又回到"通过点生成样条"状态。重复步骤 3）、4）和 5），单击文件选择 2.dat。

　　7）重复步骤 6），完成 11 个 dat 文本的导入。

　　至此完成了导入工作面型线的工作，结果如图 2.4-3 所示。

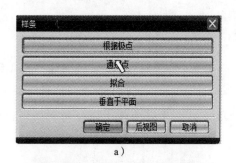

a)
b)

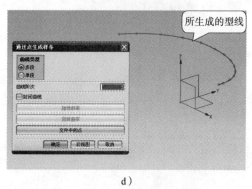

c)
d)

图 2.4-2 用数据文件建立样条曲线

（2）绘制补充工作面型线

对图 2.4-3 中的工作面型线进行绘制补充。

1）选择【插入（S）】→【曲线（C）】→【样条（S）】→【通过点】→【确定】→【点构造器】，弹出"通过点生成样条"对话框，如图 2.4-4a 所示，"类型"选项为：控制点；从上到下依次单击叶片出口处型线端点，单击【确定】→【确定】→【确定】，生成如图 2.4-4b 所示的样条并回到【样条（S）】步骤。

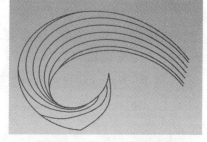

图 2.4-3 导入工作面型线

2）重复上述步骤，此次所选控制点如图 2.4-4c 所示（这些控制点实际是由 dat 文件中坐标生成的，所选的控制点必须依次对应好）。重复上述步骤，可以得到多条样条曲线，如图 2.4-4d 所示（在此过程中，有些样条会出现明显不正常的扭曲，这些的样条要舍去或进行修正）。

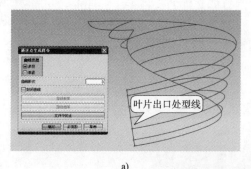
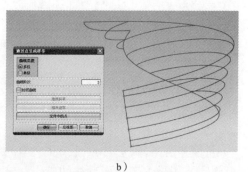

a)
b)

图 2.4-4 补全叶片工作面型线过程

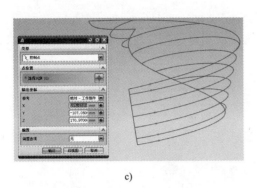
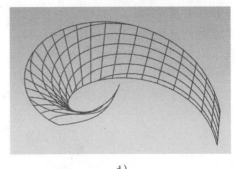

c)

d)

图 2.4-4　补全叶片工作面型线过程（续）

（3）创建网格曲面

1）在菜单栏上，选择【插入（S）】→【网格曲面】→【通过曲线网格】，单击图 2.4-5a 所示叶片出口处样条，单击鼠标中键后所选样条出现箭头并在对话框列表中出现"主曲线 1"，这表示选取成功；单击图 2.4-5b 所示样条，单击中键确定（注意：中键确定前要保证所选样条上出现的箭头方向与"主曲线 1"箭头方向一致，如果不一致，可以双击改变箭头方向），创建"主曲线 2"；重复上述步骤，从叶片出口处向前缘依次选取步骤图 2.4-4d 中生成的样条曲线，如图 2.4-5c 所示；如图 2.4-5d 所示，单击"交叉曲线"下的"选择曲线"，选择前、后流线分别建立"交叉曲线 1"和"交叉曲线 2"，单击【确定】，生成图示曲面。

2）检查所生成的曲面是否有不光顺的地方，如果有，需重新调整样条，并重复 1）步骤。

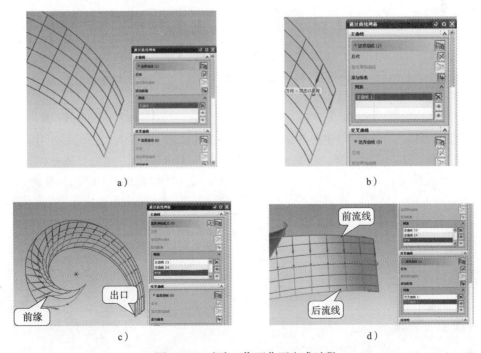

图 2.4-5　叶片工作面曲面生成过程

至此，叶片工作面曲面造型完毕，接下来进行叶片背面曲面的造型。

2. 创建叶片背面

此次导入文件夹"beimian"中的 dat 文档，重复以上创建工作面的步骤操作可以完成叶片背面曲面的造型，如图 2.4-6 所示。

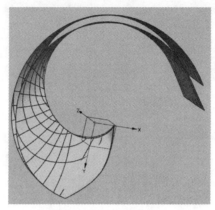

图 2.4-6　叶片背面

2.4.3　创建叶片实体

前面章节中已经介绍了通过"缝合"来实现叶片的实体造型，这里介绍一种新的方法：通过"修剪体"命令 来使叶片实体化。

1. 叶片的修剪

1) 如图 2.4-7 所示，导入轴面投影图轮廓线，前面章节已经详细介绍，此处不再进行赘述。

2) 在菜单栏中，选择【插入（S）】→【设计特征（E）】→【回转（R）...】或单击工具条的"回转 "命令，选取轴面投影图轮廓线，使其绕 Z 轴旋转，旋转角度为 359°，如图 2.4-8

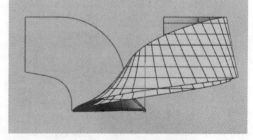

图 2.4-7　导入轴面投影图

所示，调整"极限"里的开始角度和结束角度，使得旋转所得实体完全包裹住叶片。

3) 在菜单栏中，选择【插入（S）】→【修剪】→【修剪体】，弹出"修剪体"对话框，"目标"选择旋转体，"工具"的"选择面或平面"选择叶片背面，如图 2.4-9 所示（注意控制所选面的方向，使得所修剪掉的平面为叶片外的实体），单击【确定】，完成修剪。

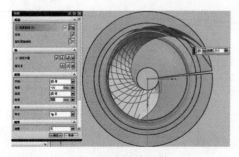

图 2.4-8　叶片回转

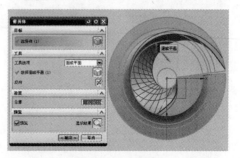

图 2.4-9　修剪体

4）重复步骤 3）中的操作，此次所选修剪平面为叶片工作面，如图 2.4-10 所示，左单击【确定】，完成修剪。

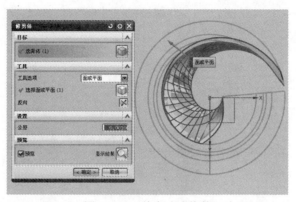

图 2.4-10 单个叶片修剪

至此，完成了单个叶片实体的生成。

2. 旋转复制所生成的实体叶片

按住 Ctrl+T 按键，进入【移动对象】命令，如图 2.4-11 所示选取步骤 1 中所生成的叶片实体，指定 Z 轴为旋转轴，旋转角度为 180°，"结果"选取"复制原先的"，单击【确定】，完成实体叶片旋转复制。

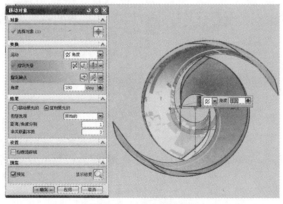

图 2.4-11 移动对象

至此叶片造型完成，要进一步造型还需得到叶轮的零件图，才可以对叶片增加前后盖板。增加前后盖板的步骤已在前面章节中介绍，可参见 2.1 和 2.2 节。

2.5 混流泵叶轮

思路分析：如图 2.5-1 所示，首先创建叶片工作面与背面的轴面截线，然后通过【通过曲线组 】命令形成叶片工作面与背面，接着通过【缝合 】命令对叶片进行实体化，形成完整的叶片，然后通过二维图观察图形的轴面图，进行图形的切割，此后通过【变换▦】对叶片进行阵列，形成全部的叶片，最后进行叶轮轮毂设计，最终形成模型。

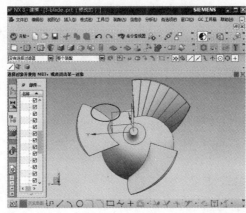

图 2.5-1   混流泵叶片实体

2.5.1 新建 NX 文件

1）双击 UG 图标，打开 UG 页面，在菜单栏中，选择【文件】→【新建】，弹出"新建"对话框。

2）在对话框中选择："模型"；"类型"：建模；"单位"：毫米；建立"名称"：impeller.prt；"文件夹"：E:\UG\Chapter2.5。存储目录可自定，在 NTFS 格式的分区上就行；设定文件夹路径时需注意，NX 不识别中文，只有字母可作为文件名的符号，若出现中文字符，则会出错。

2.5.2 导入叶片表面曲线特征

1. 用数据文件建立叶片工作面曲线

先来看数据点坐标的情况。按照 NX 的要求，把数据文件编辑成图 2.5-2 格式的文本文件。X 的坐标是根据 $X=R*\cos(\theta)$ 得到的，Y 是根据 $Y=R*\sin(\theta)$ 得到的，Z 是在二维图上根据自己所取的基准量得。

p-0.dat - 记			
文件(F)	编辑(E)	格式(O)	查看(V) 帮助(H)
134.1	0		21.4
114.4	0		11.4
94.7	0		1.4
74.9	0		-8.6
55.2	0		-18.6
49	0		-21.8

每行为一个点的坐标值

X 坐标值   Y 坐标值   Z 坐标值

图 2.5-2   曲线坐标点的数据文件格式

文件中的三列数据分别为 X、Y、Z 坐标值，每行为一个点的坐标值。

本例中已经预备了必要的数据文本文件。

以下是导入曲线的操作过程：

1）在菜单栏中，选择【插入（S）】→【曲线（C）】→【样条（S）】或直接单击工具条上的按钮～。打开"样条"对话框，如图 2.5-3a 所示。

2）在"样条"对话框中，选择【通过点】按钮，弹出"通过点生成样条"对话框。

3）在"通过点生成样条"对话框中，"曲线类型"选项为：多段；"曲线阶次"为：3；单击【文件中的点】按钮，弹出"点文件"对话框，如图 2.5-3b 所示。

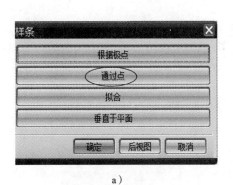

a）   b）

图 2.5-3 用数据文件建立样条曲线

4）在"点文件"对话框中，选择存放本例数据文件的文件夹，选择 p-0.dat（角度为 0°时的型线）。单击【确定】，返回"通过点生成样条"对话框。

5）在"通过点生成样条"对话框中，单击【确定】，生成轴面图上角度为 0° 的叶片工作面型线。

6）对话框又回到"通过点生成样条"状态。重复步骤 3）、4）和 5），点文件选择 p-10.dat，生成轴面图上角度为 10° 的叶片工作面型线。

7）同样方法，"点文件"先后选择 p-20.dat，一直到 p-exit.dat，生成叶片工作面的所有型线。

8）全部数据输入后，在"通过点生成样条"对话框中，选择【取消】。

9）同样方法，完成叶片背面点的输入，"点文件"选择 s-0.dat，重复步骤 3）、4）和 5），直到所有的背面点数据文件都导入为止。

至此，完成了导入叶片型线的工作，结果如图 2.5-4 所示。

单击█保存文件。

图 2.5-4 导入的叶片工作面型线图

2. 为导入的叶片型线建立"组"

将叶片工作面型线的 9 条曲线编辑为一组，以便批量操作，如图 2.5-5 所示。

1）在菜单栏中选择【格式（R）】→【组（G）】→【新建组（N）】，弹出"新建组"对话框。

2）在"新建组"对话框中，"对象 > 选择对象"选项选择要分组的对象，在图形窗口中选所有曲线。

3）在"设置 > 名称"的文本框中，输入：blade_p（名称可自定义，但不能是中文）。

4）单击【确定】，完成叶片工作面型线组的建立。

3. 隐藏已导入的曲线

框选所有曲线，按 Ctrl+B 组合键或单击鼠标右键选择"隐藏（H）"，隐藏所有的曲线。

4. 导入叶片背面型线

参照"1"的步骤 1）~5），从源数据文件夹中导入 9 条叶片背面的型线。

参照"2"，为导入的叶片背面型线创建"组"：blade_s。

5. 显示所有曲线

按 Ctrl+Shift+U 组合键，显示所有对象。或选择【编辑（E）】→【显示和隐藏（H）】，弹出"显示和隐藏"对话框，选择所要显示的项。

显示情况如图 2.5-6 所示。

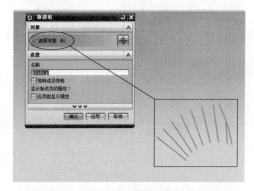

图 2.5-5　为叶片工作面型线建立"组"　　　图 2.5-6　叶片工作面和背面型线

2.5.3　创建叶片曲面特征

1. 创建叶片工作面

为方便创建叶片工作面，先隐藏叶片背面流线。

（1）隐藏叶片背面型线

1）在工具栏上选"类型过滤器"旁的 ▼ 图标，在下拉列表中选"组"。

2）在图形窗口中单击中键选一条叶片背面型线，如图 2.5-7 所示。

3）按 Ctrl+B 键，隐藏叶片背面型线，这时图形窗口中只显示叶片工作面"blade_p"的曲线组。

4）恢复"类型过滤器"为"没有选择过滤器"。

（2）创建网格曲面

1）在菜单栏中，选择【插入 (S)】→【网格曲面（M）】→【通过曲线组（T）】或单击工具栏的"通过曲线组 ⬚"，弹出"通过曲线组"对话框。

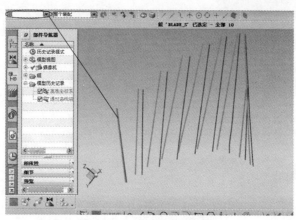

图 2.5-7　在图形窗口中选择组

2）在"通过曲线组"对话框中，"截面 > 选择曲线"选项选择叶片工作面的 p-0.dat 曲线的一个端部，该端出现一个始于端点并指向另一端的箭头，如图 2.5-8a 所示。

3）单击鼠标中键或"添加新集"按钮 ，在图形窗口中选择相邻曲线，如 p-10.dat 的同侧端部，如图 2.5-8a 所示。

4）依次添加，选取其余叶片工作面型线的同侧端部，完成截面曲线的选取。

5）接受其他默认设置，单击【确定】，完成曲线绘制，退出对话框。

完成情况如图 2.5-8b 所示。

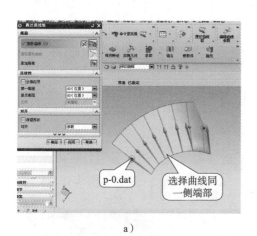

a）　　　　　　　　　　　　　　　　　　b）

图 2.5-8　创建通过曲线的网格面

2. 创建叶片背面

（1）隐藏当前所有的曲线和曲面，显示叶片背面型线

在菜单栏中，选择【编辑（E）】→【显示和隐藏（H）】→【颠倒显示和隐藏（I）】，隐藏工作面曲线和曲面，显示叶片背面曲线组"blade_s"。

（2）创建网格曲面

用"通过曲线组"对话框创建叶片背面曲面，如图 2.5-9 所示。

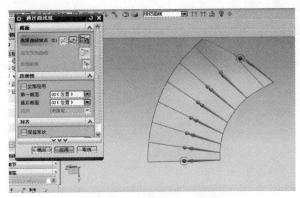

图 2.5-9 创建叶片背面曲面

3. 完成叶片表面曲面的创建

（1）显示设置

隐藏所有的曲线，只显示叶片工作面和背面曲面。

1）在菜单栏中，选择【编辑（E）】→【显示和隐藏（H）】→【显示和隐藏（O）】，弹出"显示和隐藏"对话框。

2）在"显示和隐藏"对话框中，选择对应于"曲线"的"－"号（表隐藏）和对应于"片体"的"+"号（表显示）。

3）选定完后，单击【关闭】。

（2）扩大曲面

为防止后面切割叶片时，曲面切割不到，故需扩大工作面和背面。

1）在菜单栏中，选择【编辑（E）】→【曲面（R）】→【扩大（L）】，弹出"扩大"对话框，如图 2.5-10a 所示。

2）在"扩大"对话框中，"选择面＞选择面"选项选择工作面。"调整大小参数"选项，将"%　U 起点"项和"%　U 终点"项设为"1"（扩大多少可自定）。

3）接受其他默认设置，单击【确定】。

需注意，大多数情况下最好不要扩大曲面的进口边和出口边，有需要时再扩大。

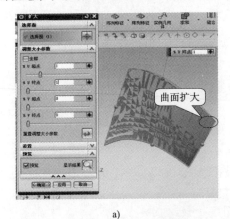

a）

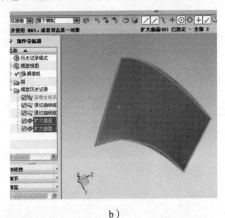

b）

图 2.5-10 叶片曲面的扩大

4）重复上述步骤，扩大叶片背面。

完成情况见图 2.5-10b 所示。

4. 创建叶片的其他曲面

1）如图 2.5-11a 所示添加叶片工作面和背面之间的辅助直线。

2）在菜单栏中，选择【插入（S）】→【扫掠（W）】→【扫掠（S）...】，弹出"扫掠"对话框，如图 2.5-11b 所示。

3）在"扫掠"对话框中，"截面＞选择曲线"选项在图像窗口中选择工作面和背面对应边，例如像图 2.5-11b 那样选择工作面和背面对应的出口边（边可自定，但工作面和背面的边需相对应）。

4）在"扫掠"对话中，"引导线＞选择曲线"选项，在图像窗口选择之前 1）所作出的对应辅助直线，如图 2.5-11b 所示。

5）单击【确定】，扫掠生成曲面。

6）重复步骤 3）~5），完成其他曲面的扫掠，完成情况如图 2.5-11c 所示。

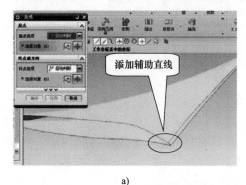

a)

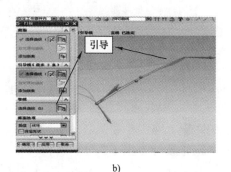

b)

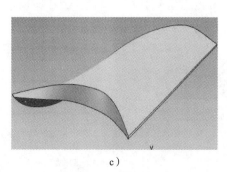

c)

图 2.5-11　其他曲面的绘制

2.5.4　创建叶轮实体特征

1. 叶片曲面的缝合

1）在菜单栏中，选择【插入（S）】→【组合（B）】→【缝合（W）...】或在工具菜单中单击"缝合"，弹出"缝合"对话框，如图 2.5-12 所示。

2）在"缝合"对话框中，"类型"选择"片体"；"目标＞选择片体"选择叶片某一曲面，如工作面；"工具 > 选择偏体"选择其他所有的曲面。

3）其他项默认不变，单击【确定】，生成叶片毛坯。

所生成的毛坯是叶片的初始轮廓，要想获得叶片的真实轮廓，还需按下面的步骤对叶片进行切割修正等步骤。

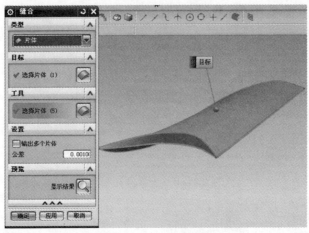

图 2.5-12　叶片的缝合

2. 加工叶片

加工叶片的轮缘断面和轮毂断面，切除多余的部分。

1）绘制轮毂截面圆。在 AutoCAD 叶片水力二维图中，量取轮毂圆心距自己所取参考中心线的距离，作为轮毂圆心的坐标，以轮毂圆半径为半径在 UG 中绘制球形。选择【插入（S）】→【设计特征（E）】→【球（S）...】或直接单击工具条上的"球 🔘 "按钮，弹出"球"对话框。按前面所提的方法创建圆，如图 2.5-13a 所示。为了得到切割后的叶片，在"球"对话框中，"布尔"选项选择"🔲 求差"，结果如图 2.5-13b 所示。

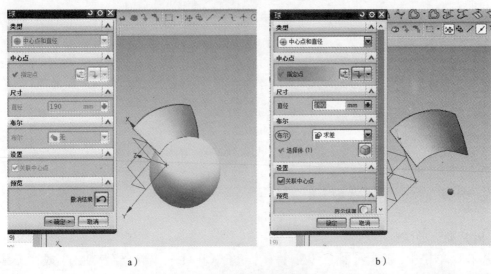

a）　　　　　　　　　　　　　　b）

图 2.5-13　切割轮毂面

2）按绘制轮毂截面的步骤绘制轮缘圆，如图 2.5-14a 所示。在"球"对话框中，"布尔"

选项选择"求交"切割轮缘面，结果如图 2.5-14b 所示。

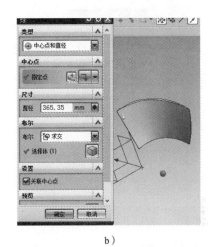

a)　　　　　　　　　　　　　　　　　　　　　b)

图 2.5-14　切割轮缘面

3. 叶片进出口的倒圆

1）在菜单栏中，选择【插入（S）】→【细节特征（L）】→【面倒圆（F）…】或单击工具条的"面倒圆"命令，弹出"面倒圆"对话框，"类型"选项选择"三个定义面链"；"面链 > 选择面链 1"选择工作面；"面链 > 选择面链 2"选择背面；"面链 > 选择中间的面或平面"选择工作面的背面之间的夹面（进口面或出口面）。注意:面的选取顺序是任意的，但必须选择中间的面或平面是在所选两面之间，也即是所想要生成倒圆的面。

2）对于另外所要倒圆的一面（如前面进口边已倒圆，则接下来要倒圆的为出口边），由于前面已利用"三个定义面链"倒圆，相当于已经把倒圆的三个面连结成一体，故此处不能再利用"三个定义面链"倒圆。可利用"面倒圆"对话框中的"两个定义面链"或利用"边倒圆"命令。此处，利用"边倒圆"命令。选择【插入（S）】→【细节特征（L）】→【边倒圆（F）…】或单击工具条的"边倒圆"，打开"边倒圆"对话框。"选择边"选择出口面的一边；"选择边 > 形状"选项选择"圆形"；"选择边 > 半径"选项此处设置为"1.5mm"（可自定），其他选项保持默认。单击【确定】，完成边倒圆。

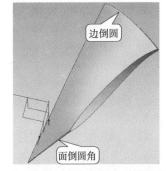

图 2.5-15　叶片进出口面倒圆角

3）按 2）中边倒圆的步骤对出口面的另一边进行倒圆。完成情况如图 2.5-15 所示。

4. 叶片实体阵列

根据二维水力图所需要的叶片数阵列叶片实体，此处所需叶片数为 4。

1）在菜单栏中，选择【编辑（E）】→【移动对象（O）…】或 Ctrl+T 组合键，或单击工具栏的"移动对象"，弹出"移动对象"对话框。"对象 > 选择对象"选择前面所创建的叶片；"变换 > 运动"选择"角度"；"变换 > 指定矢量"选择所定义的旋转中心线，此处选择 Z 轴；"变换 > 指定轴点"选旋转点，此处选择原点（0，0，0）；"变换 > 角度量":90°；"结果"选项选择"复制原先的";"结果 > 非关联副本数"项填写"3",如图 2.5-16a 所示。

2）单击【确定】,关闭对话框,完成情况如图 2.5-16b 所示。

a)

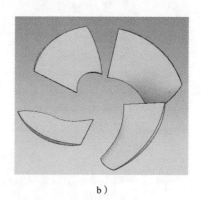

b)

图 2.5-16　叶片实体阵列

5. 叶轮轮毂绘制

将先前绘制的叶片实体进行隐藏。

1）轮毂二维形状如图 2.5-17a 所示。在 UG 中绘制轮毂。在菜单栏中选择【插入】→【草图】或单击"草图 🗠"图标,进入草图绘制界面,绘制如图 2.5-17b 所示的图形,即可旋转生成轮毂的形状。完成后,单击"完成草图 🍳",完成草绘。

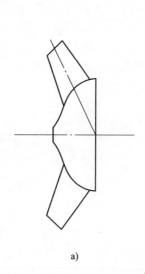

a)

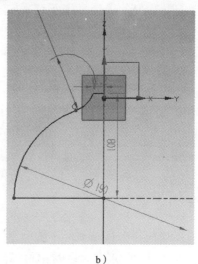

b)

图 2.5-17　轮毂草绘

2）旋转草绘图。在菜单栏中选择【插入（S）】→【设计特征（E）】→【回转（R）...】或单击工具栏的"回转 🗐",弹出"回转"对话框。单击"截面 > 选择曲线"栏,选择步骤 1）所绘制的二维草图;"指定矢量"选择 Z 轴;"指定点"为（0,0,0）;"布尔"栏选择"无",其他默认,如图 2.5-18 所示。单击【确定】,生成轮毂实体,见图 2.5-19 所示。

3）与叶片进行求和。将先前隐藏的叶片显示出来,然后和轮毂求和。在菜单栏中,选择【插入（S）】→【组合（B）】→【求和（U）...】或单击工具栏的"求和 🗐",弹出

"求和"对话框。"目标 > 选择体"选择轮毂;"刀具 > 选择体"选择叶片,顺序自定,如
图 2.5-20 所示。

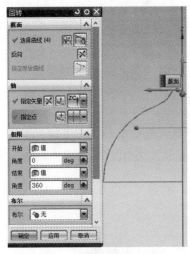

图 2.5-18 轮毂截面的回转

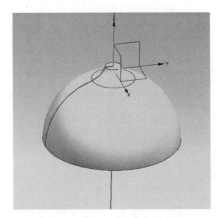

图 2.5-19 叶轮轮毂实体

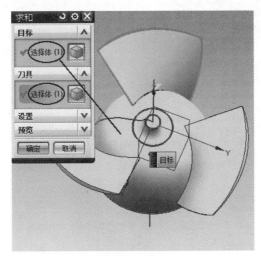

图 2.5-20 求和

4)参照步骤 3)对另外两个叶片进行求和。结果显示与图 2.5-20 一样。

6. 完成模型的设计
单击"保存 💾"按钮保存文件,完成模型的设计。

<hr>

2.6 轴流泵叶轮

思路分析:轴流泵叶片的工作面和背面都是三维曲面,在二维设计图样上用圆柱坐
标表示型线,型线径向相连即成叶片表面。在本例中,将二维图上的圆柱坐标转换为直角

坐标，运用 UG 中插入曲线的功能，将工作面和背面的型线逐一输入，连接成面、缝合成体。

2.6.1 理解二维图

在造型之前，为了便于后面造型理解，先简单地向读者介绍一下轴流泵叶片的二维水力图。

1）如图 2.6-1 为本例轴流泵二维图，首先判断旋向，为从叶轮进口看逆时针旋向。圆柱坐标系 (r, θ, z^*) 的角度分量 θ 遵循右手定则，图中叶片的视角为从叶柄沿径向到叶尖，故型线左侧的角度为正，右侧为负。

2）图 2.6-2 为 Ⅰ–Ⅰ 截面型线，通常叶片建模时以翼型上端的水平线为基准，考虑到轴流泵一般为竖直放置，故二维图中的 z^* 转换到笛卡儿坐标时需要添上负号。注：为了区别于笛卡儿坐标系中的 z，圆柱坐标系中记作 z^*。

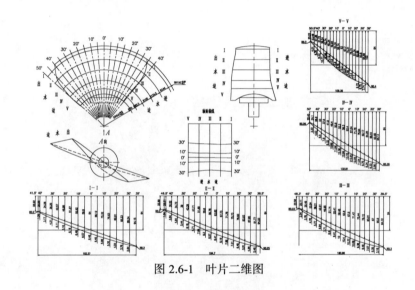

图 2.6-1 叶片二维图

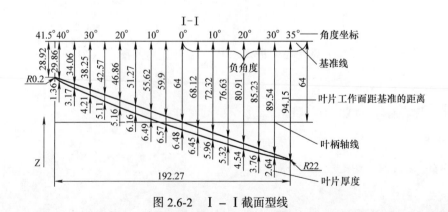

图 2.6-2 Ⅰ–Ⅰ 截面型线

3）倒角的处理。通常设计图中翼型的尖端有一个倒角，如图 2.6-2 所示。如图 2.6-3a

所示，使用命令【✐拉长（G）】将曲线端点沿切线延伸，与原有垂线相交于两点，然后用【标注】→【线性（L）】⊢命令标出距基准线的距离，如图 2.6-3b 所示。处理完的Ⅰ–Ⅰ型线如图 2.6-4 所示，同理处理其他倒角，完成后另存文件。

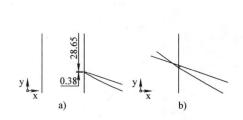

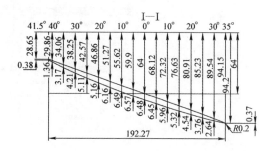

<table>
<tr><td>图 2.6-3　倒角处理示意图</td><td>图 2.6-4　处理完的Ⅰ–Ⅰ型线</td></tr>
</table>

2.6.2　用数据文件建立叶片工作面曲线

先将工作面型线的 r、θ、z^* 和背面型线 r、θ、Δz^* 逐一输入到 Excel 中，并在单元格中输入公式，将圆柱坐标转换为笛卡儿坐标，转换公式分别为

1）工作面：$x=r\cos\theta$，$y=r\sin\theta$，$z=-z^*$

2）背面：$x=r\cos\theta$，$y=r\sin\theta$，$z=-(z^*+\Delta z^*)$

图 2-6-5 所示为Ⅰ—Ⅰ截面型线的坐标转换。

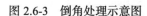

图 2.6-5　Ⅰ—Ⅰ截面型线工作面和背面的坐标转换

将笛卡儿坐标复制到 .txt 文档中，另存为 .dat 格式文件，如图 2.6-6 所示，文件名要便于区分各个型线。

图 2.6-6　.dat 文件的生成

2.6.3 新建 NX 文件

打开 NX 8.0,【新建】，选择模版【模型】,命名文件,选择文件路径,具体如图 2.6-7 所示（也可参见前面章节）。

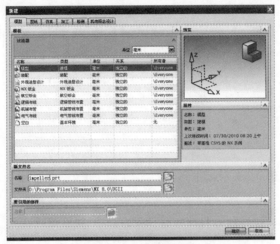

图 2.6-7　创建新模型

2.6.4 导入叶片表面曲线特征

在菜单栏中,选择【插入（S）】→【曲线（C）】→【样条（S）】或直接单击工具条上的按钮～。若菜单中没有,该命令处于隐藏状态,则用【命令查找器】搜索【样条】命令。进入【样条】命令后,依次选择【根据极点】→【文件中的点】,其他选项保持默认,载入先前 .dat 文件中的曲线（建议读者自行创建 dat 文件）,如图 2.6-8 所示。继续单击【文件中的点】,载入其余曲线,如图 2.6-9 所示。必须注意的是,NX 中文件的路径不可出现中文。（注意：具体步骤可参见 2.5.2 节。）

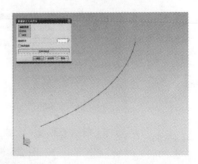

图 2.6-8　样条命令

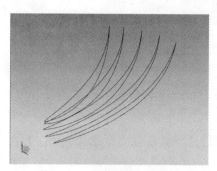

图 2.6-9　曲线组输入完成图

2.6.5　创建叶片曲面特征

1. 创建网格曲面

1）在菜单栏中，选择【插入 (S)】→【网格曲面（M）】→【通过曲线组（T）】或单击工具栏的"通过曲线组 📏"，弹出"通过曲线组"对话框。

2）在"通过曲线组"对话框中，"截面 > 选择曲线"选项单击 V—V 截面工作面的型线。

3）单击鼠标中键或"添加新集"按钮 🔳，在图形窗口中选择相邻曲线。

4）依次添加，选取其余叶片工作面型线的同侧端部，如此选完 5 个截面的工作面型线，生成工作面。同理生成叶片背面，过程如图 2.6-10 所示。

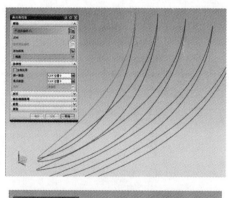
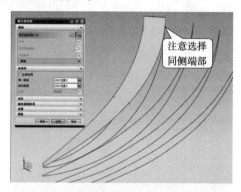
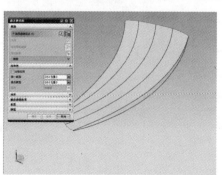
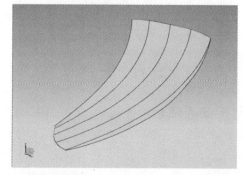

注意选择同侧端部

图 2.6-10　工作曲线组生成曲面

2．延伸曲面

由于轮毂侧和轮缘侧的型线信息缺失，需使用【延伸曲面】命令 ，"类型"选项为 边，"延伸"选项：相切，"距离"选项按长度，"长度"为 20mm，如图 2.6-11 所示。同理延伸其他三个边。

3.曲面的处理

用上面提到的方法延伸进出口处的曲面至相交，再剪掉多余部分，步骤为

1）选择【插入（S）】→【来自体的曲线（U）】→【相交曲线】 ，"第一组"和"第二组"选项分别点选工作面和背面的延伸曲面，单击【确定】，如图 2.6-12 所示。

2）选择【编辑（E）】→【曲面（R）】→【剪断曲面(S)】命令 ，"类型"：用曲线剪断，"目标"为需剪断的面，"边界"选择步骤 1）中生成的曲线，单击【变换区域】，具体如图 2.6-13 所示。

3）同理，处理其他面，结果如图 2.6-14 所示。

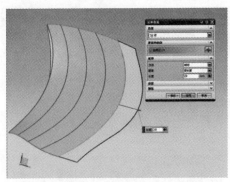

图 2.6-11　延伸曲面

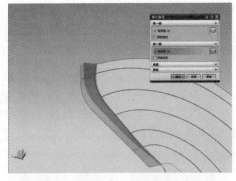

图 2.6-12　生成交线

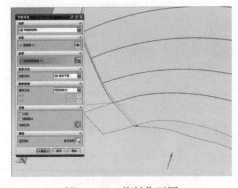

图 2.6-13　剪断曲面图

图 2.6-14　曲面修剪完成图

2.6.6　创建叶轮实体特征

1.缝合

使用"通过曲线组"命令 ，在轮毂侧和轮缘侧生成面，再用"缝合"命令 ，点选所有面，不可遗漏，将各面缝合成体。

缝合完成后，使用过滤器 ![没有选择过滤器]，选择"实体"选项 ![实体]，若此时可以选中缝合体，则实体成功生成（见图 2.6-15）。而在本例中，由于轮毂侧、轮缘侧出现三面交界，存在缝隙，并没有生成体。我们生成的片体边界是由延伸原有曲面生成的，故可能在工作面和背面的交界出现"交错"，如图 2.6-16 所示，有这种交错就存在较大缝隙，无法生成体。

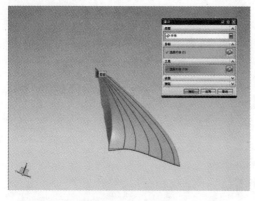

图 2.6-15　缝合

图 2.6-16　三面交错

下面来处理这个问题：

1）在轮缘处和轮毂处各建立一个圆柱片体，如图 2.6-17 所示。

2）使用上文提到的修剪片体方法，只留下两圆柱片体之间的片体，如图 2.6-18 所示。

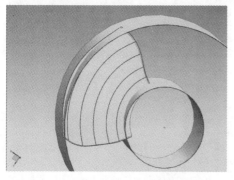

图 2.6-17　修剪叶端和轮毂处的片体

图 2.6-18　片体修剪完成图

3）单击【连接曲线】![图标]，连接边缘的曲线，同理对背面边缘作相同处理，如图 2.6-19 所示。

4）单击【通过曲线网格】![图标]，在轮毂、轮缘生成面，如图 2.6-20 所示。

5）单击【缝合】![图标]，点选所有面，调整"公差"为 0.1，单击【确定】，如图 2.6-21。最后完成图如图 2.6-22 所示。

本例中用曲线剪切曲面的优势是，边界被曲线很好的约束，在生成曲面时，缝隙的影响不大。

2. 进出口边进行倒圆

本例中，设计图上为变径倒圆。使用【![图标]边倒圆】命令，"选择边"选择需要倒圆的边；

"指定新的位置"定位倒圆半径变化的位置;"V 半径"输入设计图上的半径。倒圆过程如图 2.6-23 所示,倒圆完成如图 2.6-24 所示。

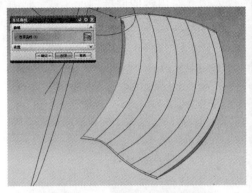

图 2.6-19 连接轮毂处的曲线

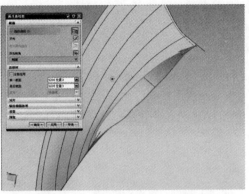

图 2.6-20 生成轮毂处的曲面

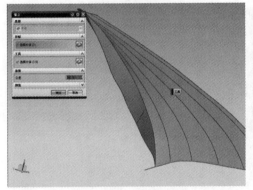

图 2.6-21 缝合

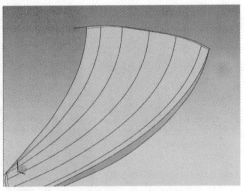

图 2.6-22 叶轮缝合完成

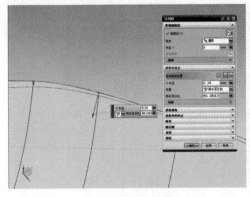

图 2.6-23 边倒圆

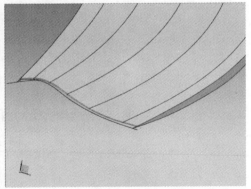

图 2.6-24 边倒圆完成

3. 叶片实体阵列

1)在菜单栏中,选择【编辑(E)】→【移动对象(O)...】或 Ctrl+T 组合键,或单击工具栏的"移动对象⚏",弹出"移动对象"对话框。"对象 > 选择对象"选择前面所创建的叶片;"变换 > 运动"选择"▨角度";"变换 > 指定矢量"选择所定义的旋转中心线,

此处选择 Z 轴;"变换 > 指定轴点"选择旋转点,此处选择原点(0,0,0);"变换 > 角度量":
120;"结果"选项选择"复制原先的";"结果 > 非关联副本数"项填写"2"。

2)单击【确定】,关闭对话框,完成情况如图 2.6-25 所示。

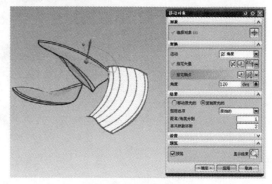

4. 叶轮轮毂绘制

1)图 2.6-26a 所示为轮毂二维图,删除多余曲线,如图 2.6-26b 所示,将其导入 NX 中,移动到合适的位置。

2)旋转草绘图。在菜单栏中选择【插入

图 2.6-25　阵列叶片

(S)】→【设计特征(E)】→【回转(R)...】或单击工具栏的"回转 ",弹出"回转"对话框,如图 2.6-26c 所示。单击"截面 > 选择曲线"栏,选择步骤 1)所导入的二维草图;"指定矢量"选择 Z 轴;"指定点"为(0,0,0);"布尔"栏选择"无",其他默认。单击【确定】,生成轮毂实体,如图 2.6-26c 右所示。

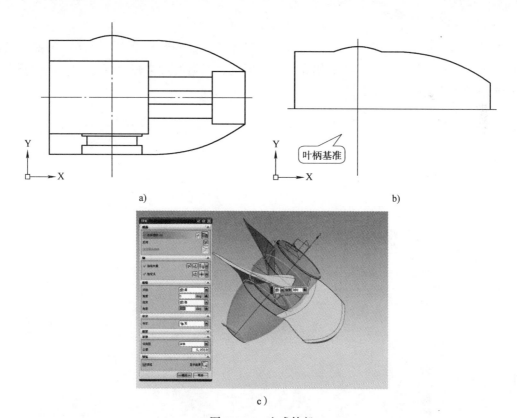

a)

b)

c)

图 2.6-26　生成轮毂

3)与叶片进行求和。在菜单栏中,选择【插入(S)】→【组合(B)】→【求和(U)...】或单击工具栏的"求和 ",打开"求和"对话框。"目标 > 选择体"选择:轮毂;"刀具 > 选择体"选择:前面所创建的叶片。单击【确定】,完成情况如图 2.6-27 所示。

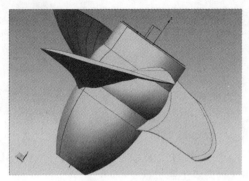

图 2.6-27　求和

5.完成模型的设计

单击"保存🖫"按钮保存文件，完成模型的设计。

2.7　蜗壳

思路分析：图 2.7-1 所示为蜗壳水力图，蜗壳的三维造型着重于各个断面的确定及割舌处的造型，首先根据水力图绘制蜗壳的各个断面，然后通过【扫掠◈】和【求和⬛】命令完成蜗壳的绘制。

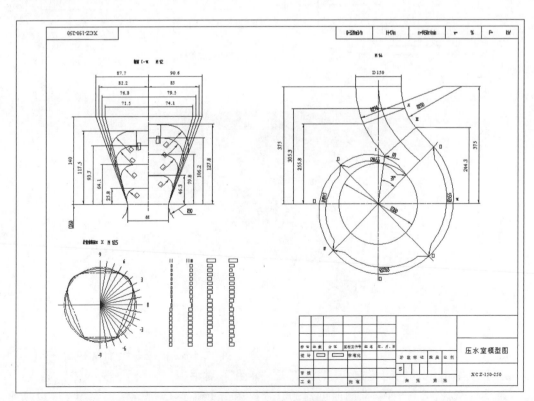

图 2.7-1　蜗壳水力图

2.7.1　新建 NX 文件

1）在菜单栏中，选择【文件】→【新建】，打开"新建"对话框。

2）在对话框中，"单位"：毫米；"模板"：模型；"名称"：volute.prt；"文件夹"：可自行定义，且设定文件夹路径时，路径中不得有中文，且文件名也不得为中文，否则就出现错误。

3）单击【确定】，如图 2.7-2 所示。

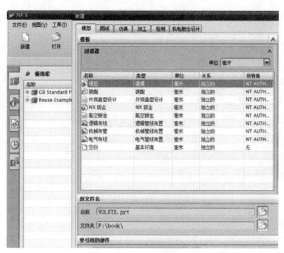

图 2.7-2　创建模型

2.7.2　断面及基圆绘制

1. 第一断面绘制

绘制蜗壳的第一断面，并以其为基准面绘制其他七个断面的图形，如图 2.7-3 所示。

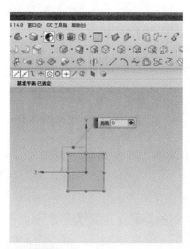

图 2.7-3　创建基准平面

1）在菜单栏中选择【插入（S）】→【基准／点(D)】→【基准平面（D）...】或单击工具栏中的【基准平面▫】，打开"基准平面对话框"。绘制第一断面所在的基准平面，此处绘制 YC-ZC 平面，如图 2.7-3 所示。

2）在菜单栏中选择【插入（S）】→【草图(H)】或单击工具栏中的【草图🔡】按钮，打开"创建草图"对话框。在对话框中，"类型"：在平面上；"草图平面"：现有平面，如图 2.7-4 所示。选取前面创建的 YC-ZC 平面为草图平面进行绘制第一断面即蜗壳水力图的基圆半径，第一断面圆角半径、蜗壳出口所在位置以及其他各尺寸，如图 2.7-5 所示。在草绘截面中，绘制基圆半径在 YC-ZC 平面内所示的半径，如图 2.7-6 所示。并绘制蜗壳第一断面图，如图 2.7-7 所示。

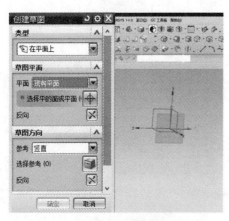

图 2.7-4 第一断面草图绘制

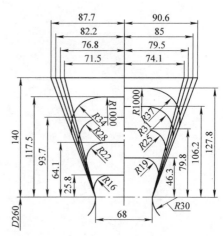

图 2.7-5 蜗壳水力图

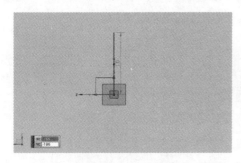

图 2.7-6 基圆半径绘制

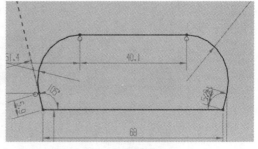

图 2.7-7 创建基准平面

2. 第二断面至第八断面的绘制

1）根据二维图第二断面与第一断面所成角度，绘制第二断面所在平面。绘制基准平面时，"类型"选择成一角度；"平面参考"选择前面绘制的第一个基准平面；"通过轴"：Z 轴。创建第二截面所在平面，如图 2.7-8 所示。

2）选取所绘制的第二个平面为草绘平面进行对蜗壳的第二个断面进行绘制，如图 2.7-9 所示。

3）用同样的方法绘制第三到第八断面的形状，绘制完成后如图 2.7-10 所示。

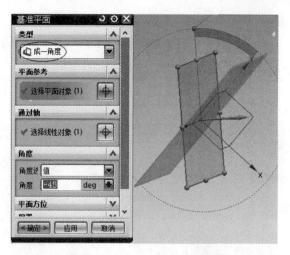

图 2.7-8　第二基准平面的绘制

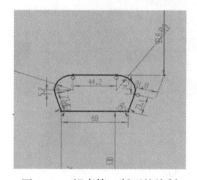

图 2.7-9　蜗壳第二断面的绘制

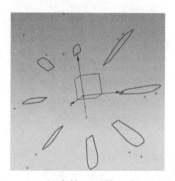

图 2.7-10　蜗壳第二到第八断面的绘制

3. 基圆绘制

根据二维图中的基圆尺寸，绘制基圆，得到后面扫掠步骤中所需的引导线。绘制方法与前面断面绘制方法类似。草绘时，草图平面选择为 XY 平面，如图 2.7-11 所示。

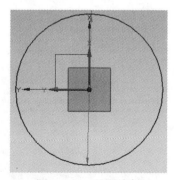

图 2.7-11　基圆绘制

2.7.3　扫掠各截面

1）在菜单栏中，选择【插入（S）】→【扫掠（W）】→【扫掠(S)】或单击工具栏的

"扫掠 ◇"，弹出"扫掠"对话框。

2）在"扫掠"对话框中，"截面 > 选择曲线：选择前面所创建的 8 个断面曲线；"引导线 > 选择曲线"：选择前面所创建的基圆。注意，所选截面的箭头朝向须一致。

3）单击【确定】，结束第一断面至第八断面蜗壳图，完成情况如图 2.7-12 所示。

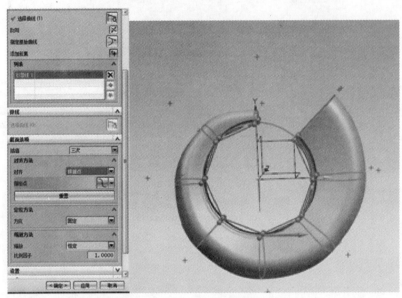

图 2.7-12　蜗壳扫掠

2.7.4　导入蜗壳平面外形图

AutoCAD 是最普遍使用的电子图版软件，其后缀为 .dwg。

1）通过水力图导出如图 2.7-13 所示的后缀为 .dwg 蜗壳平面图。

2）在菜单栏中，选择【文件】→【导入 M】→【AutoCAD DXF/DWG】。弹出"AutoCAD DXF/DWG 导入向导"对话框。在弹出的对话框中选择所要导入的文件，单击【确定】，如图 2.7-14 和图 2.7-15 所示。

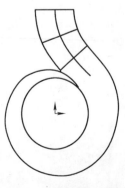

图 2.7-13　蜗壳平面图

图 2.7-14　导入蜗壳 AutoCAD

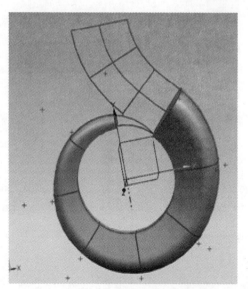

图 2.7-15 导入蜗壳 CAD 完成图

2.7.5 压水室绘制

1）工具栏中，单击"扫掠 ◇"。

2）选取曲线、适当引导线。

3）单击【确定】按钮，粗略生成完整的蜗壳压水室外形，如图 2.7-16 所示。

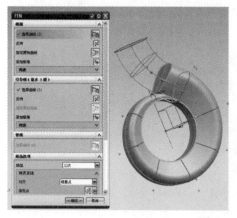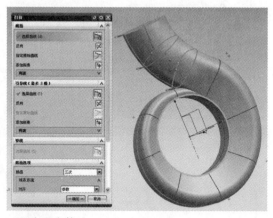

图 2.7-16 压水室实体

2.7.6 隔舌绘制

由于隔舌的绘制比较麻烦，需单独对其进行处理。

1）通过单击绘制草图按钮，对隔舌进行绘制，绘制如图 2.7-17 和图 2.7-18 所示的图形。

2）与第一断面进行扫掠，生成完整的隔舌，如图 2.7-19 所示。

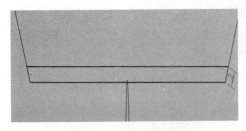

图 2.7-17　隔舌草图绘制

图 2.7-18　隔舌绘型

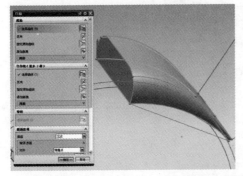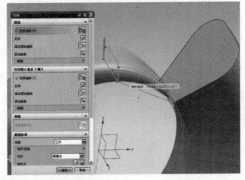

图 2.7-19　隔舌与第一断面扫掠

2.7.7　各部分实体求和

蜗壳各部分求和如图 2.7-20 所示。

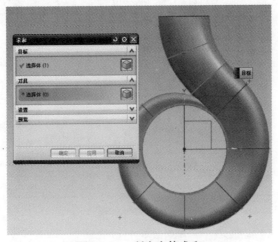

图 2.7-20　所有实体求和

2.7.8　生成蜗壳实体

生成的蜗壳实体如图 2.7-21 所示。

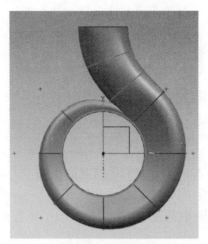

图 2.7-21 蜗壳实体

2.8 径向导叶

思路分析：在径向导叶的设计中主要是要把正反导叶的横截面导入 UG 中或在其中画出，其次要确定导叶隔舌处的位置，图 2.8-1 所示为径向导叶水力图。

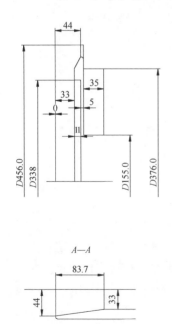

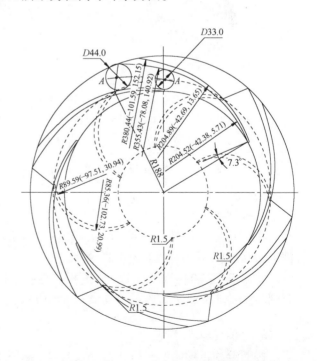

图 2.8-1 径向导叶水力图

2.8.1　新建 NX 文件

1）在菜单栏中，选择【文件】→【新建】。

2）在对话框中选择如下。"单位"：毫米；"模板"：模型；"名称"：jxdy.prt；"文件夹"：X：\NX\chapter1.2\（可自定，注意，设定文件夹路径时，路径中不得有中文，且文件名也不得为中文，否则就出现错误）。

3）单击【确定】，完成新建 NX 文件。

2.8.2　绘制正反导叶

1. AutoCAD 文件导入正导叶和反导叶在基圆的投影

在菜单栏中，选择【文件（F）】→【导入（M）】→【AutoCAD DXF/DWG】，在"/DWG 文件"对话框中选择本例的文件 1.2.2.dxf；"导入至"中选择工作部件，单击【完成】，如图 2.8-2 所示。

2. 对正导叶进行拉伸

在菜单栏中，选择【插入（S）】→【设计特征（E）】→【拉伸（E）】或工具栏中的"拉伸▥"，弹出"拉伸"对话框。在"拉伸"对话框中，"截面选项"选择正导叶的投影图；"方向"：Z轴；"极限 > 开始"选项为▥值；"极限 > 距离"为 0mm；"极限 > 结束"为▥值；"极限 > 距离"为 49mm；"布尔"选项：无；单击【确定】，如图 2.8-3 所示。

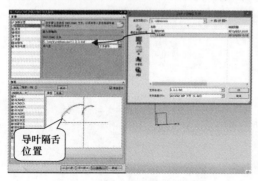

图 2.8-2　导入正反导叶投影图

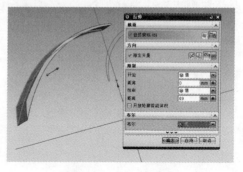

图 2.8-3　正导叶的拉伸

3. 阵列正导叶

在菜单栏中，选择【编辑（E）】→【移动对象（O）】，在弹出的"移动对象"对话框中，"对象"选择图 2.8-3 中的导叶；"运动"选择角度；"指定矢量"：Z轴；"指定轴点"：原点；"角度"：60deg；"结果"中选择"复制原先的"；"图层选项"：原始的；"距离 / 角度分割"：1；非关联副本数：5，如图 2.8-4 所示。

4. 拉伸反导叶

按照绘制正导叶的步骤，绘制反导叶，其中反导叶向 Z 轴负方向拉伸 35mm，完成情况如图 2.8-5 所示。

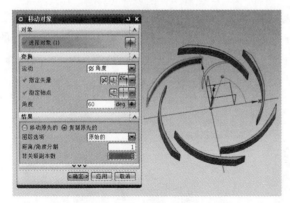

图 2.8-4　阵列正导叶　　　　　　　　　图 2.8-5　正导叶和反导叶

2.8.3　对导叶隔舌进行造型

1）在菜单栏中选择【插入（S）】→【基准 / 点（D）】→【基准平面（D）】或工具栏"基准平面□"，在弹出的"基准平面"对话框中，"类型"：成一角度；"平面参考"：XOY 平面；"通过轴"：图 2.8-2 中导入的直线；"角度"：90deg。分别建立两个基准平面，如图 2.8-6 所示。

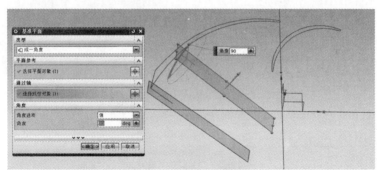

图 2.8-6　两个基准平面

2）根据导叶的水力图分别在图 2.8-6 的两个基准面上画出如下图形，顶端处截面高度为 5mm，另外一个是 16mm，如图 2.8-7 所示。

3）将图 2.8-7 中的两个长方形扫掠成实体，选择【插入（S）】→【扫掠（W）】→【扫掠（S）】或工具栏"扫掠◆"，弹出"扫掠"对话框。在"扫掠"对话框，"截面"选择图 2.8-7 中的两个截面（选中一个后可以单击鼠标中键确定）；"引导线"是正导叶凹面在基圆上的投影。单击【确定】，如图 2.8-8 所示。

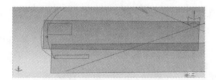

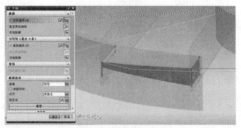

图 2.8-7　导叶隔舌断面　　　　　　　　　图 2.8-8　隔舌扫掠

4）对尾部隔舌进行绘制，以 XOY 为草图平面绘制隔舌尾部，如图 2.8-9 所示。

5）在菜单栏中，选择【插入（S）】→【设计特征（E）】→【拉伸（E）】。在弹出的"拉伸"对话框中，"截面选项"选择隔舌尾部截面；"方向"选项为 Z 轴；"限制"选项："开始"为 值，"距离"为 0mm，"结束"为 值，"距离"为 16mm；"布尔"选项：无；单击【确定】，如图 2.8-10 所示。

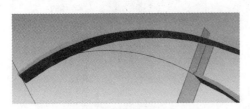

图 2.8-9　隔舌尾部绘型

图 2.8-10　隔舌尾部拉伸

6）将图 2.8-8 和图 2.8-10 中的隔舌按照 2.8.2 节中阵列正导叶的步骤阵列隔舌。

2.8.4　绘制前后肋板

1）按照 2.8.2 节中的方法把图 2.8-11 中后肋板的轴面投影图导入到 UG 中。在菜单栏中，选择【编辑（E）】→【移动对象（O）】，在弹出的"移动对象"对话框中，"对象"选择图 2.8-11 中的后肋板；"运动"选择角度；"指定矢量"：Y 轴；"指定轴点"：原点；"角度"：90deg；"结果"选择"移动原先的"；"图层选项"：原始的；"距离 / 角度分割"：1，如图 2.8-12 所示。

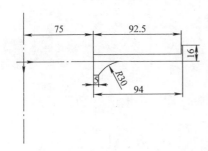

图 2.8-11　后肋板轴面投影图

图 2.8-12　移动后肋板轴面图

2）对 1）中后肋板截面进行回转。选择【插入（S）】→【设计特征（E）】→【回转（R）】，在弹出的"回转"对话框中，"选择曲线"为导入的后肋板轴面投影图，"指定矢量"为 Z 轴；"指定点"为原点；"限制"选项中："开始"为 值，"角度"为 0deg，"结束"为 值，"角度"为 360deg；单击【确定】，如图 2.8-13 所示。

3）绘制前肋板横截面，以正导叶前面为草图平面进行绘制，外圆直径是 460mm，内圆直径是 335mm，如图 2.8-14 所示。

4）在菜单栏中，选择【插入（S）】→【设计特征（E）】→【拉伸（E）】，在弹出的"拉伸"对话框中，"截面选项"选择前肋板横截面；"方向"选项为 Z 轴；"限制"选项：

"开始"为 値；"距离"为 0mm，"结束"为 値，"距离"为 10mm；"布尔"选项：无；
单击【确定】，如图 2.8-15 所示。

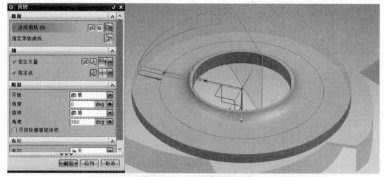

图 2.8-13　后肋板回转

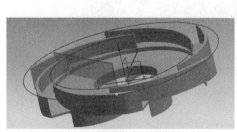

图 2.8-14　前肋板横截面图

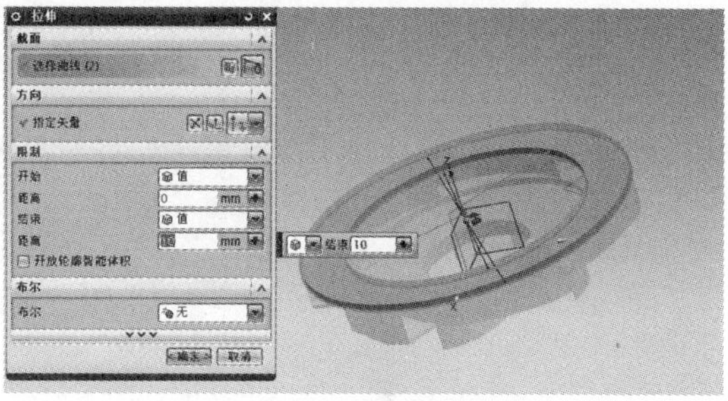

图 2.8-15　前肋板横截面拉伸

5）最后进行"求和 "，对所有部件进行求和，完成径向导叶绘制。

2.9　空间导叶

思路分析：如图 2.9-1 所示，首先创建导叶叶片工作面与背面的轴面截线，然后通过
【通过曲线组 】命令形成导叶叶片工作面与背面，接着通过【缝合 】命令对导叶叶片

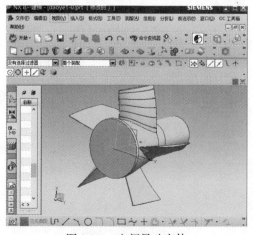

图 2.9-1　空间导叶实体

进行实体化，形成完整的叶片，然后通过二维轴面图，进行图形的切割，此后通过【变换 █】对导叶叶片进行阵列，形成全部的叶片，最终形成模型。此处对导叶轮毂进行了简化，重点是介绍导叶叶片的画法。

2.9.1 新建 NX 文件

1）双击 UG 图标█，打开 UG 页面，在菜单栏中，选择【文件】→【新建】，弹出"新建"对话框。

2）在"新建"对话框中选择"模型"；"类型"：建模；"单位"：毫米；建立"名称"：KJDY.prt ；如图 2.9-2 所示。

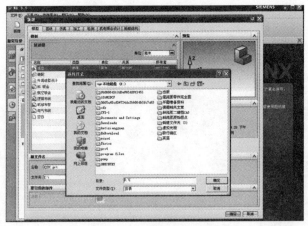

图 2.9-2　新建 NX 文件

2.9.2 导入叶片表面曲线特征

先来看数据点坐标的情况。按照 NX 的要求，把数据文件编辑成如下格式的文本文件。θ 是根据 $\theta=L/R$ 得到的，X 的坐标是根据 $X=R\cos(\theta)$ 得到的，Y 是根据 $Y=R\sin(\theta)$，Z 是在二维图上根据自己所取的基准量得到的。

文件中的三列数据分别为 X、Y、Z 坐标值，每行为一个点的坐标值，如图 2.9-3 所示。本例中已经预备了必要的数据文本文件，数据文件扩展名为".dat"。

导入过程参见前面章节，如 2.1 节。将文件夹内的 dat 文件导入并建立导叶叶片工作面组"guide_p"和背面组"guide_s"。结果如图 2.9-4 所示。

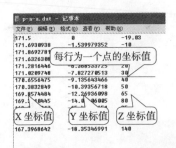

图 2.9-3　曲线坐标点的数据文件格式

图 2.9-4　导叶工作面和背面型线

2.9.3　创建叶片曲面特征

1. 创建叶片工作面

首先为方便创建叶片工作面，先隐藏叶片背面型线。

（1）隐藏叶片背面型线

1）在工具栏上选择"类型过滤器"旁的 ![icon] 图标，在下拉列表中选择"组"。

2）在图形窗口中单击中键选择一条叶片背面型线，如图 2.9-5 所示。

3）按 Ctrl+B 组合键，隐藏叶片背面型线，这时图形窗口中只显示叶片工作面"blade_p"的曲线组。

4）恢复"类型过滤器"为"没有选择过滤器"。

图 2.9-5　在图形窗口中选择组

（2）创建网格曲面

1）在菜单栏中，选择【插入（S）】→【网格曲面（M）】→【通过曲线组（T）】或单击工具栏的"通过曲线组 ![icon]"，弹出"通过曲线组对话框"。

2）在"通过曲线组"对话框中，"截面＞选择曲线或点"选项，单击选择叶片工作面的 p-0.dat 曲线的一个端部，该端出现一个始于端点并指向另一端的箭头，如图 2.9-6a 所示。

3）单击中键或"添加新集"按钮 ![icon]，在图形窗口中选择相邻曲线，如 p-10.dat 的同侧端部，如图 2.9-6a 所示。

4）依次添加，选取其余叶片工作面型线的同侧端部，完成截面曲线的选取，如图 2.9-6a 所示。

5）接受其他默认设置，单击【确定】，完成曲线绘制，退出对话框。

完成情况如图 2.9-6b 所示。

2. 创建叶片背面

（1）隐藏当前所有的曲线和曲面，显示叶片背面型线

在菜单栏中，选择【编辑（E）】→【显示和隐藏（H）】→【颠倒显示和隐藏（I）】，隐藏工作面曲线和曲面，显示叶片背面曲线组"blade_s"。

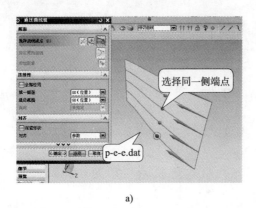
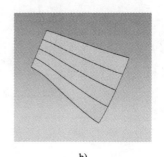

a)   b)

图 2.9-6 创建通过曲线的网格面

（2）创建网格曲面

参见 2.5.3 节 1 的（2）用"通过曲线组"创建叶片背面曲面，如图 2.9-7 所示。

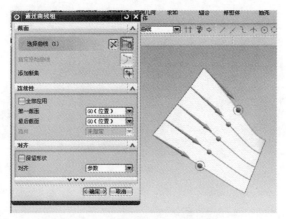

图 2.9-7 创建导叶叶片背面曲面

3. 完成叶片表面曲面的创建

（1）显示设置

隐藏所有的曲线，只显示叶片工作面和背面曲面。

1）在菜单栏中，选择【编辑（E）】→【显示和隐藏（H）】→【显示和隐藏（O）】，弹出"显示和隐藏"对话框。

2）在"显示和隐藏"对话框中，选对应于"曲线"的"－"号（表示隐藏）和对应于"片体"的"+"号（表示显示）。

3）选定完后，单击【关闭】。

（2）扩大曲面

为防止后面切割叶片时，曲面切割不到，故需扩大工作面和背面。

1）在菜单栏中，选择【编辑（E）】→【曲面（R）】→【扩大（L）】，弹出"扩大"对话框，如图 2.9-8a 所示。

2）在"扩大"对话框中，"选择面 > 选择面"选项，选择工作面。"调整大小参数"选项，将"% U 起点"项和"% U 终点"项设为"1"（扩大多少可自定）。

3）接受其他默认设置，单击【确定】。

（需注意，大多数情况下最好不要扩大曲面的进口边和出口边，有需要时再扩大）。

4）重复上述步骤，扩大叶片背面。

完成情况如图 2.9-8b 所示。

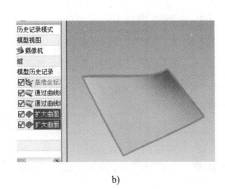

a)　　　　　　　　　　　　　　　b)

图 2.9-8　导叶叶片曲面的扩大

4. 创建叶片的其他曲面

1）在菜单栏中，选择【插入 (S)】→【网格曲面（M）】→【通过曲线组（Ｔ）...】或单击工具栏的"通过曲线组 "按钮，弹出"通过曲线组"对话框。

2）在"通过曲线组"对话框中，在"截面 > 选择曲线或点"栏，在图形窗口单击选择导叶工作面的一条边，单击中键或"截面 > 添加新集 "选择与之相对应的导叶背面的一条边，如图 2.9-9a 所示。

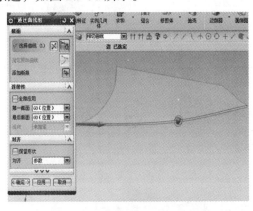
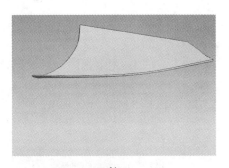

a）　　　　　　　　　　　　　　b)

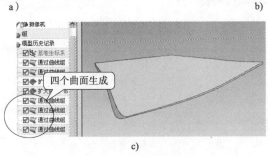

c)

图 2.9-9　其他曲面的生成

3）单击【确定】，生成结果如图 2.9-9b 所示。

4）重复步骤 1）~3），完成另外三个曲面的绘制，结果如图 2.9-9c 所示。

2.9.4 创建导叶实体特征

1. 叶片曲面的缝合

1）在菜单栏中，选择【插入（S）】→【组合（B）】→【缝合（W）…】或在工具单中单击"缝合⚏"，弹出"缝合"对话框，如图 2.9-10 所示。

2）在"缝合"对话框中，"类型"选择"片体"；"目标 > 选择片体"选择叶片某一曲面，如工作面；"工具 > 选择片体"选择其他所有的曲面。

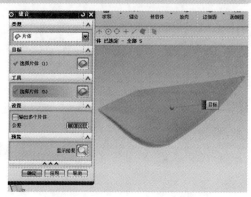

图 2.9-10　导叶 5 个曲面的缝合

3）其他项默认不变，单击【确定】，生成导叶叶片毛坯。

2. 加工导叶

加工导叶叶片实体，切除多余的部分。

1）在菜单栏中，选择【文件（F）】→【导入（M）】→【AutoCAD DXF/DWG…】，弹出"AutoCAD DXF/DWG 导入向导"对话框。

2）在"AutoCAD DXF/DWG 导入向导"对话框中，"输入和输出 > 导入至"项选择"工作部件"；"输入和输出 >DXF/DWG"项，单击"浏览⬚"，弹出"DXF/DWG 文件"对话框，如图 2.9-11a 所示。

3）在"DXF/DWG 文件"对话框中，设置"文件类型"：AutoCAD DWG 文件（*.dwg）；选择存放导叶轴截面二维图的文件夹，单击【OK】，返回"AutoCAD DXF/DWG 导入向导"对话框。

4）单击【完成】，调整视图，可看到导入的轴面曲线图，如图 2.9-11b 所示。

a）

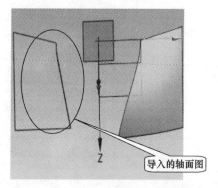

b）

图 2.9-11　轴截面图的导入

5）在菜单栏中，选择【插入（S）】→【设计特征（E）】→【回转（R）...】或单击工具条上的"回转 "按钮，弹出"回转"对话框。

6）在"回转"对话框中，"截面 > 选择曲线"，全选前面导入的轴截面曲面；"轴 > 指定矢量"项：Z 轴；"轴 > 指定点"项：坐标原点；"布尔 > 布尔"项选择" 求交"；"选择体"项选择图 2.9-10 生成的导叶叶片毛坯。其他项默认不变，如图 2.9-12 所示。

7）单击【确定】，完成导叶的切割。

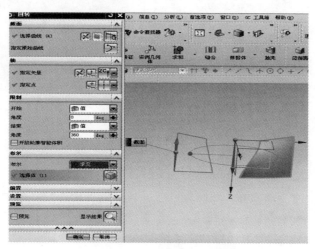

图 2.9-12　轴截面的旋转

3. 叶片进出口的倒圆

1）在菜单栏中，选择【插入（S）】→【细节特征（L）】→【面倒圆（F）...】或单击工具条的"面倒圆 "命令，弹出"面倒圆"对话框，"类型"选项选择"三个定义面链"；"面链 > 选择面链 1"选择工作面；"面链 > 选择面链 2"选择背面；"面链 > 选择中间的面或平面"选择工作面的背面之间的夹面（进口面或出口面），如图 2.9-13a 所示。（对于面的选取顺序是任意的，但必须注意选择中间的面或平面是在所选两面之间，也即是所想要生成倒圆的面。）

2）对于另外所要倒圆的一面（如前面进口边已倒圆，则接下来要倒圆的为出口边），由于前面已利用"三个定义面链"倒圆，相当于已经把倒圆的三个面连结成一体，故此处不能再利用"三个定义面链"倒圆。可利用"面倒圆"对话框中的"两个定义面链"或利用"边倒圆 "命令。此处，利用"边倒圆"命令。选择【插入（S）】→【细节特征（L）】→【边倒圆（F）...】或单击工具条的"边倒圆 "，弹出"边倒圆"对话框。"选择边"选出口面的一边；"选择边 > 形状"选项选择" 圆形"；"选择边 > 半径"选项此处设置为"0.6mm"（可自定），其他选项保持默认，如图 2.9-13b 所示。单击【确定】，完成边倒圆。

3）按 2）中边倒圆的步骤对出口面的另一边进行倒圆。

完成情况如图 2.9-13 所示。

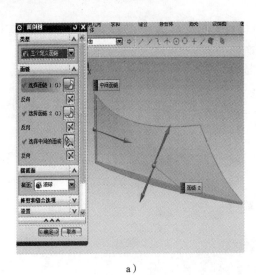
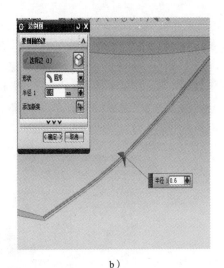

a)　　　　　　　　　　　　　　b)

图 2.9-13　导叶倒圆

4. 叶片实体阵列

根据二维水力图所需要的叶片数阵列叶片实体，此处所需叶片数为5。

1）在菜单栏中，选择【编辑（E）】→【移动对象（O）…】或 Ctrl+T 组合键或单击工具栏的"移动对象🖼"，弹出"移动对象"对话框。"对象 > 选择对象"选择前面所创建的叶片；"变换 > 运动"选择"　角度"；"变换 > 指定矢量"选择所定义的旋转中心线，此处选 Z 轴；"变换 > 指定轴点"选择旋转点，此处选原点（0，0，0）；"变换 > 角度量"：72°；"结果"选项选择"复制原先的"；"结果 > 非关联副本数"项，后面填写"4"，如图 2.9-14a 所示。

2）单击【确定】，关闭对话框，完成情况如图 2.9-14b 所示。此处即完成导叶所有叶片部分的创建，但是，导叶是安装在轮毂上的，因此接下来要进一步完善导叶，进行导叶轮毂的简单创建。

a)　　　　　　　　　　　　　　b)

图 2.9-14　导叶叶片实体阵列

5. 导叶轮毂的创建（此处轮毂简化）

将先前绘制的导叶叶片实体进行隐藏，隐藏步骤见上所述。

1）绘制轮毂草绘。轮毂二维形状如图 2.9-15a 所示。在 UG 中绘制轮毂。菜单栏中选择【插入】→【草图】或单击"草图🖾"图标，进入草图绘制截面，绘制如图 2.9-15b 所示的图形，即可旋转生成轮毂的形状。完成后，单击"完成草图🎀"，完成草绘。

当然，实际情况中，导叶的轮毂绘制是很复杂的，内部会开设各种腔体形状，但对于对 UG 已有一定掌握度的读者来说其绘制并不复杂，可以通过二维平面绘制轴面图，然后通过 UG 的旋转功能生成轮毂实体部分，此处轮毂二维形状如此简单只为方便演示给学者参考而已。

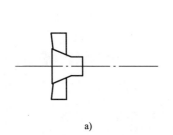

a)

b)

图 2.9-15　轮毂草绘

2）旋转草绘图。菜单栏中选择【插入（S）】→【设计特征（E）】→【回转（R）…】或单击工具栏的"回转🛠"，弹出"回转"对话框，如图 2.9-16 所示。单击"截面 > 选择曲线"栏，选择步骤 1）所绘制的二维草图；"指定矢量"选择 Z 轴；"指定点"为（0，0，0）；"布尔"栏选择"无"，其他默认，如图 2.9-16a 所示。单击【确定】，生成轮毂实体，如图 2.9-16b 所示。

3）与叶片进行求和。参见混流泵叶片的求和，最终生成如图 2-9-17 所示。

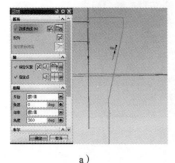

a)

b)

图 2.9-16　导叶轮毂的生成

图 2.9-17　求和

6. 完成模型的设计

单击"保存💾"按钮保存文件。

第**3**章 ANSYS ICEM 和 CFX 软件

3.1 ANSYS I CEM 网格划分操作

3.1.1 总体概况

ICEM CFD 软件概况如图 3.1-1 所示。

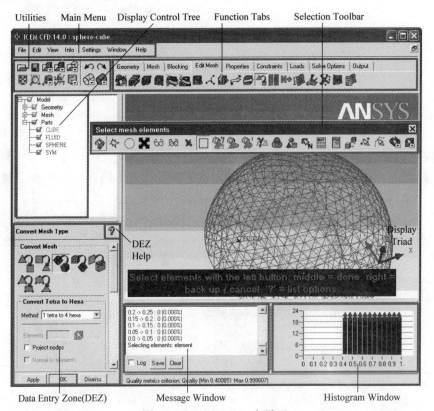

图 3.1-1　ICEM CFD 主界面

我们要划分网格，首先要导入外部几何体，就是在三维造型这一步中完成的水体。首先打开主菜单栏里的文件，也就是 File 选项，如图 3.1-2 所示。

File 菜单有很多选项，经常使用到的功能有 Save Project...、Change Working Dir...、Import Gemmetry 等。

图 3.1-2 File 菜单

成功导入了几何体后，我们就需要在 ICEM CFD 中对导入的几何图形进行操作，对于这么一款极具操作性的软件，先介绍一下在 ICEM CFD 中的操作技巧。

（1）ICEM CFD 中鼠标的使用

	左键	中键	右键	滚轮
单击并拖动	旋转	移动	上下移动：缩放	缩放
			水平移动：2D 旋转	
单击	选择（对某些功能单击并拖动能框选）	确认	取消	

（2）ICEM CFD 中的视图操作

• 使用键盘：H 为主视图；Shift+x 为 X 视图；Shift+y 为 Y 视图；Shift+z 为 Z 视图；

• 单击图形窗口中右下角的坐标图标。例如，单击 X 轴使 Y 轴垂直于屏幕，如图 3.1-3 所示。

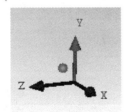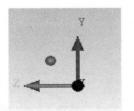

图 3.1-3 使 X 轴垂直于屏幕

• 利用 View 菜单来进行视图操作。

接着我们来看看主菜单下面左边的工具栏，如图 3.1-4 所示。

图 3.1-4 工具栏

工具栏上有很多图标，我们从第一栏第一排的第三个图标开始介绍。 可以加载、卸载和保存几何模型，就是前面所说的 tin 文件。 可用来加载、卸载和保存网格，即用来处理 uns 文件。 可用来加载、卸载和保存块文件（blk 文件），这个只会在结构化网格或者画混合网格时会用到。 是适应屏幕，也就是说如果图形窗口中的图形太大或太小再或者几何图形移出了视线之外，可以轻点这个图标，让其以合适的大小显示在图形窗口之中。图标 外观上像放大镜，作用是局部放大。 是用以测量图形窗口中几何体的长度和角度的。

接下来我们讲解标签页，如图 3.1-5 所示。

图 3.1-5　标签栏—几何标签页

在标签页栏上，我们进行 CFD 网格的划分时主要使用的功能有"Geometry""Mesh""Blocking"（画结构化网格时要用到），"Edit Mesh"，还有"Output"。下面我们来熟悉这些将要使用到的标签页。

3.1.2　几何标签栏

我们先讲解"Geometry"标签。观察"Geometry"标签页，我们看到前四项依次是创建点"Point "、线"Curve "、面"Surface "、体"Body "，后面五项中的前四项则分别是删除点、线、面、Body，正好与前面的四项对应，而最后一项则是可以删除几何，就是说无论是点是线是面还是 Body，单击它都可以进行删除操作。

几何标签主要是让我们对导入后的几何体进行几何处理，如修补洞，为后续的块的划分做一些辅助点或线等。在有的情况下，为了方便在前处理里定义边界条件，如交界面，需要对 Domain 之间的交界面进行处理等。

1. 修补几何功能

在顺序讲解标签页上的功能之前，我们先来看"Geometry"标签下的第 6 个图标"Repair Geometry "，之所以先讲这个功能是因为在导入几何体后，一般要先通过它来完成几何拓扑，如图 3.1-6 所示。

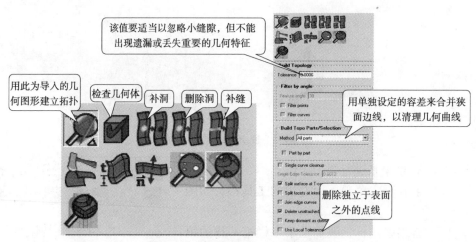

图 3.1-6　"Repair Geometry"选项

我们需要划分网格的几何体一般是由用户使用 CAD 软件所建立，要想在 ICEM CFD 中划分网格，就需要将外部几何体导入 ICEM CFD 中。但是由于软件兼容性问题，在导入或者格式转换的过程中，几何体会产生误差，所以需要诊断几何的完整性，并为导入的几何体建立拓扑（见图 3.1-7），下面对一些常用功能做一简述：

1）可以用以诊断几何的完整性，自动地创建点与线，捕捉几何的特征，从而为导入的几何图形建立拓扑。拓扑分析后曲线颜色代表临近表面之间的关系，我们举例说明。在图形窗口中建立几何图形，并使用 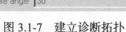 建立拓扑后，如图 3.1-8 所示。

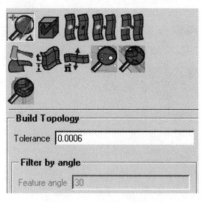

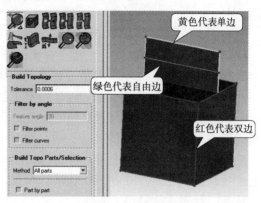

图 3.1-7　建立诊断拓扑　　　　　　　　图 3.1-8　曲线颜色表示

从图 3.1-8 中我们看到，有多种颜色的线条。其中红色代表双边，也就是说此处没有问题。绿色代表自由边，也就是说是多余的边，可以去掉也没什么影响。还有就是黄线，黄线代表单边，如果不是二维图形的话，出现黄线需要采取措施，在三维图形中，出现单边往往说明此处出现缝隙或者有洞，需要采取措施。例如，调大容差 Tolerance，补洞或者删除洞，补缝等。

2）![icon]用以补洞，![icon]用以删除洞。

下面演示一下补洞功能。在图形窗口中创建一个有洞的几何图形，如图 3.1-9 所示。选择欲补洞周围的线串，如图 3.1-9a 中所指线串，单击中键确认后，如图 3.1-9b 所示。

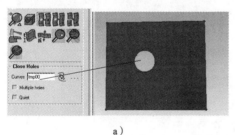　　　　　　　

a）　　　　　　　　　　　　　　　　b）

图 3.1-9　"Close Holes"补洞功能

![icon]功能补洞后，是在有洞的部位重新生成了一个新平面。

下面我们再来看一下![icon]，使用删除洞功能后，区别于"Close Holes"功能，它不在有洞的部位创建新平面，而是将洞从平面内移除，如图 3.1-10 所示。

图 3.1-10　删除洞

2. 点功能

下面依序介绍，先来看创建点 "point 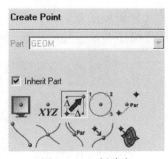 " 功能，如图 3.1-11 所示。

创建点的功能都非常简单直观。一种就是屏幕取点，如 "Screen Select ⬚"，当然这种方法受视角的影响，最不准确，但却是最便捷的。第二种，就是最为常见的直接输入三维坐标，如 "Explicit Coordinates ﹗"，还有一种就是输入相对坐标，如 "Base Point and Delta ✅"。这三种创建点的方法都较为常见，也是一般造型软件都内置的功能，也是为大家都熟悉的。这

图 3.1-11　创建点

三项功能就对应图 3.1-11 中第一排图标的前三个。除了这三种创建点的方法，有时候我们需要创建圆的圆心点，或者一条直线的端点，再或者两条直线的交点，例如在 UG 中，实现这些点的创建往往采用了捕捉的方法，如捕捉圆心、端点和交点等。在 ICEM CFD 不采用捕捉的方法，实现起来略微麻烦，具体实现如下：

1）⬚通过选择圆弧上的三个点或者圆弧本身来生成圆心。

2）⬚是基于两点通过参数来生成两点之间指定的一个点。这与⬚较为相似，不同的是，⬚是通过参数来生成曲线上指定的一个点（见图 3.1-12）。

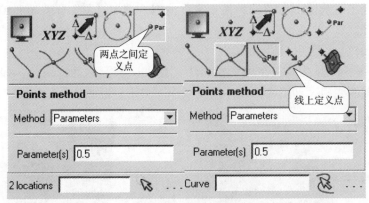

图 3.1-12　点的生成

3）⬚是用以创建线的两个端点，⬚是用来创建两条直线的交点。

4）⬚和⬚分别用以将点投影到线、面上（见图 3.1-13）。操作时，对于⬚，要先选择线，然后再选择点。同样，对于⬚要先选择面，再选择点。

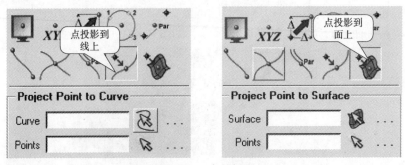

图 3.1-13　点的投影

3. 线功能

熟悉完创建点后，我们接着来熟悉创建线 curve "⅄"，如图 3.1-14 所示。

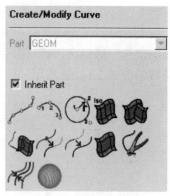

图 3.1-14 创建或修改线

在看创建线功能之前，回忆我们在学习三维造型中，创建线的方法一般都会有创建直线、样条、圆弧以及圆，作出两个面的交线，把线投影到曲面上，还有就是做出两条线之间的中线。ICEM CFD 中稍有不同的是，对于第一排的第一个图标 "From Points ⤢"，若选中两个点就作出一条直线，选中不在同一条直线上的三个点就作出一个圆弧，选中不在一条直线上的超过三个点则作出样条。它右边的两项非常简单，分别是创建圆弧 ⌒和圆 ⊙。"Surface Parameter ▦" 是创建曲线上的曲线，可以通过多种方式来确定线在曲面上的位置；"Surface-Surface Intersection ▦" 是用来创建两个面之间的交线；"Project Curve on Surface ▦" 用来将曲线投影在曲面上。下面再配合一些例子帮助大家熟悉这些功能。

1）⤢英文名叫 "From Points"，顾名思义就是用点来生成线。这是一个看似简单实则不简单，而且相当有趣的功能。我们选取点的个数不同，生成的线是不同的。请看下面示例：

通过屏幕取点的方式在图形窗口内随意生成四个点，如图 3.1-15a 所示。任意选择两个点，如图 3.1-15b 所示，我们发现生成了一条直线。接着，再点选一个点，也就是三个点，如图 3.1-15c 所示，我们发现生成了一段圆弧。继续，再增加一个点，我们发现生成了样条，如图 3.1-15d 所示。

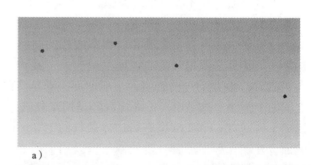

a）

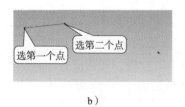

b）

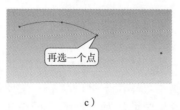

c）

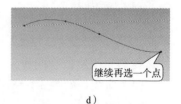

d）

图 3.1-15 From Points 功能

2）⌒是依据三点来生成圆弧，或者根据圆弧上的两点和圆弧的圆心来生成圆弧。

3）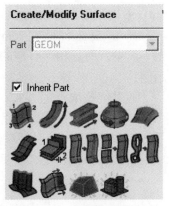 主要用以生成两个面的交线。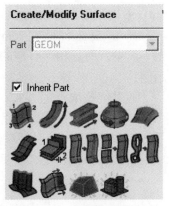用以将线投影到面上。

4）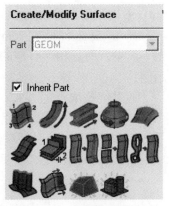用以将线段分段，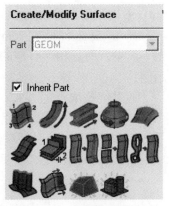用以线段合并。请看下面示例：

"Segment Curve 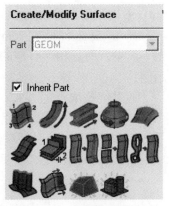"线段分段的方法有好多种，我们演示依据点来分段。先选择要分段的曲线，然后再选择从哪一点开始断开，如图 3.1-16a 所示。单击中键确认后，线段分段完成情况如 3.1-16b 所示。

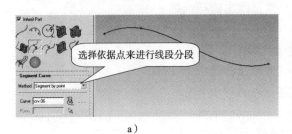

a）　　　　　　　　　　　　　　　　b）

图 3.1-16　根据点来进行线段分段

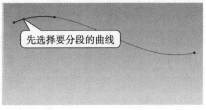

而用以线段合并的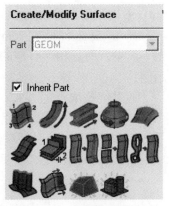意思明确，较为简单，就不再举例说明。

5）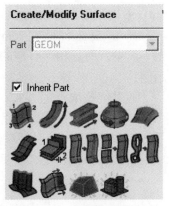用来生成曲面的边界线，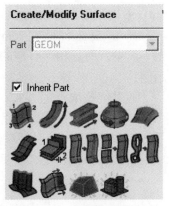用来生成两条线之间的中间线。

4. 面功能

熟悉完了创建点和线，我们接下来继续研究创建曲面，图 3.1-17 所示为面创建板块。

在 CAD 中创建面一般有拉伸、扫掠、旋转、通过曲线组，还有就是依据现有曲面进行，如面的偏置，创建两面中间的中面以及进行面的延伸等。与之类似，ICEM CFD 中面的创建也

图 3.1-17　创建或修改曲面

大体类似，由于 ICEM CFD 是一款专门用以生成网格的专用软件，因此又添加了必要的功能，以方便为网格划分做准备。很多图标的图形形象生动，一看图标我们就能知道其大致功能。如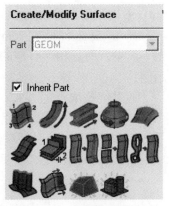就是依据几条曲线而生成曲面，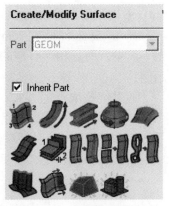和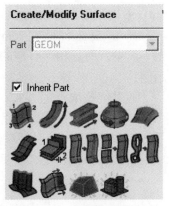是类似于扫掠生成曲面，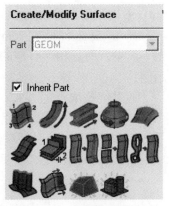是由旋转而生成曲面，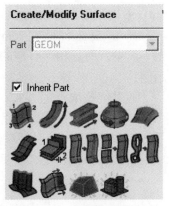是通过曲线组而生成曲面，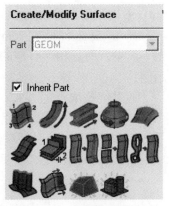是将曲面进行偏置一段距离，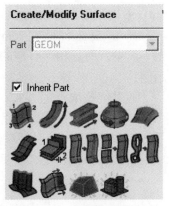是获得两个面之间的中间面，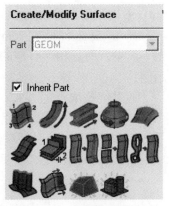是用来扩展面。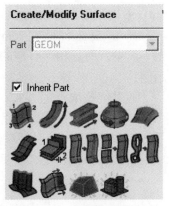是用来分割面，如用线或者平面将曲面切成多个部分，以便于后面在 CFX-Pre 里进行边界条件的定义。而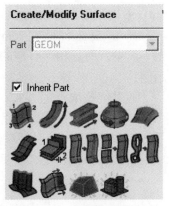的功能正好与之相反，是将两个分开的面合并在一起。最后一排的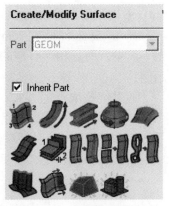，可以用来创建多种简单几何体。同样结合例子来帮助大家熟悉这些功能。

1）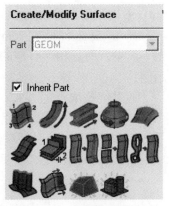用以生成简单平面，可以利用曲线或者 4 个不在同一直线上的四个点来生成简单平面。

我们先演示依据曲线来生成曲面。先在图形窗口中创建 4 条直线，如图 3.1-18a 所示。选取四条曲线，如图 3.1-18b 所示。单击中键确认后，生成曲面如图 3.1-18c 所示。

2）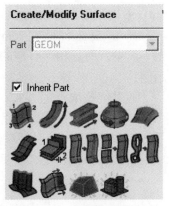用以将截面线串沿着指定曲线画出曲面，操作如下。

先在图形窗口中创建一个需要被驱动的截面线串和驱动曲线，如图 3.1-19a 所示。然后先点选驱动曲线，再选择待驱动线串，单击中键确认，最后完成情况如图 3.1-19b 所示。

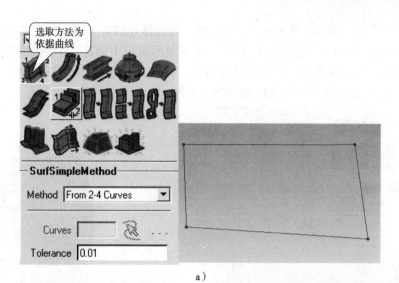

a）

b）

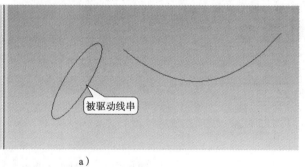

c）

图 3.1-18 利用曲线生成面

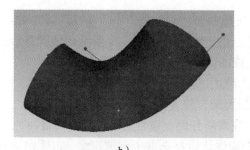

a）

b）

图 3.1-19 根据曲线驱动绘制面

3）英文名为"Sweep Surface"，单击，当选择方法为 Vector 时，功能类似于拉伸。

下面演示使用 Vector 方法来生成曲面。先在图形窗口中创建一个截面线串和两点，如图 3.1-20a 所示。先选取两点，再点选截面线串，注意，点选两点的顺序不同，生成曲面的方向不同。单击中键确认后，生成曲面如图 3.1-20b 所示。

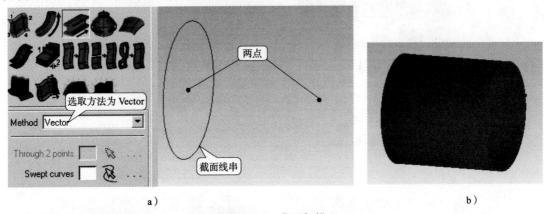

a)   b)

图 3.1-20　曲面扫描

4）是用旋转的方法生成曲面，功能简单易懂，举例如下。

下面演示用旋转法生成曲面，先在图形窗口中创建曲线和旋转轴上的两点，如图 3.1-21a 所示。接着先选取旋转轴上的两点，再选取待旋转的曲线，单击中键确认后，生成旋转曲面如图 3.1-21b 所示。

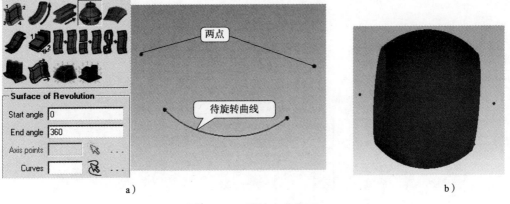

a)   b)

图 3.1-21　旋转生成曲面

5）为通过曲线组形成曲面，举例如下。

先在图形窗口中创建三条直线，如图 3.1-22a 所示。依次选取各条直线（见图 3.1-22b），单击中键确认后，最后生成曲面如图 3.1-22c 所示。

6）用以偏置曲面，用以抽取中面。

7）用来断开面，用来合并表面，举例如下。

先演示依据线为分界线来断开面。设置方法为"By Curve"，创建几何图形如图 3.1-23a 所示。先选取曲面，单击中键确认后再选取中键的直线，如图 3.1-23b 所示。单击中键确认后，面被一分为二，如图 3.1-23c 所示。

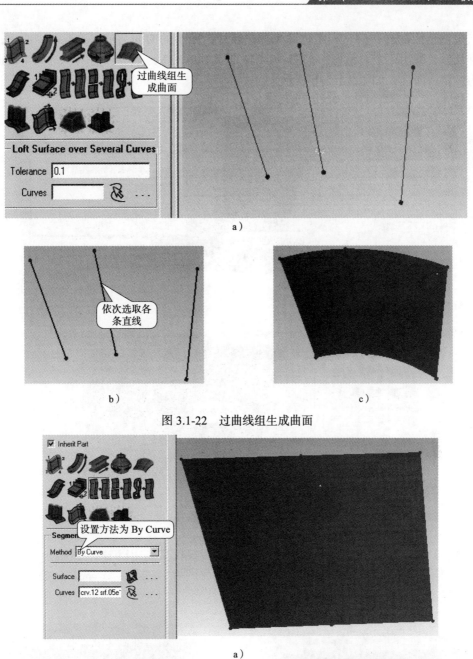

图 3.1-22　过曲线组生成曲面

b)

c)

图 3.1-23　面的割断

接着演示面的合并 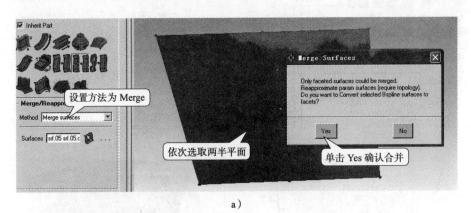，利用上面步骤被断开为两半的曲面，依次选取两半曲面，单击中键确认后，弹出一个对话框，如图 3.1-24a 所示。单击 Yes 后，一分为二的两半曲面重新合并为一整块曲面，如图 3.1-24b 所示。

a）

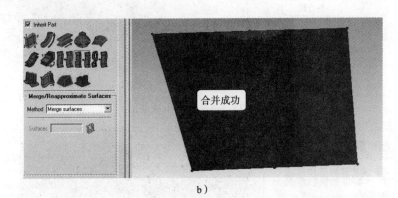

b）

图 3.1-24　合并面

8） 可以用以将几何图形中的洞去除掉，不过仅仅只能用以 B 样条曲面。举例如下。

先在图形窗口中建立一个有洞的几何图形，如图 3.1-25a 所示。选择待修补的面，最后结果如图 3.2-25b 所示。

a）

b）

图 3.1-25　Untrim Surface

9）用以进行面的延伸，举例如下。

下面演示沿着面的一条边以给定长度进行行的延伸。设置延伸方法为"Extend Surfaces at Edge"，利用上面8）中的几何图形。先选择待延伸的曲面，然后选择待延伸的边，如图 3.1-26a 所示。延伸长度"Extension"为 0.5，单击【Apply】，生成延伸后的曲面，如图 3.1-26b 所示。

a）

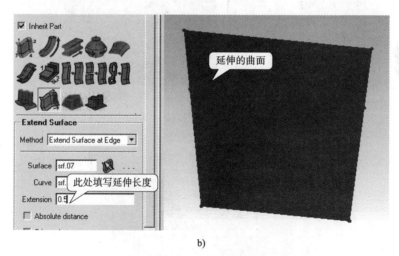

b)

图 3.1-26　面的延伸

10）用以生成标准几何形体，能直接创建的几何图形如图 3.1-27 所示。

图 3.1-27　Standard Shapes 可以创建的几何体

5. 体功能

下面我们讲解创建 Body 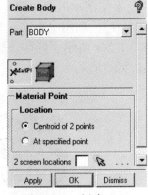，这一项是我们在画非结构化网格时会用到的，因为在画非结构网格时，需要建立 Body 来标记需要生成网格的封闭几何体。单击创建 Body 项，弹出如图3.1-28 所示对话框。

由图 3.1-28 可以知道，创建 Body 有两种方法：一种是直接由两点来建立 Body，另一种是由拓扑来创建 Body。需要注意的是，若几何体是个单连通域，两种方法均可，若不是单连通域，只能使用第一种方法。还有一点需要注意的是，创建 Body 后，会在几何体内出现一个 Body 点，一定要确保生成的 Body 点在需要生成网格的封闭几何体内，如图 3.1-29a 所示。单击中键确认后生成 Body，如图 3.1-29b 所示。

图 3.1-28 创建 Body

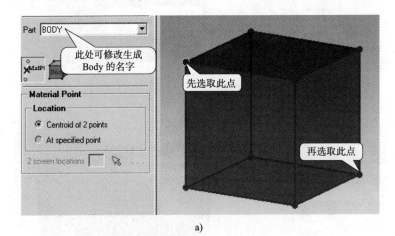

a)

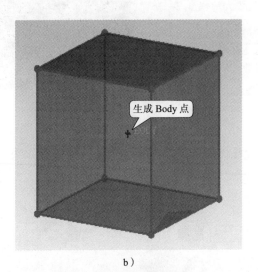

b）

图 3.1-29 在一个正方形内创建 Body

3.1.3 网格标签栏

接着来看 Mesh 标签，如图 3.1-30 所示。

从左往右，依次为：定义整体网格最大尺寸；：定义在一个 Part 里的网格尺寸，例如在边界层上生成的棱柱体边界层就可由此定义；：进行局部面加密；用来进行线加密，用来创建一个密度盒，也就是一个圆柱体，在其中进行体加密；最

图 3.1-30　Mesh 标签页

后一个用来生成网格，当然是用来生成非结构网格的。下面结合例子帮助大家熟悉这些功能，举例如下。

（1）用来设置全局网格的最大尺寸，打开后如图 3.1-31 所示。

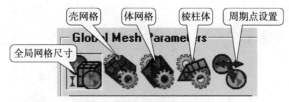

图 3.1-31　全局网格参数

图 3.1-31 中，用以设置全局网格尺寸，用以设置壳网格也就是面网格的参数，用以设置体网格的参数，用以设置棱柱体参数，也就是用以生成边界层网格，用以设置周期点，主要用于结构化网格划分过程中。

（2）用以设置几何图形局部的网格尺寸和网格类型

1）先设置总体网格尺寸，如图 3.1-32 所示。

2）单击【Apply】确认后，单击，切换到生成网格，如图 3.1-33 所示。

3）下面单击进行局部网格尺寸以及网格类型的设置，如图 3.1-34 所示。

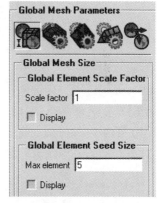

图 3.1-32　总体网格尺寸设置

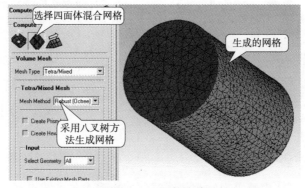

图 3.1-33　网格生成

4）在◆中勾选 Create Prism layers，单击【Compute】，生成网格，如图 3.1-35 所示。

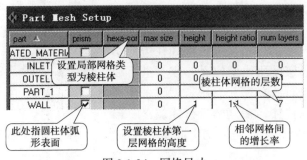

图 3.1-34　网格尺寸

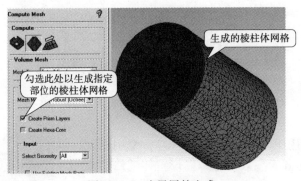

图 3.1-35　边界层的生成

（3）用以进行面加密

对一个正方形的顶部进行局部加密，如图 3.1-36 所示。

（4）用以进行线加密

对正方形的一条边进行线加密，结果如图 3.1-37 所示。

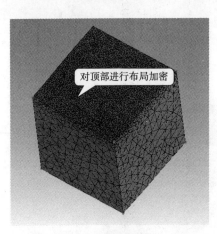

图 3.1-36　面加密

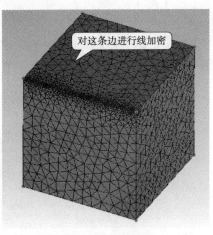

图 3.1-37　线加密

（5）用以对几何体内感兴趣的部位通过创建密度盒的方式进行体加密

下面演示一下对给定几何体内进行体加密的方法，在图形窗口中建立一个几何图形，

使用 ![]对感兴趣的部位创建密度盒，如图 3.1-38a 和 b 所示。使用 ●重新生成网格，如图
3.1-38c 所示。

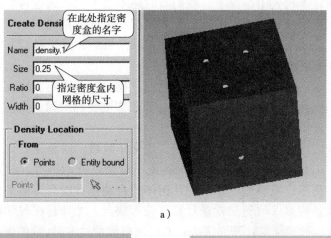

a)

b)

c)

图 3.1-38　体加密

3.1.4　块标签栏

接下来的 Blocking，是我们在画结构化网格时的重头戏，如图 3.1-39 所示。

图 3.1-39　Blocking 标签页

　　想想看我们的结构化网格划分过程，要想画结构化网格，要划分块，我们得先生成初
始块。有了初始块之后，我们就可以接着进行块的划分，有时候遇到有的块不合适，我们
还需要删除块，若有的地方缺少块，我们就需要生成块。在进行块的分割或者生成时我们
有时还需要进行点的合并，更多时候我们需要对已划分的块进行编辑，如合并块、块的类

型转换、O 型块的编辑等。在划分网格时，我们还需要依靠自己的经验和丰富的拓扑学知识，要经常性地对划分的块的节点进行挪动，以便于生成高质量的网格并且不出现负体积。对于有些几何弯曲曲率较大的情况下，我们有时还不得不对块的边进行编辑。还有就是我们还需要根据情况指定划分的块上的节点分布情况。生成网格之前，根据需要，还要将块的点、线、面与对应几何体的点、线、面进行关联。最后，因为我们非常关心所划分的网格质量，还需要有可以检查网格质量的功能。

在详细介绍 Blocking 标签页的各项功能之前，我们有必要先了解一下 Blocking 为什么需要如此设置，结构画网格为何需要 Blocking 等非常重要的问题。我们知道非结构网格的操作步骤一般分为三步：

第一步，设定线面网格参数值。第二步，定义体区域，就是在要划分网格的区域内创建 Body 点。第三步就是生成网格，检查网格质量以及修补网格等。我们看到，非结构化网格生成具有操作简单，能够适应复杂的几何体，自动化程度高等诸多优点，但同时也存在着生成的网格数量较多以致更加耗费计算资源等缺点，尤其是在科学研究中，非结构化网格生成的网格数量过多使得计算无法进行并且网格数量过多时，数值误差也会增大，因此，结构化网格的划分方法仍然是一项必须掌握的技能。

而结构化网格划分方法中最为重要的部分就在 Blocking 标签页中，在讲解这些枯燥的内容之前，让我们先对结构化网格有一个感性认识，下面给大家展示一些结构化网格的例子，如图 3.1-40 所示。

图 3.1-40　结构化网格

看了以上这些例子，相信读者对结构化网格已经有了感性的认识。接着我们再来讲讲结构化网格的划分过程（见图 3.1-41）。

从图 3.1-41 中，我们可以看到结构化网格划分的大致流程，结构化网格划分的核心流程也就是通过创建块和块的劈分来建立反映几何特征的块，再将块的点线与实体的点线进行关联，设置网格参数后即可生成网格。由此，我们可以看出结构化网格的划分原理就是反映几何特征的块与几何体之间的一一映射，如图 3.1-42 所示。

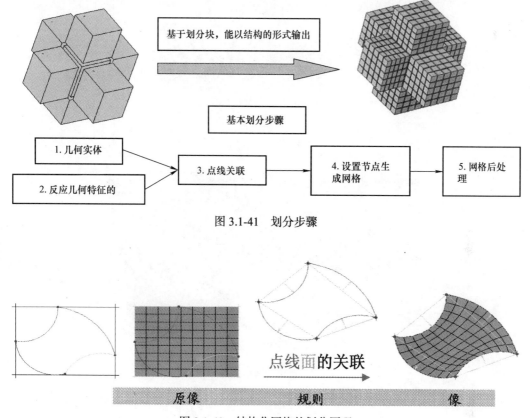

图 3.1-41　划分步骤

图 3.1-42　结构化网格的划分原理

　　从图 3.1-42 中我们看到，块的网格节点按确定的关系——映射到几何实体上，这与数学中函数中使用的一一映射的概念类似。

　　知道了块与几何实体的映射后，我们需要对块做出一些操作使得构造出来的块能够反映几何体的几何特征。自上而下时，一般需要建立一个初始块"Create Block ✪"，为了划分块，需要对块进行劈分"Split Block ✪"，劈分后块有时根据需要还要进行删除"Delete Block ✖"，以及划分 O 型块、C 型块、L 型块等。自下而上构造块时，我们先对几何体的局部建立一个块，然后用此块要么拉伸，要么旋转，以及通过镜像、平移复制等操作构造出整个几何体各个部位的块。而在为了使构造出的块能够较好适应几何体的过程中，我们就需要对块上的点线面进行操作，于是就有了点的劈分、合并、移动、关联以及对线和面的劈分、合并和关联等操作。在构造块的过程中，除了将块作为主要操作对象进行这些操作外，我们还把几何实体作为辅助操作对象，在划分块时，需要利用前面介绍的 Geometry 标签页中功能对其进行修补和简化，在对块的点线面进行相关操作时，也同时需要对几何体进行处理，如必要时需要增加辅助点、辅助线以及辅助面等。

　　下面我们逐一介绍 Blocking 标签页中的各项功能：

　　（1）✪用来划分初始块，点开后如图 3.1-43 所示

　　先演示使用 ✪ 来创建初始块，单击 ✪，再单击【Apply】确认，如图 3.1-44 所示，生成初始块，即是用黑框边表示的。

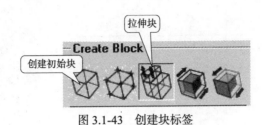

图 3.1-43　创建块标签

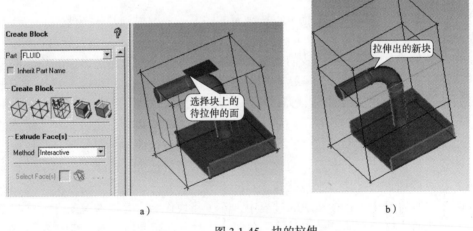

图 3.1-44　创建初始块

接着使用 🔲 来拉伸出一个块，单击 🔲，选择块上一个带拉伸的面，如图 3.1-45 所示。

a）　　　　　　　　　　　　　　　　　b）

图 3.1-45　块的拉伸

（2）🔲 可以进行块的劈分，点开后，如图 3.1-46 所示

我们最经常使用的功能有劈分块 "Split Block 🔲" 和划分 O 型块 "Ogrid Block 🔲" 功能。下面演示一下块的劈分，单击 🔲，选择欲劈分的块，再选择块上一条边，如图 3.1-47a 所示。单击中键确认后，如图 3.1-47b 所示。

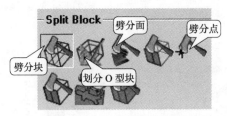

图 3.1-46 Split Block 标签

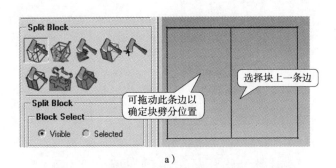

a)

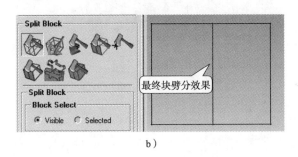

b)

图 3.1-47 块的劈分

下面演示 O 型块的划分，单击 ，选择欲划分 O 型块的两个面，如图 4.1-48a 所示的上下面。单击中键确认后，如图 4.1-48b 所示。单击【Apply】后，O 型块划分完成，如图 4.1-48c 所示。

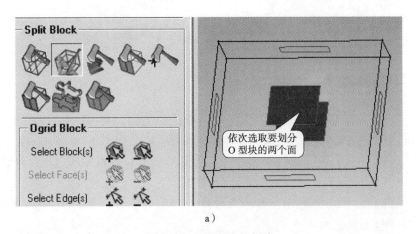

a)

图 3.1-48 O 型块的创建

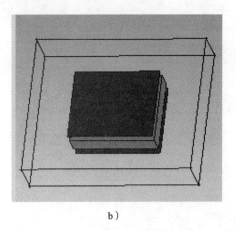 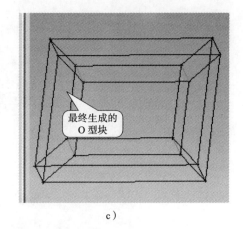

b)　　　　　　　　　　　　　　　c)

图 3.1-48　O 型块的创建（续）

（3）用以进行块的节点的合并，点开后如图 3.1-49 所示

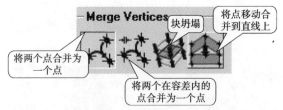

图 3.1-49　Merge Vertices 标签栏

下面结合例子演示一下点合并，如图 3.1-50 所示。

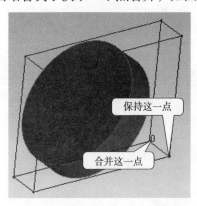 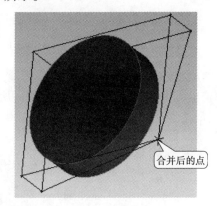

图 3.1-50　点的合并

下面演示一下块坍塌，单击，选择欲坍塌的块的边，如图 3.1-51a 所示，再选择欲坍塌的块，如图 3.1-51b 所示，单击中键确认后，完成情况如图 3.1-51c 所示。

（4）用来编辑块，可以进行块的合并，调整 O 型块，设置周期点还有块类型的转换，如图 3.1-52 所示

演示一下块的合并，单击，依次选择欲合并的两个块，如图 3.1-53a 所示。单击中键确认后，如图 3.1-53b 所示。

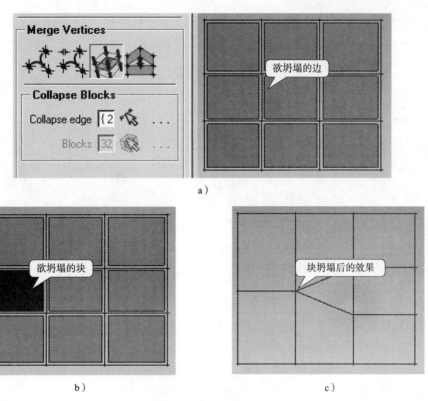

a)

b)   c)

图 3.1-51　块的坍塌

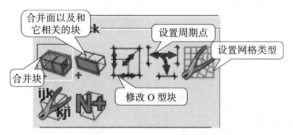

图 3.1-52　编辑块标签

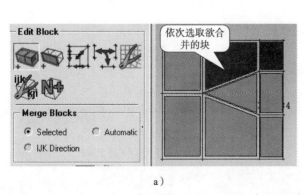

a)

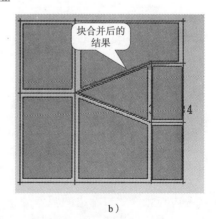

b)

图 3.1-53　块的合并

下面演示一下 O 型块修改功能，单击 ，选择已划分好的 O 型块上的一条边，如图 3.1-54a 所示。勾选"Absolute distance"，在"Offset"中填入 10，单击【Apply】确认，O 型块修改完成，如图 3.1-54b 所示。

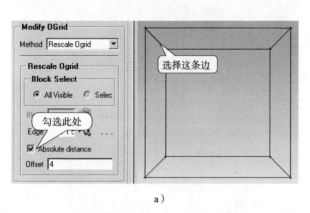
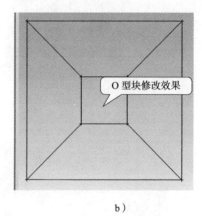

图 3.1-54　修改 O 型块

（5）用以进行点、线、面的关联，点开后如图 3-1-55 所示

用以关联点，可以将块上的点关联到几何实体的点、线、面上。用以进行线关联。用以将块上的线关联到几何实体的面上。用以将块上的面关联到几何实体的面上。用以删除点、线、面的关联，用以更新关联，用以重置关联，用以自动映射关联到几何实体点线面上的块上的点，用以对几何实体上的曲线进行分组或解组，可以依据拓扑，自动地将块的边与几何体对应边关联起来。

（6）用以移动块上的节点，如图 3.1-56 所示

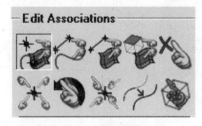

图 3.1-55　关联编辑标签

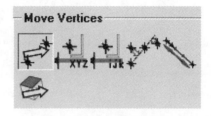

图 3.1-56　移动点标签

用以挪动块上的点。用以可以依据设置的参考点来移动块上的点，举例如下。

图形窗口有一个块划分，块中有一个点位置不合适，如图 3.1-57a 所示。单击，设置参考点，在点击欲挪动的点，单击中键确认后，如图 3.1-57b 所示。单击【Apply】确认后，如图 3.1-57c 所示。

（7）可以将设置的整体网格尺寸更新到所有划分的块上，还可以调整块上网格线的分布，还能匹配临近块上的网格线的疏密分布，点开后如图 3.1-58 所示

用以更新 Pre-mesh 的尺寸参数，用以调整边上节点的数目及分布规律，用以匹配参考边与相邻的目标边的节点分布规律，可以使用放缩系数来细化局部块。

（8）用以检查预生成的结构化网格的质量

用以将预生成的结构化网格的质量调整至期望值，但并不一定成功，最后一项用

以删除不想要的块。

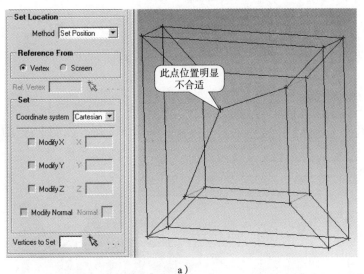

a）

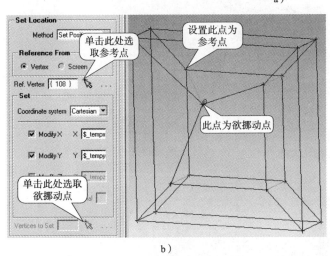

b）

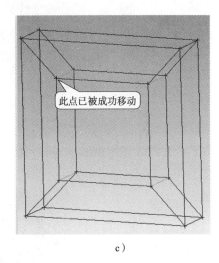

c）

图 3.1-57 块上点的移动

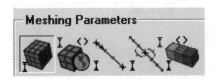

图 3.1-58 网格参数

3.1.5 导出网格标签栏

若生成的是结构化网格，在切换到"Edit Mesh"标签页之前，要使用"Load from Blocking"（在 File>mesh>Load from Blocking 中），或者在控制树中 Pre-Mesh 标签上右键单击选择"Convert to Unstruct Mesh"从而真正生成网格。接下来，就要将生成的网格输出，就是我们接下来要讲解的 Output，如图 3.1-59 所示。

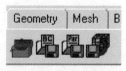

图 3.1-59　Output 标签

3.1.6　网格划分演练

本节给大家举一个例子，好让大家立马上手来操练一番，以便于在实践中更加深刻地理解刚刚所学的知识。

找一台典型的轴流泵，如图 3.1-60 所示。

图 3.1-60　轴流泵模型

下文将以流体机械中划分网格较为困难的叶轮水体（见图 3.1-61）为例，简述如下（为便于读者理解，将几何体进行简化）。

图 3.1-61　叶轮水体

我们先从拓扑学的角度观察它的拓扑特点。首先，我们看到，叶轮水体部分是较矮的管柱体，还看出，这个叶轮水体有三个叶片，那么我们对这个叶轮水体进行拓扑变形后，可以变化为图 3.1-62。

我们知道，在画叶轮水体的结构化网格时，为了降低划分网格的工作量，只划分一个叶片周围的水体，然后通过设置周期点，再将生成的网格旋转复制从而完成网格的划分。

对图 3.1-62 这个拓扑变形后几何体，我们同样这样做，如图 3.1-63 所示。

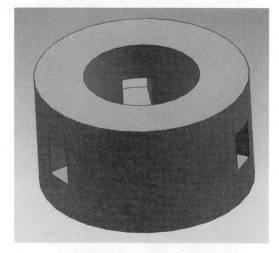

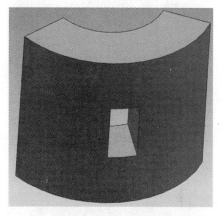

图 3.1-62　拓扑变形后的水体　　　　图 3.1-63　　一个叶片周围的水体

接下来，我们一步一步地进行结构化网格的划分。

1. 设定工作目录

1）选择【File】→【Change Working Dir...】设定工作目录。（工作目录就是用来储存画网格时生成的文件的，如 prj、blk、uns、tin 等多种文件。）

2）导入几何体，选择【File】→【Import Geometry>STEP/IGES】导入外部几何体。

以上两步完成后，如图 3.1-64 所示。

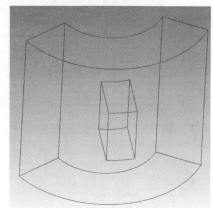

2. 拓扑检查

1）先打开面显示。单击控制树"Geometry"前

图 3.1-64　导入 ICEM CFD 的图形

的"+"号，展开"Geometry"，勾选"Surfaces"，然后单击 ⬡ 或右键单击"Surface"，在弹出的对话框中勾选"Solid"，结果如图 3.1-65 所示。

2）进行拓扑检查。单击 ▦，接着单击左下角的 ▨，单击【apply】确认，效果如图 3.1-66 所示。可以看到，图形窗口中边线全为红色，说明几何模型状况良好，如果出现黄线，需要调大"Tolerance"或者修补几何体。

3. 块的划分

这是整个网格划分过程中，非常重要的一步，也是结构化网格划分过程中最为困难的一步。

1）先生成初始块。先切换至"Blocking"标签页下，单击 ▨，单击【apply】确认，如图 3.1-67 所示。

2）接着进行块的切分。单击 ▨，接着单击左下角的 ▨，将图 3.1-67 所示的初始块进行适当的划分，结果如图 3.1-68 所示。

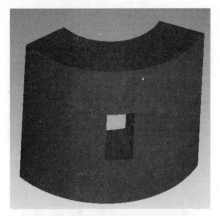

图 3.1-65　打开面显示的几何体

图 3.1-66　拓扑检查后

图 3.1-67　生成初始块

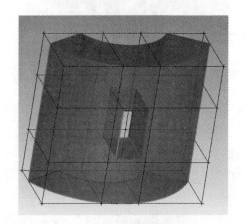

图 3.1-68　对初始块进行划分

3）对划分的九宫格最中间一块进行 O 型块的划分，单击左下角的 ，选择中间块，选择中间块的前后面，如图 3.1-69a 所示。最后单击【apply】，完成 O 型块的划分，如图 3.1-69b 所示。

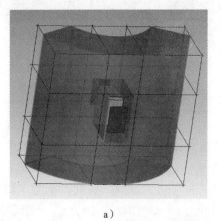

a）

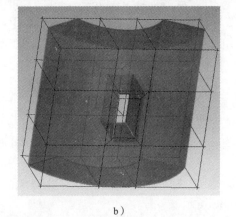

b）

图 3.1-69　O 型块划分

4）我们看到几何体中间部分是空的，为了对应，删除中间的块，单击 ▓，选择中间的块删除，如图 3.1-70 所示。

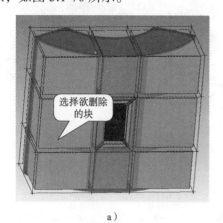
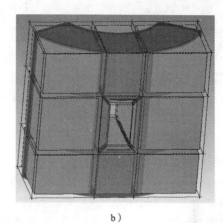

a）　　　　　　　　　　　　　　　b）

图 3.1-70　块的删除

5）进行点的关联。单击 ▓，然后单击左下角的 ▓，先选择块上的点，然后再选择几何体上的点，单击中键确认后如图 3.1-71 所示。

对其他点也做同样的关联，如图 3.1-72 所示。

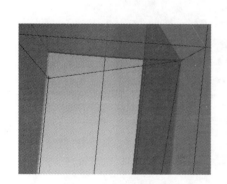

图 3.1-71　点的关联

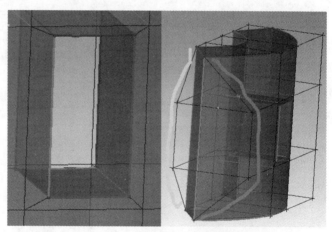

图 3.1-72　另外点关联

我们从图 3.1-72 可以看出，分别用黄色粗线和绿色粗线标出块上的 Edges 需要和几何体上对应的曲线 Curves 进行关联。

6）进行线的关联。单击 ▓，再单击 ▓，分别选择对应的 Edge 和对应几何体上的 Curves 进行关联，关联后如图 3.1-73 所示，关联完成后 Edge 以绿色显示。

对其他点和边也按同样的方法进行关联，如图 3.1-74 所示，其中图 a 为正面视图，图 b 为背面视图，图 c 为俯视图。

图 3.1-73　左边两条边的进行 Edge 关联

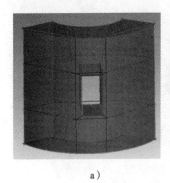  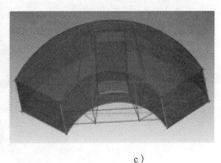

a)   b)   c)

图 3.1-74   Edge 关联后的各个视图

7）由图 3.1-74c 中可以看出，几何体背部的一些 Vertices 不在对应的曲面上，我们需要使用 来移动 Vertices，使其移动到背部的曲面上，如图 3.1-75 所示。

由图 3.1-75，我们看到块的划分不够合理，我们继续使用 来适当挪动块的 Vertices，使各块的大小和高宽比趋于更加合理，几何体背部调整后如图 3.1-76 所示。

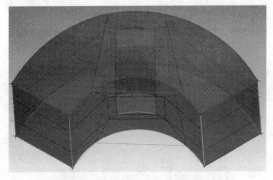 

图 3.1-75   挪动 Vertices   图 3.1-76   调整背部 Vertices 位置

通过调整，块的背部上的 Vertices 点位置进过适当调整后，块的背部处长宽比更加合理，我们换个视角来看看块的划分，将视图调整到近似为俯视图，如图 3.1-77 所示。

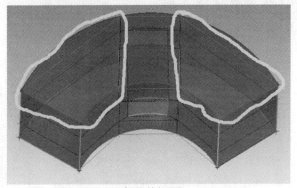

图 3.1-77   近似的俯视图

从图 3.1-77 这个角度可以看到，由黄色粗线标示出的块，其顶部的长宽比差异较大，有调整提高的空间，继续使用 来调整，调整后如图 3.1-78 所示，其中图 a 为俯视图，图 b 为主视图。

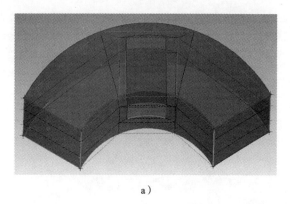
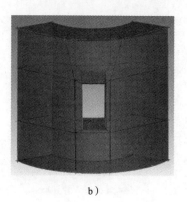

a) b)

图 3.1-78 调整顶部块的 Vertices

由图 3.1-78b 可以看到，下面块的 Vertices 点需要和上面的对齐。那么我们需要手动使用 一个一个去调整吗？当然不是，即使有耐心和心情一个一个去手动调整，也无法保证良好对齐，因为手动调往往凭借感觉和眼睛。那要用什么方法呢？我们可以利用 命令，单击 ，如图 3.1-79 所示。

 功能是线通过设置参考点 "Rel.Vertex"，然后选择通过修改哪些坐标值，如勾选 "Modify X" "Modify Y" 或 "Modify Z" 前面的方框，最后设置要对齐的点 "Vertices to Set"，同时我们看到要对齐的点可以通过修改 X、Y 坐标值来对齐，对齐后如图 3.1-80 所示。

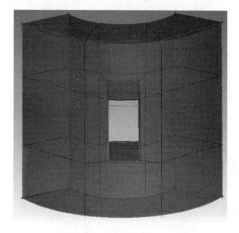

图 3.1-79 Set Location 功能菜单 图 3.1-80 对齐 Vertices 后

从图 3.1-80 可以看出，对齐后块的分布好了许多，但是红色椭圆形标示出的部分，块较为畸形，长宽比过大，不利于生成高质量的网格，换个角度可以看得更清楚一些，如图 3.1-81 所示。接着使用 对图进行调整，调整后的分块情况如图 3.1-82 所示。

4. 设置网格尺寸

在使用 对几何体两边进行调整后，如图 2.2.45 所示。接着我们设置整体网格尺寸，切换到 Mesh 标签页下，单击 ，设置全局最大网格尺寸为 2，单击【Apply】确认，如图 3.1-83 所示。

图 3.1-81　中间长宽比过于悬殊的块　　　　　图 3.1-82　调整后的分块

1）将全局网格尺寸更新到所有块上。切换到"Blocking"标签页，单击 ，点选"Update All"，然后单击【Apply】确认。

2）生成预览网格。在控制树"Blocking"标签页，勾选"Pre-Mesh"前的方框，生成预览网格如图 3.1-84 所示。

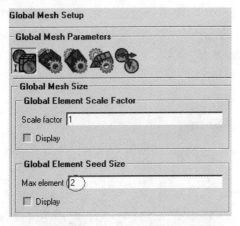

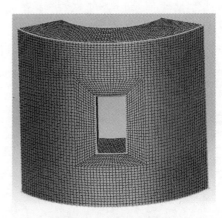

图 3.1-83　设置全局网格尺寸　　　　　　　图 3.1-84　生成预览网格

5. 检查网格质量

要想知道网格的质量好坏，我们先得检查网格质量。单击 检查网格质量，如图 3.1-85 所示。

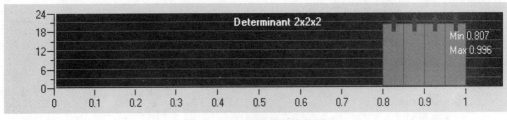

图 3.1-85　网格质量柱状图

从图 3.1-85 可以看出，我们画出的结构化网格质量还不错，可以生成网格并导出了。选择【File】→【Mesh】→【Load From Blocking】转化成非结构化网格。生成网格后，再次检查质量，切换到"Edit Mesh"标签页下，单击█检查网格质量，如图 3.1-86 所示。

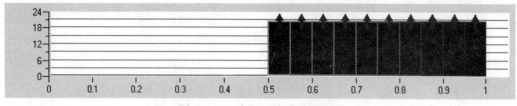

图 3.1-86　实际网格质量柱状图

6. 网格的导出

接着，我们导出网格。切换到"Output"标签页，先选择求解器，单击█，选择"Output Solver"为"ANSYS CFX"，选择"Common Structural Solver"为"ANSYS"，如图 3.1-87 所示。

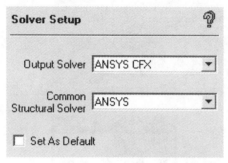

图 3.1-87　Output 项中求解器设置

选择完求解器，就可以正式导出了，单击█，确认后，看到信息窗口中显示"Done with transition"后，说明导出成功。

3.2 ANSYS CFX 软件操作

介绍 CFX 软件之前，我们从宏观整体上来重新认识一下 CFD 的整个工作流程，CFD 的大致工作流程如图 3.2-1 所示。

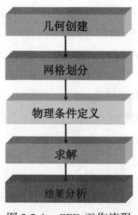

图 3.2-1　CFD 工作流程

从以上工作流程图中，我们看到首先要创建或导入几何实体。这可以通过使用 CAD 软件来创建。接着使用 ICEM CFD 进行网格划分。

下面主要讲一下网格划分完毕并导出之后，紧接着在 CFX 软件中要完成的流程。让我们看一看在 CFX-Pre 中如何完成这些。注：具体直观操作也可参考第 4 章内容，里面有对 CFX-Pre 用法的详细演示。

3.2.1 前处理

1. 模型导入

1) 双击 CFX 图标 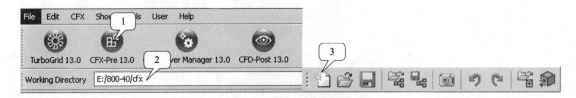，打开 "ANSYS CFX"。选择【FILE】→【CFX-Pre】，打开 CFX 前处理，【File】→【new case】→【General】→【OK】，如图 3.2-2 所示。

图 3.2-2　新建常规模拟

导入网格前我们使用自带的例子看一下全貌图，如图 3.2-3 所示。

从图 3.2-3 中我们可以知晓 CFX-Pre 前处理软件的大致功能。下面我们就简要地利用前面的双叶片泵的例子给大家介绍一下 CFX-Pre 软件的操作流程。

2) 导入网格。右键单击目录树 "Outline" 中的【Mesh】→【Import Mesh】→【ICEM CFD】，如图 3.2-4 所示。在弹出的网格导入窗口中，修改文件夹目录以及选择需要导入文件。单击【Open】，打开导入网格，如图 3.2-5 所示。注意导入网格时的尺寸选择，"Mesh Units" 选择 mm。

2. 域的设置

域其实就是一个在其中控制方程将被求解，同时得到结果的一个计算区域。在水泵等流体机械的数值计算中，一般有叶轮这种会转动的区域，还有导叶或者蜗壳这种不转动也

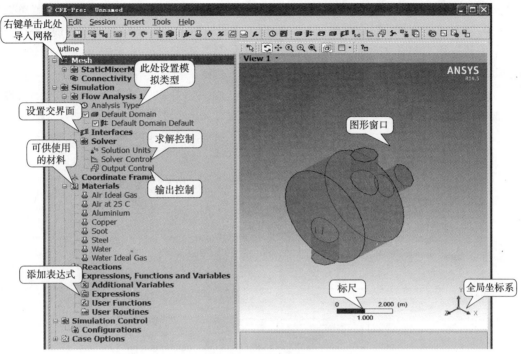

图 3.2-3　前处理窗口

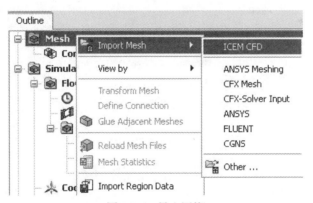

图 3.2-4　导入网格

图 3.2-5　加载网格文件

就是静止的区域。为了计算区域，我们就要划分不同的域。有了域的划分，我们就可以对流体机械的不同部分单独设定属性，如叶轮设置成旋转的，导叶、蜗壳就设置成静止的。

下面给进水口部分划分一个域（所谓进水口就是叶轮进口前进水管道内的一段水体）。进水口水体域的设置过程如下。

1）指定域的名称。单击任务栏中的"Domain "，如图3.2-6所示。在弹出的窗口中输入域名"in"，如图3.2-7所示，单击【OK】确定，得到图形如图3.2-8所示。

图3.2-6　域生成按钮

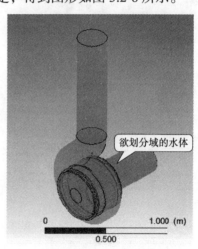

图3.2-7　域命名　　　　　图3.2-8　图形显示

2）基本设定。"Location and Type>Location"选择FLUID；"Location and Type>Domain Type"选择Fluid Domain；"Fluid>Material"选择Water（因为此处泵内输送的液体为水）；"Domain Motion>Option"选择Stationary；其他项保持默认设置。结果如图3.2-9所示。（注意：选择Location时对应部分网格会变绿，可以据此判断是否选对。其中名字FLUID是由于在ICEM CFD中划分网格时自动命名的Body的名字，可以在ICEM CFD中修改。）

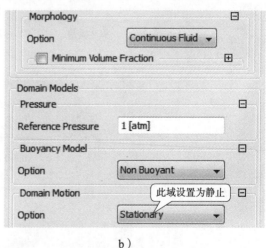

a)　　　　　　　　　　b)

图3.2-9　基本设定

有一点需要说明，我们以前在流体力学课程中学过拉格朗日法和欧拉法。在CFD计算中采用欧拉网格，在固体计算中一般采用拉格朗日方法。如果说把拉格朗日网格中的节点看作是真实世界的物质原子的话，那么欧拉网格的节点则好比是真实世界中的一个个传感器，它们总是处于相同的位置，真实地记录着各自位置上的物理量。正常情况下，欧拉网格系统是这样的：计算域和节点保持位置不变，发生变化的是物理量，网格节点就像一个个布置在计算域中的传感器，记录该位置上的物理量。这其实是由流体力学研究方法所决定的。宏观与微观的差异决定了固体计算采用拉格朗日网格，流体计算采用欧拉网格。

3）流体模型。下面是流体模型项的设置，因为水泵里的流动基本都是湍流运动。所以，湍流模型的选取至关重要，由于在工业领域久经考验，这里选取了应用广泛且反响不错的湍流模型"$k-\varepsilon$"，壁面函数选择"Scalable"，如图3.2-10所示。

其他均保持默认设置。

其他部件的域的设置也与上述步骤相同，就不一一详述了。旋转域的设置稍有不同，下面就举一个旋转域的例子（见图3.2-11）。

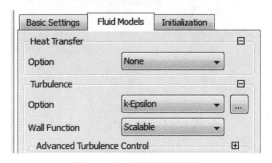

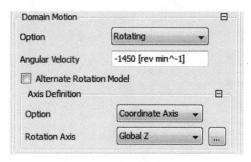

图3.2-10 流体模型设置   图3.2-11 旋转域的设置

设置叶轮水体为旋转域，转速为1450r/min，旋转轴为Z轴。依据右手法则，转速前面要添加负号。其他基本设置与前面静止域的设置相同。（右手法则即是：利用右手握Z轴，大拇指指向Z正方向，如果叶轮的旋转方向与大拇指方向一致，则转速设置为正的，反之则为负。）

按以上步骤，至此完成所有域（Domain）的设置，如图3.2-12所示。

3. 边界条件设置

下面我们开始设置边界条件。我们以进水口入口边界条件的设置来演示边界条件的设置。

1）单击任务栏上的边界按钮"🔲"，如图3.2-13所示，选择所在域为in。

2）指定名称。在弹出的对话框中输入边界条件名称：inlet，如图3.2-14所示。

此处我们选择压力入口，设置"Relative Pressure"为1[atm]。其他为默认设置。

3）基本设定。所谓基本设置就是设置边界类型，对计算流体而言，只有5种基本的边界条件，如进口（inlet）、出口（outlet）、对称（Symmetry）、开口（Opening）、壁面（Wall）等，如图3.2-15所示，具体用法视所需情况而定。设置边界条件为Inlet，位置选择IN，如图3.2-16所示。

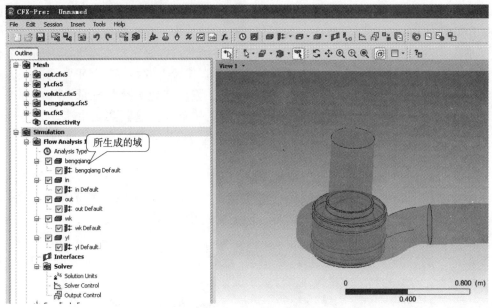

图 3.2-12　完成域的设置

图 3.2-13　边界条件生成按钮

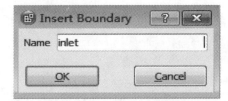

图 3.2-14　指定入口名称

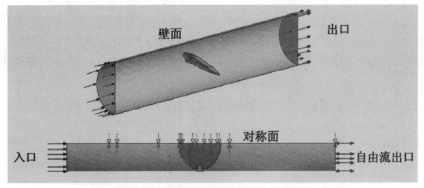

图 3.2-15　边界类型

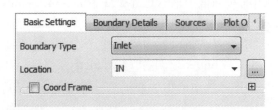

图 3.2-16　入口基本设定

4）边界详情。切换到 Boundary Details 标签，如图 3.2-17 所示。"Flow Regime"选择 Subsonic（亚音速）；"Mass and Momentum>Option"选择 Total Pressure（stable）；设置相对压力值为 1[atm]。

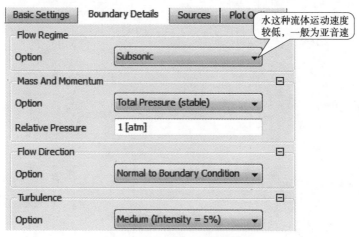

图 3.2-17　入口边界详情设置

其实，边界条件的设置对收敛性和结果的准确性有非常大的影响。对于一个待求解的问题，边界条件既不能过度约束也不能欠约束。约束过度，会使得求解器没有足够的自由空间来达到正确的解，从而使得收敛困难。而欠约束，也即约束不足，这会导致没有给求解器足够的信息来开始计算，从而使得没有物理结果。为了读者在数值计算时可以拥有稳健的收敛性，我们推荐两种设置：

第一种是入口边界设置为速度（Normal Speed）或者质量流（Mass Flow Rate），出口边界设置为静压（Static Pressure）。此时，入口的总压是数值模拟计算得出。第二种是入口边界设置为总压（Total Pressure），出口边界设置为速度（Normal Speed）或者质量流（Mass Flow Rate）。此时出口处的静压和入口处的速度是计算结果的一部分。

由于我们在水泵中划分了多个域，域与域之间要设置交界面。下面我们演示一下交界面的设置。在进行交界面设置时需要注意的是交界面位置要选择正确，交界面要成对出现。

4. 域交界面设置
设置进口水体与叶轮的交界面。

1）单击任务栏上的域交界面，如图 3.2-18 所示，在弹出的窗口中输入交界面名称"in_yl"（即进口段和叶轮的交界面），单击【OK】。

2）基本设置。基本设置中，"Interface Type"：设置为 Fluid Fluid；"Interface Side1>Domain(Filter)"：in（即旋转进口段）；"Interface Side1>Region List"：

图 3.2-18　创建交界面

CK_OF_IN（即进口段的出口面）；"Interface Side 2> Domain（Filter）"：yl（即叶轮）；"Interface Side1>Region List"：JK_OF_YL（即叶轮的进口面）；"Interface Models"：General Connection；"Frame Change/Mixing Model"：Frozen Rotor。结果如图 3.2-19 所示。

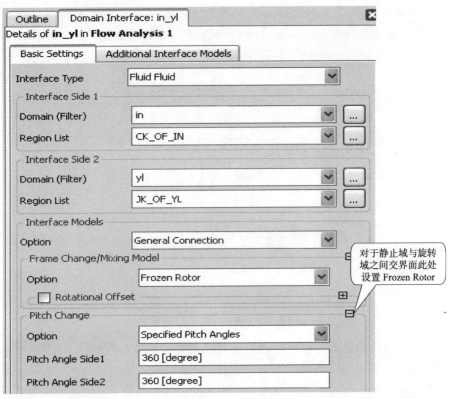

图 3.2-19　交界面基本设置

对于交界面模型（Interface Models）可分为三种。平移周期性（Translational Periodicity）：对于具有周期性的网格，可只画出其中一部分，然后利用平移周期性交界面连接。旋转周期性（Rotational Periodicity）：对于旋转机械，可以只画出一个周期性的网格，然后确定旋转轴和叶片数，通过交界面连接。普通连接（General Connection）：用于一般的两个域的连接。

对于"Frame Change/Mixing Model"栏，"Frozen Rotor"用于旋转域与静止域的连接；"None"用于静止域与静止域连接；"Stage"最主要用于轴流泵旋转域与静止域连接。

按上述方法，依次完成其他边界条件的设置。

5. 求解控制设置

1）单击任务栏上的求解控制"Solver Control ＂，如图 3.2-20 所示。

2）基本设置。基本设置中，"Advection Scheme"：High Resolution；"Turbulence Numerics"：High Resolution（可以根据精度的要求自己设置）；"Convergence Control>Min. Iterations"：1；"Convergence Control>Max.Iterations"：1000（通常网格不是很复杂，若很多的话 1000 步能够收敛）；时间步长控制选择物理时间步长（可以选择自动步长）；物理时间步长为 0.0066[s]（推荐物理步长为 $60/2\pi \cdot n$，n（r/min）为泵转速）；"Residual Type"：RMS；"Residual Target"设为 0.0001（这个精度基本符合要求），其他默认，单击【OK】，如图 3.2-21 所示。

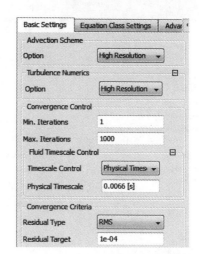

图 3.2-20 生成求解控制 图 3.2-21 求解控制设置

6. 输出控制设置

一般在此处设置进出口压力以及扬程监测。在创建这些输出前，先在"Expressions"中编写一下需要的公式，以方便输出设置，如图 3.2-22 所示，单击任务栏上的表达式"Expressions ⓕ"，在弹出窗口中输入名称，如"head"（编写扬程公式，名字可自取），单击【OK】；在"Expressures"树形栏中编写表达式，完成如图 3.2-22 所示。

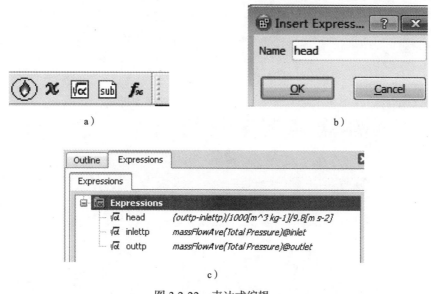

图 3.2-22 表达式编辑

1）单击任务栏上的输出控制"Output Control ⓕ"，如图 3.2-23 所示。

图 3.2-23 生成输出控制

2）在"Monitor"下设置监测，勾选"Monitor Object"，单击ⓕ，输入 h 进行命名，单击【OK】，选择"Expression"，在空白栏中单击右键，选择 Expression，选择导入的前面编写的 head 公式，单击【OK】完成设置，过程如图 3.2-24 所示。

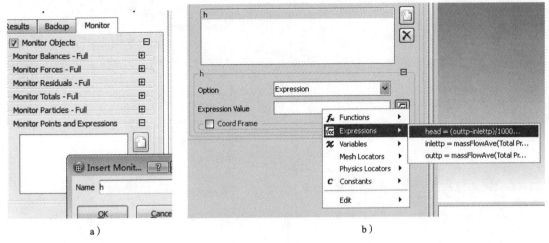

a）

b）

图 3.2-24　输出控制

其他所需监控变量也按该方式输出。

7. 求解

求解，即输出 Define 文件。

1）单击 （Write Solver Input Solver），如图 3.2-25 所示。

图 3.2-25　求解文件设定

2）保存文件。在弹出的窗口中选择存储目录，填写文件名，如图 3.2-26 所示。

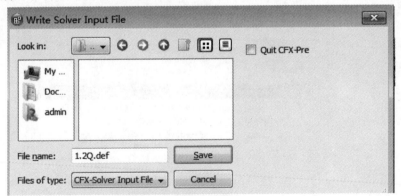

图 3.2-26　求解文件读出

至此完成边界条件设置及求解文件的输出。接着我们就可以使用 CFX-Solver 中进行求解计算。

3）开始求解。单击" Define Run"选择"1.2Q.define"，单击"Start Run"进行计算。计算过程中以及计算结束后均可以查看计算收敛情况，如图 3.2-27 所示。

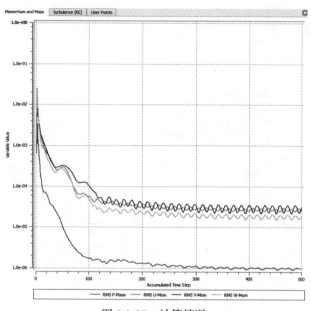

图 3.2-27　计算情况

3.2.2　后处理举例

在 CFX 中进行后处理的部分叫 CFX-Post。在进行后处理之前，如果想要获得的是有关水泵外特性的，那么关心的是如何从计算结果中获得有关扬程、转矩以及由此来计算水泵效率，而对于科研人员，根据研究内容的不同，可能关心更多的是各种云图、矢量图等。下面对这两类均做一下简单介绍。

本例中重点介绍扬程的读取及泵效率的计算。

1. 扬程读取

如图 3.2-28 所示，双击"Expressions"中的"head"公式，显示扬程为 42.0236m，此为双叶片污水泵在 1.2Q 工况下的扬程。通过下式可以计算得泵的有效功率 $P_e=1000 \times 10 \times$ （$800 \times 1.2/3600$）$\times 42/1000=112 \ \text{kW}$。

$$P=\rho gQH/1000(\text{kW})$$

式中，ρ 为泵输送液体的密度，kg/m^3；g 为重力加速度，m/s^2；Q 为泵的流量，m^3/s；H 为泵的扬程，m。

2．转矩读取

如图 3.2-29 所示，读取叶轮转矩为 863.133N·m，再读取泵腔水体中盖板处壁面转矩，73.0816N·m，将两转矩相加，运用下式计算得到总功率：

$$P=（863+73）\times 1450/9552=142\text{kW}$$

$$P=Mn/9552(\text{kW})$$

式中，M 为读取的扭矩，N·m；n 为泵的转速，r/min。

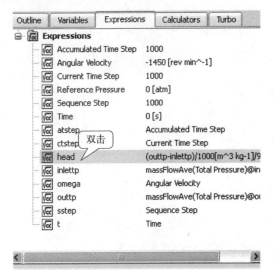

图 3.2-28　计算扬程读取

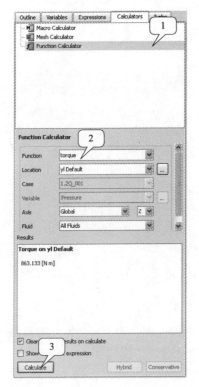

图 3.2-29　转矩读取

3. 效率计算

计算泵效率 $\eta = P_e/P = 112/142 \times 100\% = 78.9\%$，即双叶片污水泵在 $1.2Q$ 工况下全流场数值模拟的泵效率已计算得出。通过改变泵出口质量流量可以改变工况点，然后用相同的方法得出泵在不同工况点下的效率，可以绘制出泵外特性曲线。

4. 图像处理

下面接着介绍 CFX-Post 中各种云图、矢量图的制作方法。

（1）创建平面

在几何图形上创建横截面。

1）首先在控制树栏关闭几何图形的显示，勾掉"Wireframe"选项，如图 3.2-30 所示。

2）在任务栏中单击" 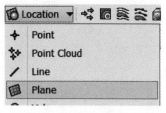 "，下拉列表中选择 Plane 选项，并指定名称，默认为 Plane1，单击【OK】，如图 3.2-31 所示。

图 3.2-30　关闭几何图形显示

图 3.2-31　设置平面

3）在平面信息中，平面生成方法是 XY Plane，Z 值为 0（mm），其他默认，单击【Apply】。在图形界面上生成平面，如图 3.2-32 所示。

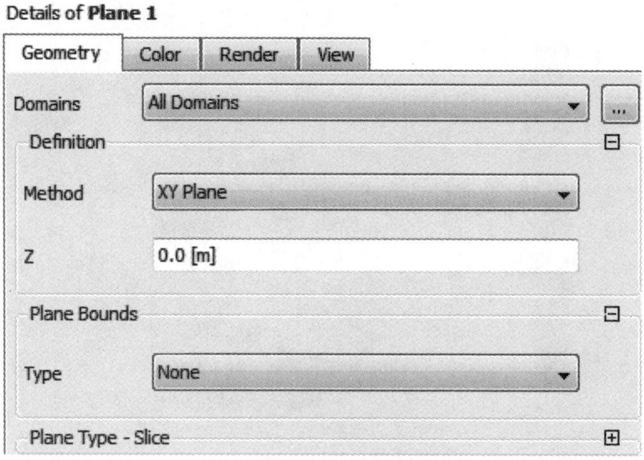

图 3.2-32　平面设置

（2）生成矢量图

1）在任务栏中单击"矢量"按钮，并指定名称，默认为 Vector 1。

2）矢量图几何设置。矢量图的详细信息如图 3.2-33 所示，位置选择 Plane 1，Sampling 选择 Vertex，其他默认，如图 3.2-33a 所示。

3）颜色设置。范围改成 Local，其他默认，单击【OK】，如图 3.2-33b 所示。

4）生成的矢量图如图 3.2-34 所示。

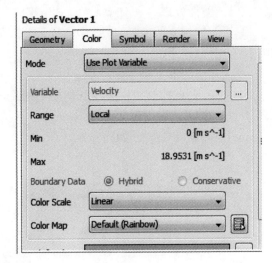

a)   b ）

图 3.2-33　矢量信息设置

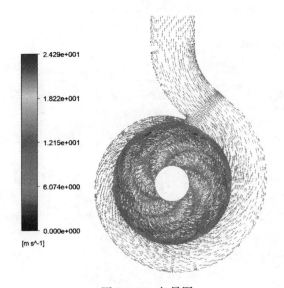

图 3.2-34　矢量图

（3）生成云图

1）单击任务栏中 "Contour 🔲"，指定名称，命名为 Press。

2）云图几何设置。位置设为 Plane 1，变量为 Pressure，范围是 Local，其他默认，单击【Apply】，如图 3.2-35 所示。也可在 "#of Contours" 栏中设置云图显示数。

3）生成的压力云图如图 3.2-36 所示。

4）对于湍动能、速度、总压等云图，只要将上面的变量改变即可。如果想看其他表面的云图，则需要在 Location 中进行选择。

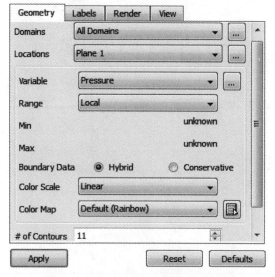

图 3.2-35　云图信息设置

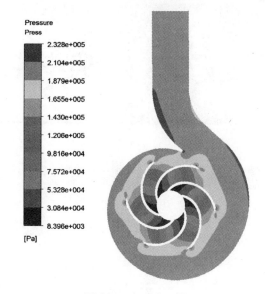

图 3.2-36　压力云图

第 4 章　典型叶片泵数值模拟实例

4.1　离心泵定常和非定常数值模拟

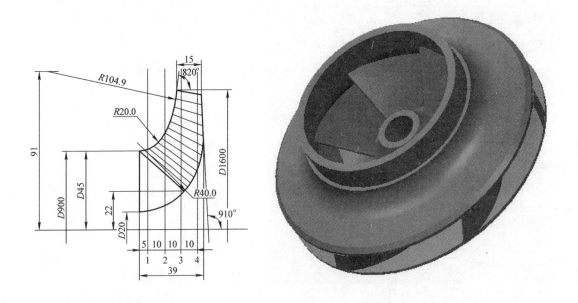

工作面	(径向坐标)												
包角/角度	起点/半径	10	20	30	40	50	60	70	80	90	100	110	120
基础圆	45.1/0°	43.52	44.43	47.8	49.66	52.05	54.96	58.35	62.1	66.18	70.54	75.15	80
1	40.8/0°	43.84	44.62/117°										
2	32.4/0°	36.66	39.24	43.86	47.05	51.19	54.6/56.8°						
3	23.9/0°	27.49	31.4	35.63	40.1	44.79	49.6	54.42	59.24	64.2	69.26	74.37	79.5	80/121°
4	7.2/0°				39.4/40.5°	38.4	43.84	49.33	54.89	60.59	66.42	72.24	77.81	80/124.7°
后盖板	7.2/0°	24.1	26.6	29.6	31.2	37.4	42.2	47.5	53.4	59.4	65.6	71.7	77.4
背面													
包角/角度	起点/半径	10	20	30	40	50	60	70	80	90	100	110	120
基础圆	45/0°	45.07	45.42	46.15	47.34	49.07	51.45	54.49	58.16	62.13	66.73	71.25	75.73
1	38.5/0°	40.74	43.3	46.2/72°									
2	29.5/0°	31.99	34.91	38.25	41.96	45.99	50.29	54.6/84°					
3	20.5/0°	23.24	26.51	30.28	34.5	39.74	44.12	49.29	54.56	59.83	65.11	70.26	75.12	80/128.8°
4	7.2/0°					37.4/53.1°	37.96	43.86	49.94	55.98	62.07	68	73.42	80/132.1°
后盖板	7.2/0°	21.6	23.5	25.9	28.9	32.6	37.1	42.3	48.3	54.7	61.1	67.4	73

a)

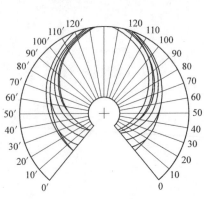

图 4.1-1　叶轮及蜗壳

由于蜗壳式离心泵具有非对称的几何结构，其内部流动呈现出明显的非定常周期特性。本章节基于高质量的结构网格对蜗壳式离心泵进行定常及非定常数值计算，有效地提高数值计算的准确度和收敛速度。通过对非定常下的流场进行分析，能够精确捕捉到流动状态随时间及转动位置的变化规律，为优化设计、振动分析等提供有价值的信息。

4.1.1 几何模型

蜗壳式离心泵的设计参数分别为：流量 $Q=78\text{m}^3/\text{h}$，扬程 $H=22\text{m}$，转速 $n=2900\text{r/min}$。图 4.1-1 所示为蜗壳式离心泵水力模型图及立体图，其中图 a 为叶轮图，图 b 为蜗壳图。

本例考虑叶轮口环及泵腔水体进行全流场的数值计算。图 4.1-2 所示为水力过流部件装配图。

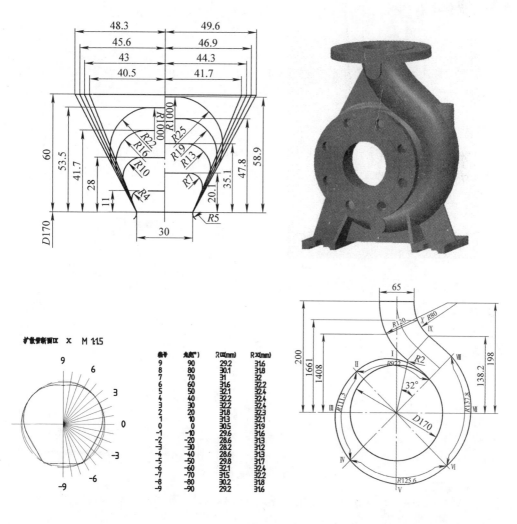

b)

水力模型图及立体图

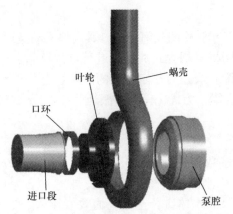

图 4.1-2　蜗壳式离心泵水力过流部件装配图

4.1.2　叶轮网格划分

1. 运行 ICEM CFD 软件

在开始按钮中选择【所有程序】→【ANSYS14.5】→【Meshing】→【ICEM CFD14.5】。

2. 设置工作目录及创建文件

1）进入 ICEM CFD 后，在菜单栏中选择【File】→【Change Working Dir…】，弹出对话框如图 4.1-3 所示，进行工作目录设置。本例设置的工作目录为 E:\Centrifugal pumps，单击【确定】。

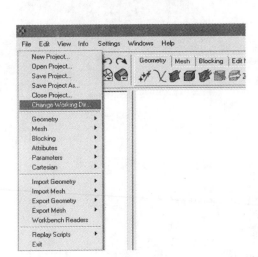

图 4.1-3　设置工作目录

2）在菜单栏中选择【File】→【Save Project As…】，将文件命名为 YLST。如图 4.1-4 所示。

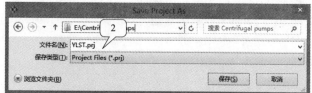

图 4.1-4　创建文件名称

3. 导入外部几何文件

1）在菜单栏中选择【File】→【Import Geometry】→【STEP/IGES】，在对话框内选择文件名为 YLST 的 STP 格式文件。

2）在"Import Geometry From…"对话框下单击【OK】，完成 ICEM CFD 几何文件的导入，如图 4.1-5 所示。

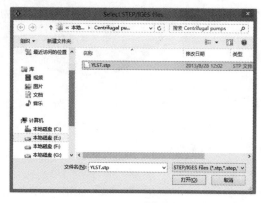

图 4.1-5　导入几何文件

4. 生成几何特征

在功能栏里选择"Geometry"标签栏，单击"Repair Geometry ▨"，采用默认容差设置，单击【Apply】。生成 ICEM CFD 能够识别的几何特征，如图 4.1-6 所示。

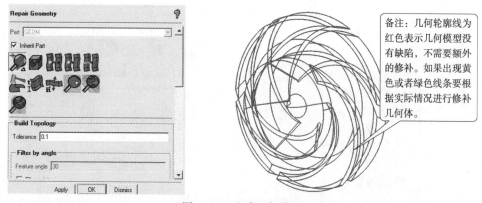

备注：几何轮廓线为红色表示几何模型没有缺陷，不需要额外的修补。如果出现黄色或者绿色线条要根据实际情况进行修补几何体。

图 4.1-6　生成几何特征

5. 显示几何特征及创建名称

（1）显示几何特征

左侧树形窗下勾选【Model】→【Geometry】下面的"Point"及"Surface"前的方框；右键单击"Surface"依次勾选"Solid"及"Transparent"选项，透明显示叶轮模型的点、线、面特征，如图 4.1-7 所示。

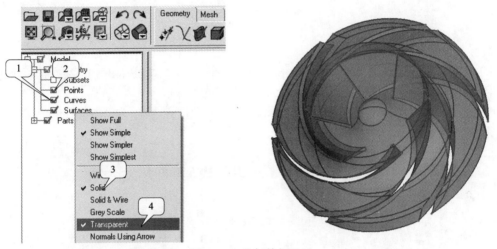

图 4.1-7　几何特征显示

（2）叶轮进口、出口面命名

1）右键单击树形窗口【Part】选项，选择【Create Part】。

2）定义叶轮进口端面名称为 inlet of yl。

3）在对话框中选择"Create Part by Selection"下的"Select entities 🔖"图标，在图形界面上左键选择叶轮水体进口面，单击中键进行确认，完成叶轮进口面的命名过程，如图 4.1-8 所示。

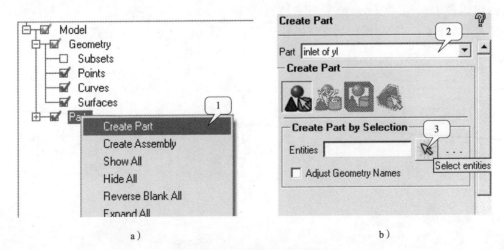

a)　　　　　　　　　　　　　　　　b)

图 4.1-8　叶轮进口、出口面定义

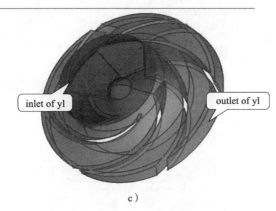

c）

图 4.1-8　叶轮进口、出口面定义（续）

同样定义叶轮出口端面名称为 outlet of yl，然后按照上述步骤为叶轮创建其他部分。

（3）叶轮水体定义

1）功能栏里选择"Geometry"标签栏，单击"Create Body ▱"，定义水体名称为 YLST。

2）选中" ▨ "图标，在图形界面上选择如图 4.1-9 所示位置点，保证两个点的中间位置位于叶轮水体内，单击中键确定，完成叶轮水体定义过程，如图 4.1-9 所示。

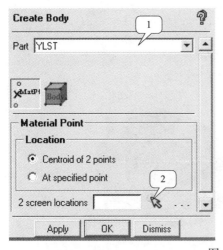

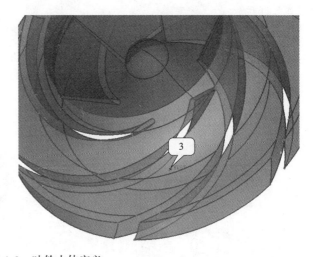

图 4.1-9　叶轮水体定义

6. 定义周期特性

该叶轮围绕 Z 轴旋转，并且以 60° 间隔周期阵列分布。

在"Mesh"标签栏中，单击"Global Mesh Parameters ▧"，在对话框中选择"Set up Periodicity ▧"进行周期设置。勾选"Define periodicity"；"Rotational>Base"：0 0 0；"Rotational>Axis"：设定旋转轴矢量方向为 0 0 1（即选择 Z 轴为旋转轴）；"Rotational>Angle"为 60°。设置情况如图 4.1-10 所示。

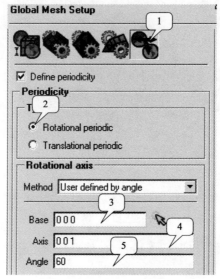

图 4.1-10　周期特性设置

7. 网格的创建

（1）整体块的创建

在功能栏里选择"Blocking"，单击"Create Block ⌖"图标，单击【Apply】，如图 4.1-11 所示。

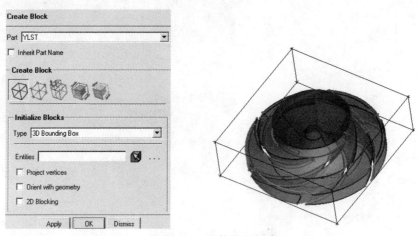

图 4.1-11　整体块的创建

（2）点、线的关联

1）功能栏里选择"Blocking"项，单击"Associate ⌖"图标，弹出"BlockingAssociations"对话框。选择"Associate Vertex ⌖"图标。在"Entity"下勾选"Point"，选择点到点的关联方式，将块的顶点关联到几何点上。结果如图 4.1-12 所示。

2）单击"Associate Edge to Curve ⌖"，选择线对线的关联方式，将块的边（Edges）和几何体的边（Curves）相互关联，如图 4.1-13 所示。

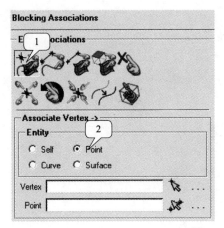
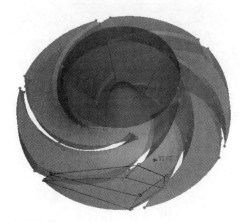

图 4.1-12　点的关联

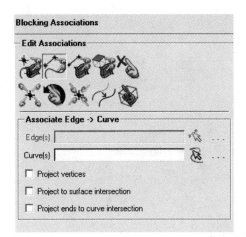
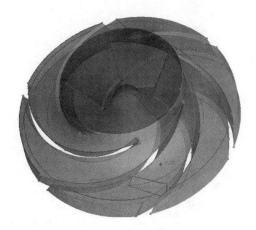

图 4.1-13　线的关联

（3）块的拉伸

功能栏里选择 "Blocking" 标签栏，"Create Body 🖉" → "Extrude Face（s）🖳"。"Method"栏选择：Interactive。在图形界面上左键选择块表面，如图 4.1-14a 所示；中键拖拽进行拉伸创建一个新块，如图 4.1-14b 所示。通过块的拉伸，创建整个流道的块结构，并按上述步骤进行块上点、线的关联。

（4）Y 型网格剖分

叶轮轴心位置的 6 面体块要进行节点合并，转换成三棱柱进行 Y 型网格处理（本节后面为方便，利用【】和→表示操作步骤，不再赘述）。

1）节点合并。在功能栏里选择【Blocking】→【🖳】，勾选 "2 Vertices" 和 "Merge to average"；单击【🖉】图标选择所需合并点，如图 4.1-15 所示。

2）Y 型剖分。选择【Blocking】→【🖉】→【🖳】。在 "Type" 栏中：选择 Y-Block，然后在图形界面上选择三棱柱块，如图 4.1-16 所示。

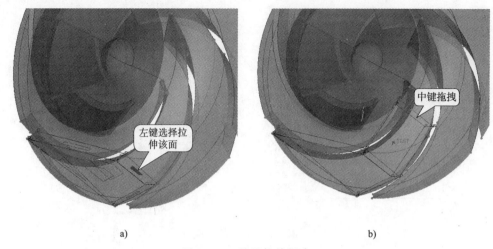

a)   b)

图 4.1-14　块的拉伸创建

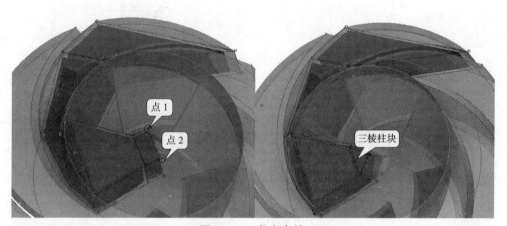

图 4.1-15　节点合并

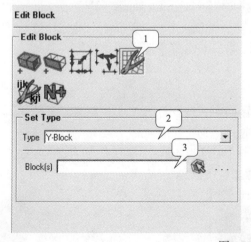

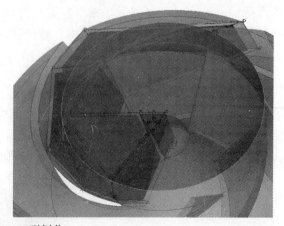

图 4.1-16　Y 型剖分

（5）其余点自动关联

在功能栏里选择【Blocking】→【🔲】→【🔲】，将拓扑块上节点自动映射到几何体上。

（6）周期节点定义

在功能栏里选择【Blocking】→【🔲】→【🔲】，将周期面上的所有点设置为周期点，如图 4.1-17 所示。

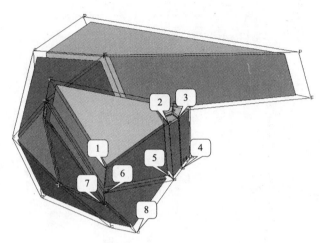

图 4.1-17　周期点设置

（7）周期面关联的删除

功能栏里选择【Blocking】→【🔲】→【🔲】，将块的周期面进行删除，删除面如图 4.1-18 所示。

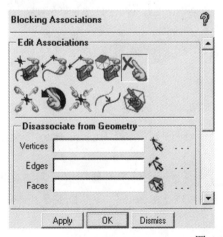
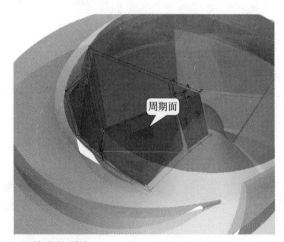

图 4.1-18　面关联的删除

（8）全局网格尺寸设置

选择工具栏【Mesh】→【🔲】，进行全局网格设置。设置"Max element"尺寸为 1，单击【OK】完成设置，如图 4.1-19 所示（根据图形具体尺寸而定，设置若是不合适，可重新设置）。

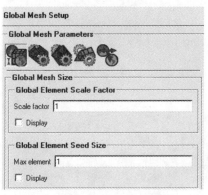

图 4.1-19　全局网格尺寸设置

（9）预网格的生成

功能栏里选择【Blocking】→【▦】，单击【Apply】。在树形目录上单击【Blocking】→【Pre-Mesh】，在弹出的对话框单击【Yes】，在图形界面上显示预网格图形，如图 4.1-20所示。

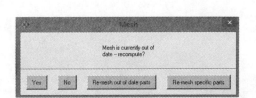

图 4.1-20　预网格的生成

（10）整体网格的生成

1）实体网格的生成。右键单击目录树上【Pre-Mesh】，选择【Convert to Unstrcut Mesh】。

2）网格周期阵列。在功能栏里选择【Edit Mesh】→【▦】。单击【▦】进行网格选取，按键盘字母"A"，选中网格。设置阵列个数为 5，勾选"Merge node"及"Delete duplicate elements"；"Angle"设置为 60°，如图 4.1-21 所示。

8. 网格输出

（1）功能栏里选择【Output】→【▦】，在【Output Solver】选择 ANSYS CFX；在【Common Structural Solver】选择【ANSYS】。

（2）功能栏里选择【Output】→【▦】，单击【Done】，完成网格输出。

图 4.1-21　网格周期阵列设置图

4.1.3　蜗壳网格划分

对于蜗壳的几何定义如前例所示。本例主要讲述对蜗壳结构网格拓扑的划分。

1.块的创建

在功能栏里选择【Blocking】→【  】，单击【Apply】。通过点和线的关联生成如图 4.1-22 所示块。

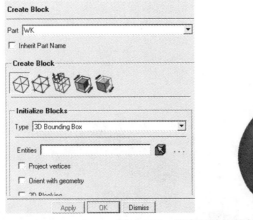

图 4.1-22　蜗壳初始块的创建

2.块的拉伸及剖切及点的合并

1）在功能栏里选择【Blocking】→【 】→【 】。在图形界面上左键选择块表面，中键拖拽进行拉伸创建一个新块。通过块的拉伸，创建整个流道的块结构，如图 4.1-23 所示。

2）将蜗壳出口圆柱段部分进行 O 形网格剖分；环形部分进行 C 形网格剖分，如图 4.1-24 所示。隔舌位置块放大图如图 4.1-25 所示。

3）隔舌位置块的操作。在功能栏里选择【Blocking】→【　】→【　】，将蜗壳隔舌处的点按图中箭头指向进行合并。形成如图 4.1-26 所示的拓扑结构。

3. 网格生成

按 4.1.3 节所演示的操作，将块上点、线与几何特征进行关联。设置全局网格尺寸，并调整节点位置。最终网格如图 4.1-27 所示。

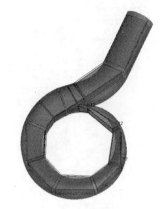

图 4-1-23　整个流道块的创建

图 4.1-24　块的剖分

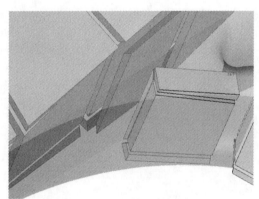

图 4.1-25　隔舌处块结构放大图

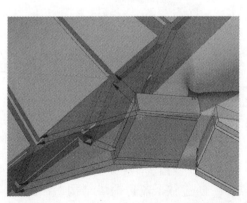

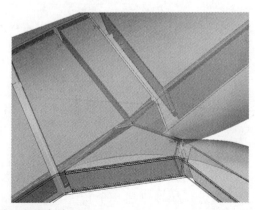

图 4.1-26　隔舌处点的合并

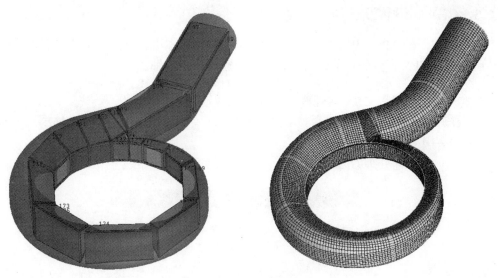

图 4.1-27 蜗壳网格生成

4.1.4 其他部件网格划分

进口段、口环及泵腔水体的网格拓扑结构主要运用 O 形网格的划分方法，如图 4.1-28 所示，读者可自行练习。

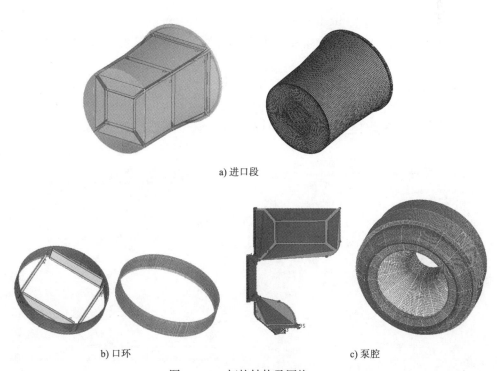

a) 进口段

b) 口环   c) 泵腔

图 4.1-28 拓扑结构及网格

4.1.5 CFX 的设置及计算

注意：前面的 3.2 节中已详细讲述了 CFX 设置，且本书主要是针对泵设置的。故本节以及后面提及 CFX 设置的章节，对于设置的描述不再很详细。

1. 将网格文件导入 CFX 前处理

1）打开 CFX 软件。在开始按钮中选择【所有程序】→【ANSYS14.5】→【Fluid Dynamics】→【CFX14.5】。

2）打开 CFX 前处理 CFX-Pre14.5，如图 4.1-29 所示，单击【CFX-Pre14.5】。

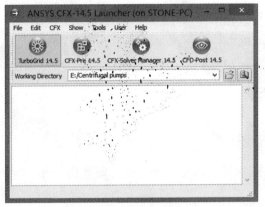

图 4.1-29 打开前处理

3）在菜单栏中选择【File】→【New Case】→【General】，单击【OK】。

4）单击【File】→【save case as】，选择保存路径，保存文件名为 "Centrifugal Pumps" 并保存。

5）右键单击树形栏的 Mesh，选择【Import Mesh】→【ICEM CFD】，如图 4-1-30 所示。打开导入网格对话框，注意 "Import Mesh" 对话框中，"Mesh Units" 选择 mm；单击【Open】，选择要导入的文件，如图 4.1-31 所示。

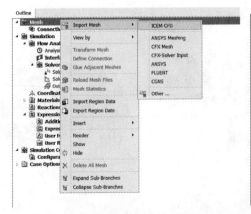

图 4.1-30 导入网格

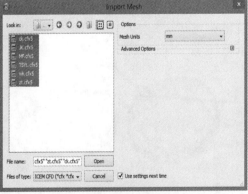

图 4.1-31 导入网格文件

2. 生成域

1）在任务栏中，单击【 ▤ Domain 】生成域。

2）指定名称。在弹出的域命名窗口输入域名"YL"，如图 4-1-32 所示，单击【OK】确定。

图 4.1-32　域名称

3）基本设定。设定常规选项中基本设定，"Location and Type>Location" 选择 YL（注意该位置是要选生成域的位置，名称不重要）；"Location and Type>Domain Type" 选择 Fluid Domain；"Fluid>Material" 选择 Water；在"Domain Motion"栏里设置为 Rotating；"Angular Velocity" 设置为 -2900[rev min^-1]（根据右手定则判断旋转方向，方向相同为正，反之为负），如图 4.1-33 所示。

4）流体模型。单击【Fluid Models】栏，"Turbulence" 选项设置湍流模型为 k-Epsilon，其他默认，如图 4.1-34 所示。

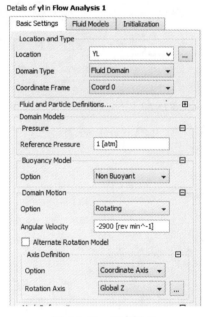

图 4.1-33　基本设置

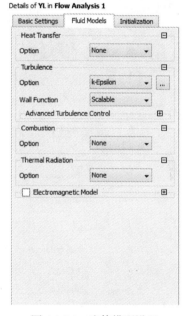

图 4.1-34　流体模型设置

5）其他水体也按照上述 1）～ 4）步骤设置，不同的是基本设置中的"Domain Motion" 设置为静止"Stationary"的，其他默认，如图 4.1-35 所示。

3. 进口边界条件设定

1）在任务栏中选择【 ▮▸ Boundary 】。

2）指定名称。在弹出的域命名窗口输入域名：inlet，单击【OK】，如图 4.1-36 所示。

3）基本设定。设定常规选项中基本设定，"边界类型"设置为 Inlet，位置是 INLET（注意这是选择流体的进口位置）。如图 4.1-37 所示。

4）边界详情。切换到"Boundary Details"标签，"Flow Regime"：Subsonic（亚声速）；"Mass and Momentum>Option"：Normal Speed；指定"Normal Speed"为 4.11[ms^-1]，该速度由流量和进口段直径得到，如图 4.1-38 所示。

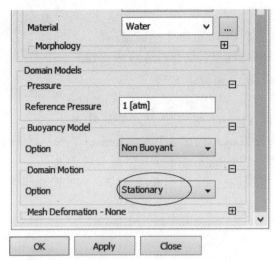

图 4.1-35　静止水体的设置

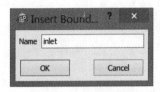

图 4.1-36　域命名

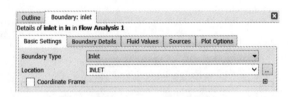

图 4.1-37　基本设置

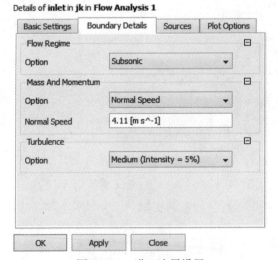

图 4.1-38　进口边界设置

4. 出口边界条件设定

1）在任务栏中选择【 ⊯▾ Boundary 】。

2）指定名称。在弹出的域命名窗口输入域名：outlet，单击【 OK 】，如图 4.1-39 所示。

3）基本设定。设定常规选项中基本设定，"边界类型"设置为 Outlet，位置是 OUTLET（注意这是选择流体的出口位置），如图 4.1-40 所示。

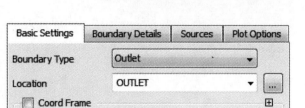

图 4.1-39 域命名　　　　　　　　　　图 4.1-40 基本信息

4）边界详情中"Flow Regime"选择 Subsonic（亚声速）；"Mass and Momentum> Option"选择 Static Pressure，而指定相对压力为 200000[Pa]，其他默认，单击【OK】，如图 4.1-41 所示。

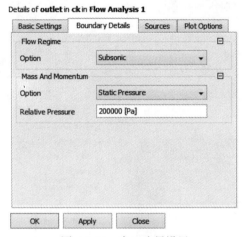

图 4.1-41 出口边界设置

5. 交界面设置

1）在任务栏中选择【 ▫ Interface 】。

2）指定名称。在弹出的域命名窗口输入域名：in_yl，单击【OK】，如图 4.1-42 所示。

3）基本设定。基本设置中，"Interface Type"：设置为 Fluid Fluid；交界面一边选择进口的出口，另一边选择叶轮的进口。"Interface Models"选择 General Connection；"Frame Change/Mixing Model"选择 Frozen Rotor；"Pitch Change"选择 Specified Pitch Angles；Pitch Angle 两边都是 360[degree]，如图 4.1-43 所示。其他栏均保持默认设置。

4）叶轮和泵腔的交界面按照上面的方法一样设置。而泵腔和蜗壳的交界面中与上面有些许差异，两者相对静止。如图 4.1-44 所示，"Frame Change/Mixing Model"修改为 None，其他默认。

6. 求解控制设置

1）在任务栏中选择【 ▫ Solver Control 】。

2）基本设定。"Advection Scheme"设定为 High Resolution；"Turbulence Numerics"设定为 First Order；"Convergence Control"中最小设置为 1，最大设置为 1000；时间步长控制选择自动步长"Timescale Control"为 Auto Timescale；"Residual Type"选择 RMS；

"Residual Target"设为 0.0001（这个精度基本符合工程计算要求），其他默认，单击【OK】，如图 4.1-45 所示。

图 4.1-42 域命名

图 4.1-43 基本设置

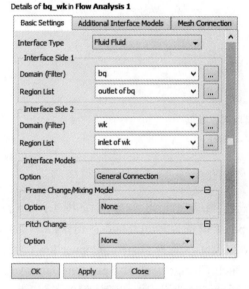

图 4.1-44 相对静止交界面设置基本信息

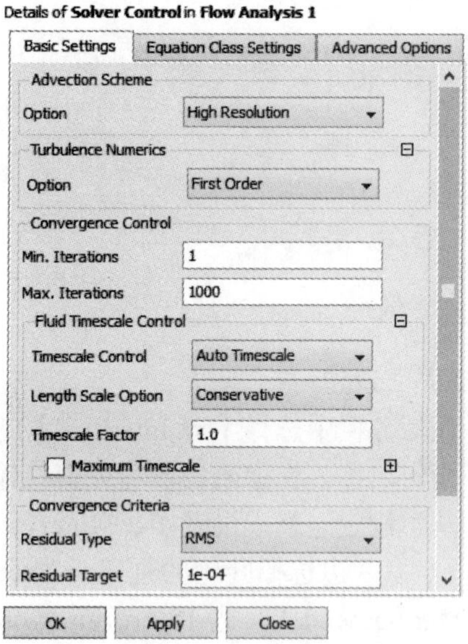

图 4.1-45 求解控制设置

7. 输出控制设置

1）在任务栏中选择【 🖩 Output Control】。

2）在"Monitor"下设置监测，勾选"Monitor Object"，单击🔲，输入名称为 pressure_in，进口采用方程来监测，设置进口压力方程为 massFlowAve(TotalPressure)@inlet；出口则命名为 pressure_out，监测方程为 massFlowAve(Total Pressure)@outlet；扬程命名为 h，监测方程为（outtp-inlettp)/1000[m^3 kg-1]/9.8[m s-2]，单击【OK】，如图 4.1-46 所示。

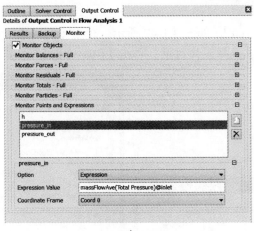

a）

b）

c）

图 4.1-46 输出控制设置

8.定义运行

1）单击【 ⚙ Define Run 】，如图 4.1-47 所示，单击【 Save 】。

2）在弹出的对话框中选择工作目录，单击【 Start Run 】，如图 4.1-48 所示。

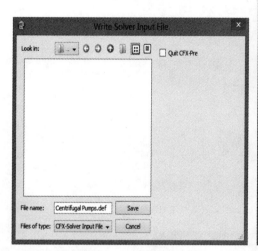

图 4.1-47　保存　　　　　　　　　　图 4.1-48　运行

4.1.6　查看残差收敛情况

在 CFX-Solver Manager 求解器上可以观察残差收敛曲线，如图 4.1-49 所示。

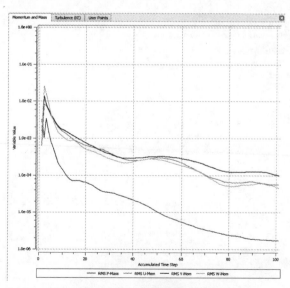

图 4.1-49　残差收敛曲线

4.1.7 非定常计算

当完成定常模拟计算后，把定常结果作为非定常的初始值，进行非定常模拟的设置。

1）打开 CFX 前处理器 CFX-Pre14.5，单击【CFX-Pre14.5】。

2）在菜单栏中选择【File】→【Open Case】，选择 Centrifugal Pumps.def 打开，如图 4.1-50 所示。

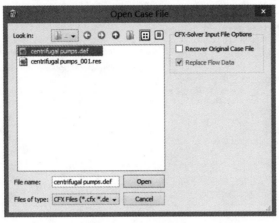

图 4.1-50　打开文件

3）在工具目录树上，双击目录树下【Simulation】→【Analysis Type】选项，打开基本设置（Basic Settings）。"Analysis Type>Option"设置为 Transient（瞬态）；设置非定常总时间 Total Time 为 0.124138[s]，该时间为叶轮装过 6 圈所用时间。"Time steps"时间步长设置为 1.724×10^{-4}s，即每一步时间步长叶轮转过 3°，如图 4.1-51 所示。

4）非定常动静交界面设置。与定常计算不同，非定常计算时"Frame Change/Mixing Model"项设置为 Transient Rotor Stator，其他设置不变，如图 4.1-52 所示。

图 4.1-51　非定常设置

图 4.1-52　非定常交界动静交接面设置

5）单击工具条上【 ◣ Solver Control 】选项，进行计算求解的设置。设置【 Max. Coeff.Loops 】为 20，单击【 OK 】完成设置，如图 4.1-53 所示。

6）在任务栏中选择【 ⬚ Output Control 】。在【 Trn Results 】选项卡下单击图标 □ 新建，在输出选项设置为 Every Timestep，如图 4.1-54 所示。

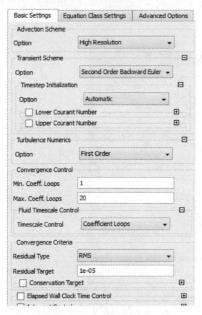

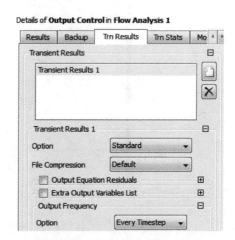

图 4.1-53　非定常求解设置　　　　　　　　　图 4.1-54　非定常结果输出设置

7）工具栏图标选择【 ⬚ 】，选择【 Rename 】。定义非定常文件名称为 Centrifugal pumps-unsteady，如图 4.1-55 所示。

8）单击【 ⊙ Define Run 】，将【 Initial Values Specification 】前的对话框进行勾选，选择定常计算计算结果文件作为初始值。单击【 Start Run 】进行计算，如图 4.1-56 所示。

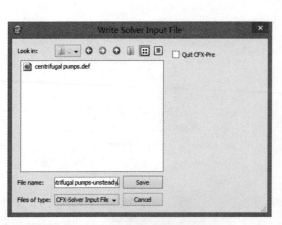

图 4.1-55　输出非定常设置文件　　　　　　　图 4.1-56　非定常运算设置

4.1.8 查看非定常残差收敛情况

在 CFX-Solver Manager 求解器上可以观察非定常计算残差收敛曲线，如图 4.1-57 所示。

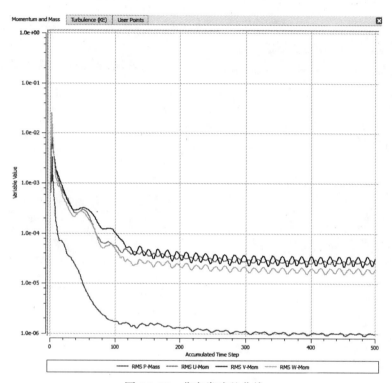

图 4.1-57 非定常残差曲线

4.1.9 后处理

1. 将结果文件导入 CFX-Post

在开始按钮中选择【所有程序】→【ANSYS14.5】→【Fluid Dynamics】→【CFX-Post14.5】，导入前面计算的结果文件。

2. 水泵外特性

1）在【Expressions】中可以看到各种监测方程，在前处理中设置的三个方程都可以在其中找到，如图 4.1-58 所示。

2）在【Calculators】中单击【Function Calcular】功能选择【torque】。位置选择叶轮水体，设置为 Z 轴，单击【Calculate】，读出叶轮水体对 Z 轴的转矩，如图 4.1-59 所示。

3. 模拟及试验结果对比

通过数值模拟，得到各个所需结果。利用结果数据绘制曲线，将定常结果、非定常时均化结果及试验数据进行对比，如图 4.1-60 所示。

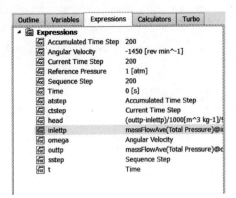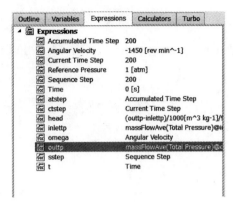

图 4.1-58　进出口总压

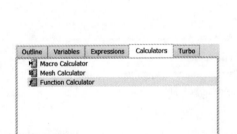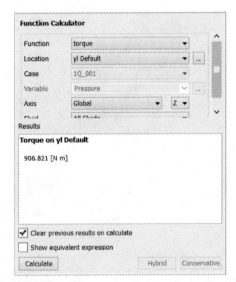

图 4.1-59　转矩

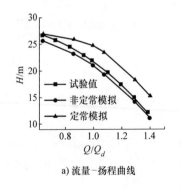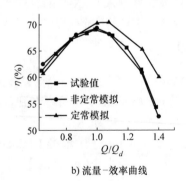

a) 流量-扬程曲线　　　　　　　b) 流量-效率曲线

图 4.1-60　模拟数据与试验数据对比

4. 创建平面

1）在几何图形上创建横截面。首先关闭几何图形的显示，勾掉 Wireframe 选项，如图

4.1-61 所示。

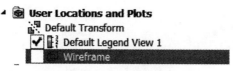

图 4.1-61 关闭几何图形显示

2）在任务栏中单击【Location】，选择【Plane】选项，并指定名称。默认为 Plane1，单击【OK】，如图 4.1-62 所示。

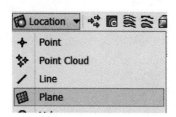
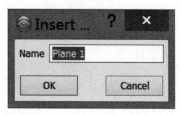

图 4.1-62 创建平面

3）在平面信息中，平面生成方法是【XY Plane】，Z 值为 0（mm），其他默认，单击【Apply】。在图形界面上生成平面，如图 4.1-63 所示。

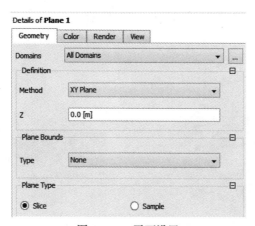

图 4.1-63 平面设置

5. 生成矢量图

1）单击任务栏中的【 矢量】按钮，并指定名称，默认为 Vector 1，单击【OK】，如图 4.1-64 所示。

2）矢量图几何设置。位置选择 Plane 1，"Sampling"选择 Vertex，其他默认，矢量图的详细信息如图 4.1-65 所示。

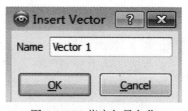

图 4.1-64 指定矢量名称

3）颜色设置。范围改成"Local"，其他默认，单击【OK】，如图 4.1-66 所示。

4）生成的矢量图如图 4.1-67 所示。

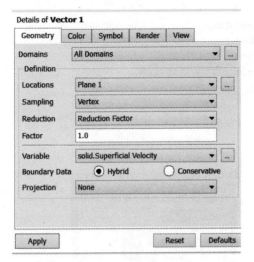

| 图 4.1-65 矢量图几何设置 | 图 4.1-66 颜色设置 |

6. 生成云图

1）单击任务栏中【 Contour 】，指定名称，命名为 Press，单击【OK】，如图 4.1-68 所示。

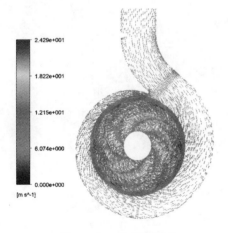

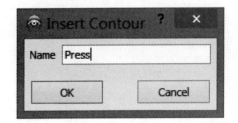

图 4.1-67 速度矢量图   图 4.1-68 云图命名

2）云图几何设置。位置设为 Plane 1，变量为 Pressure，范围是 Local，其他默认，单击【Apply】，如图 4.1-69 所示。

3）生成的压力云图如图 4.1-70 所示。

4）对于湍动能、速度、总压等云图，只要将上面的变量改变即可。如果想看其他表面的云图，则需要在 Location 中进行选择。

7. 非定常后处理

1）创建经过叶轮平面及压力云图，如图 4.1-71 所示。

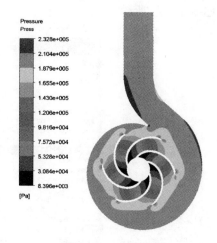

图 4.1-69　云图信息设置　　　　　　　　　图 4.1-70　压力云图

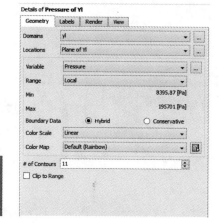

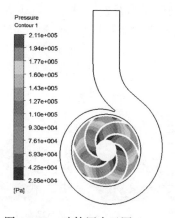

图 4.1-71　叶轮压力云图

2）单击工具栏【 🕐 】，进行非定常时间的选择。选择任意时刻，单击【Apply】，如图 4.1-72 所示。通过对比不同时刻，可以观察到叶轮中截面压力分布及转动位置都发生了变化，如图 4.1-73 所示。

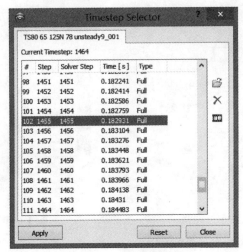

图 4.1-72　时间步选择框

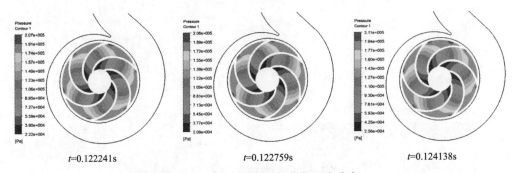

| $t=0.122241s$ | $t=0.122759s$ | $t=0.124138s$ |

图 4.1-73　不同时刻叶轮内部压力分布

3）同样可以对蜗壳内断面压力及速度分布进行观察，如图 4.1-74 所示。

4）此外，通过对内部监测点的压力进行监测，可以得出如图 4.1-75 所示压力脉动时域图，其中图 a 为蜗壳流道内监测点位置，图 b 为蜗壳内压力脉动时域图。

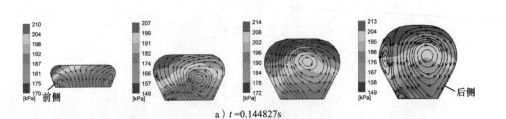

a）$t=0.144827s$

图 4.1-74　不同时刻蜗壳断面压力和速度分布

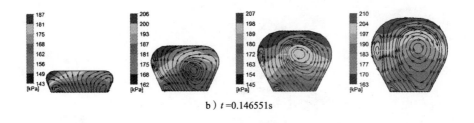

b) t =0.146551s

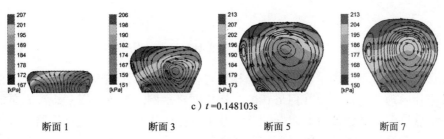

c) t =0.148103s

断面 1   断面 3   断面 5   断面 7

图 4.1-74 不同时刻蜗壳断面压力和速度分布（续）

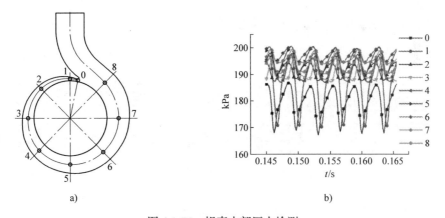

a)   b)

图 4.1-75 蜗壳内部压力检测

总之，通过非定常数值计算可以更深入了解蜗壳式离心泵的内部流动信息，读者可根据具体目标进行学习。

4.2 多级离心泵数值模拟

多级离心泵顾名思义是由两级及以上级数的叶轮导叶所组成的离心泵。为了对多级进行数值计算，并得到计算结果，需要对多级离心泵建模、网格划分、前处理、计算、后处理，最终得到相应的扬程、功率、效率、流场动态流线、压力云图、温度云图等，如图 4.2-1 所示。

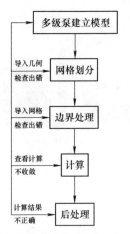

图 4.2-1　多级泵的数值计算过程流程图

前几章中已讲解了泵的叶轮导叶等结构的建模过程，以及以 ICEM 为代表网格划分软件的网格拓扑原理，以及简单几何形状的结构化网格示例。本章将以多级离心泵的数值计算为例，重点讲解低转速比离心泵叶轮，以及正反径向导叶的网格拓扑思路，多级离心泵的边界处理，求解器的设置，和后处理的过程。

4.2.1　多级泵的整体结构

多级泵的结构较复杂，图 4.2-2 所示为多级泵结构示意图，利于读者理解。

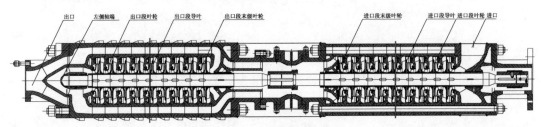

图 4.2-2　多级泵的结构图

4.2.2　叶轮网格划分

1. 打开 ICEM 软件

在开始按钮中选择【所有程序】→【ANSYS14.5】→【Meshing】→【ICEM CFD14.5】。

2 导入多级泵模型

1）在菜单栏中，选择【File】→【ImportGeometry】→【STEP/IGES】，弹出的对话框如图 4.2-3 所示。

2）选择对应的 stp/step/igs/iges 格式的几何文件，单击【打开】出现图 4.2-4 所示对话框。

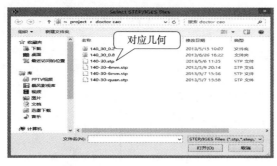

图 4.2-3 选择几何模型对话框

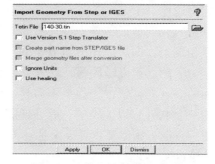

图 4.2-4 导入几何模型对话框

一切按照默认，单击【OK】，在接下来的对话框选择【yes】，就成功导入了几何模型，如图 4.2-5 所示的几何体显示。

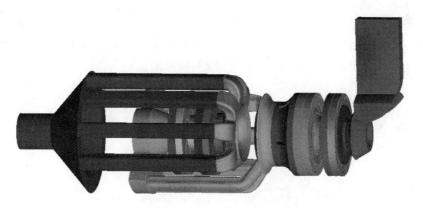

图 4.2-5 导入的几何模型

在本章中，用 ICEM 划分网格一般是对单个部件而言。因此，导入装配体的几何模型后，需要把多余的部件删除，操作如下。

3）按 Ctrl 键选择删除除叶轮几何以外的所有部件，如图 4.2-6 所示，单击右键，选择【Delete】→【Delete】，最后只剩下叶轮部件，如图 4.2-7 所示。

图 4.2-6 几何体装配需要删除 Part

图 4.2-7 叶轮 Part

3. 定义边界

成功导入几何体后，首先定义边界面，原则上尽量以后处理方便为准则，即后处理中如果要单独提取叶片工作面或背面的压力云图、温度云图等，就需要单独定义叶片的工作面或背面的 Part；同样的，如果不需要，则可以把工作面背面定义为一个 Part；以此类推，后处理需要单独提取哪个部件的云图等数据，则需要单独定义那一部分的 Part，图 4.2-8 所示为叶轮定义的 Part。

图 4.2-8　完全定义的叶轮 Part

本例中，当为了定义叶片的工作面的 Part 时，首先需要使几何体为面显示。

1）单击模型树下的【Geometry】→【Surfaces】，同时单击工具栏里的【 ![icon] 】图标，会出现如图 4.2-9 所示的叶轮表面。

2）然后，选择模型树的【Parts】，单击右键选择【Create Part】，弹出图 4.2-10 所示的对话框，在 Part 中输入 Part 的名称，如 "YL1-YP-GZM"（表示叶轮叶片的工作面，名字自定），同时单击【 ![icon] 】图标，会有如图 4.2-11 所示的界面。

图 4.2-9　显示面的叶轮几何模型

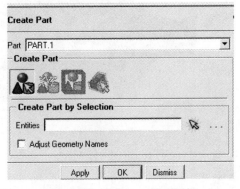

图 4.2-10　定义 Part 的对话框

3）单击左键选择工作面，需要旋转叶轮而又不至于导致选错时，可以按住 Ctrl，左键选择模型，单独按住左键可以继续选择工作面。

4）选完之后，单击中键确定，得到名称为 YL1-YP-GZM 的 Part，如图 4.2-12 所示。

图 4.2-11　定义 Part 界面

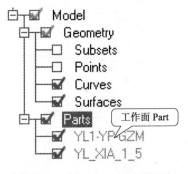

图 4.2-12　生成 Part 后的模型树

5）同理，按上述过程定义背面，叶片进出口，叶轮进出口 Part。

4. 建立拓扑

（1）检查几何体

在划分结构化网格之前，先检查导入的几何体。

1）单击工具栏中的【Geometry】→【 ▦ 】→【OK】，得到如图 4.2-13 所示几何体红线边。

检查完成后，红色代表两个相交的曲线（正确），黄色代表独立面的边界曲线（错误），蓝色代表两个以上面相交的曲线（错误），绿色代表孤立的曲线

图 4.2-13　检查完叶轮几何体后的界面

注：完成后，通过建立 Block 对几何体进行划分，有点类似中学生学习的投影。只是这里的投影并非垂直方向的投影，可能是各个方向（必须为正方向），原理在前几章中都有提到，这里就不再赘述，本章重点讲述 Block 的划分思路及操作方法。

2）首先要显示几何体的点、线，而不显示面，这样的设置有利于操作，如图 4.2-14 所示。

（2）建立 Block（块）

为叶轮划分块的思想是先划分一个流道的块，然后生成网格，最后旋转阵列网格，检查网格是否有错误，最后输出网格文件。

图 4.2-14　只显示点线的叶轮几何体

1）第一步，选择一个流道，建立周期辅助点，创建块。

选择【Blocking】→【 ▦ 】，弹出图 4.2-15 所示的对话框。Part 中改为建立块的名称 YL，选择【 ▦ 】，选流道内的任意两条空间曲线，建立一个名为【YL】的 Block，如图 4.2-16 所示。

图 4.2-15　创建 Block 对话框

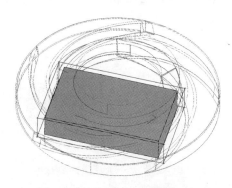

图 4.2-16　新建 Block 的界面

2）然后把块上的几个点关联到几何体上，单击【】弹出关联对话框，如图 4.2-17 所示，选择"Associate Vertex 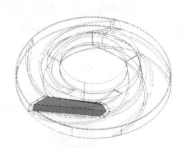"图标。在"Entity"下勾选"Point"，选择点到点的关联方式，将块的顶点关联到几何点上，如图 4.2-18 和图 4.2-19 所示。

图 4.2-17　点的关联

图 4.2-18　Block 关联几何体后界面 1

3）在现有 Block 的基础上通过拉伸面的方式，建立包含整个流道的完整 Block。功能栏里选择"Blocking"标签栏，"Create Body "→"Extrude Face（s）"，完成后如图 4.2-20 所示。

4）通过上面同样的方法，把新建的块关联到点上面，如图 4.2-21 所示。

图 4.2-19　Block 关联几何体后界面 2

该 Block 即为通过上述方法新建 Block

单击该红色方框，按中间拖鼠标

图 4.2-20　Block 关联几何体后界面 3

图 4.2-21　Block 关联几何体后界面 4

5）以此类推，通过块的拉伸，创建整个流道的块结构，并按上述步骤进行块上点的关联。创建 N 分之一个叶轮流道块，如图 4.2-22 所示。

6）整体部分的块关联好了以后，把需要 Y 剖分、O 剖分的部分选择剖分，相应的操作步骤在 4.1 节中已具体解释，这里展示剖分后的块如图 4.2-23 所示。

接近叶轮出口的 Y 剖分

接近叶轮进口的 Y 剖分

图 4.2-22　一个流道的 Block

图 4.2-23　关联好的 Block

7）关联点之后，需要把 Block 的边和几何体的边相互关联，选择【 】，如图 4.2-24 所示。

设置成功后，如图 4.2-25 所示。

图 4.2-24　关联选项

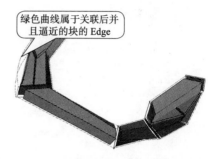

图 4.2-25　逼近几何体后的块

（3）对需要 Y，O 剖分的部分处理

通过上述步骤，把新建的块 Y 剖分，然后把剖分后的块关联到几何体上，点和点关联、线和线关联，面和面关联，通过这些操作，就实现了几何体的形状投影到块上，成为空间六面体网格，也就是我们通常所说的结构化网格。

在此，我们需要注意的是，上述方法讲述的是单个流道的划分方法，而我们需要的是整个叶轮水体的网格，在这里就需要把生成的网格圆周阵列。在阵列之前，生成网格时要把几何体相交处的网格的关联删除，否则相当于在叶轮水体多了一部分额外的水流面。

（4）对关联面的处理

删除周期面关联操作如下：

1）选择【Blocking】→【🔷】→【🖊】，得到如图 4.2-26 所示的对话框，按图中操作所示，出现图 4.2-27 所示的界面，选择交界面单击左键，单击中键确定。

图 4.2-26　删除关联面选项

图 4.2-27　删除关联面界面

完成以上操作后，需要预览网格，查看时候有明显的关联问题。操作如下：

2）选择【Mesh】→【🔳】→【🔳】，得到如图 4.2-28 所示的对话框。

这里要注意的是 Scale Fators 的值必须为 2 的 N 次方，而 Scale Fators 与 Max element 两者之积为最大网格尺寸。

3）设置好了网格尺寸后，设置预览网格，操作如下：选择【Blocking】→【🔳】→【🔳】→【OK】。

4）设置完成后，在模型树下，单击【Blocking】→【Pre-mesh】→【✓】→【yes】，

弹出图 4.2-29 所示的网格界面。

图 4.2-28　定义网格尺寸

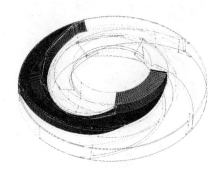

图 4.2-29　生成预览网格

5. 生成网格

1）检查后发现网格没有问题后，把预览网格转换成真实网格，操作为：单击模型树中
【Pre-mesh】→【右键】→【Convert to Unstruct Mesh】，出现如图 4.2-30 所示的网格。

2）把生成的网格圆周阵列后，就完成了叶轮水体结构化网格的划分过程。其操作如下：
选择【Edit Mesh】→【 🖲 】，出现如图 4.2-31 所示的对话框。

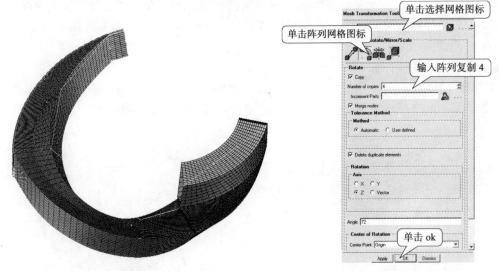

图 4.2-30　转换为非结构格式的网格

图 4.2-31　阵列网格的选项

需要注意的是，在上述的操作过程中，当选择网格图标后，会出现如图 4.2-32 所示的
选择条，一定要选择【 ✖ 】，生成网格如图 4.2-33 所示。

图 4.2-32　选项条

3）生成网格后，会出现负体积，点重复等相应问题，需要检查。选择【Edit Mesh】→
【 🖲 】→【Apply】，最后检查没有问题，就可以输出网格了。

4）选择【Output】→【■】，弹出如图 4.2-34 的对话框，操作如图所示。在弹出的对话框中，选择【Yes】→【Done】，最后完成叶轮结构化网格的划分与输出。

图 4.2-33　生成叶轮网格

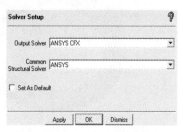

图 4.2-34　输出网格选项

上述过程的叶轮水体的结构化网格划分中的拓扑思路，仅仅是众多分块方法中的一种，这种方法的好处就是容易看懂分块思路，对于初学者更容易入手结构化网格。当然，它也有不足之处，就是不能很好地保证叶轮壁面的边界层层数大于十层，由于篇幅有限，不再赘述。

4.2.3　导叶网格划分

1. 导叶的几何体

对于多级泵，叶轮导叶是最核心的水力部件，导叶的结构化网格的划分，特别是对于正反径向导叶，如图 4.2-35 和图 4.2-36 所示。

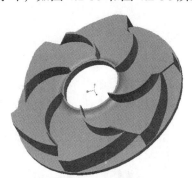

图 4.2-35　正导叶

图 4.2-36　反导叶

2. 导叶水体处理

可以通过把正反导叶水体（见图 4.2-37）切割成两部分来划分块。如图 4.2-38 所示，把正反导叶的水体分别切成两部分来划分结构化网格。

3. 导叶的 Part 定义

前部分已讲解了怎样定义叶轮 Part 这里不再展示操作过程，导叶 Part 如图 4.2-39 和图 4.2-40 所示。

图 4.2-37　导叶水体

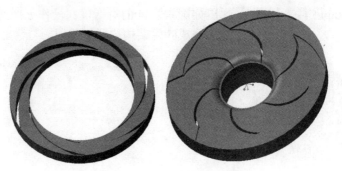

图 4.2-38　正反导叶水体

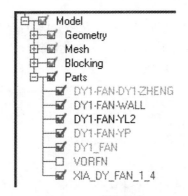

图 4.2-39　反导叶 Part

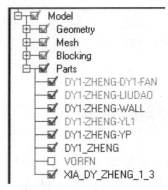

图 4.2-40　正导叶 Part

4. 导叶块的建立

在叶轮部分讲解了怎样建立块，在这里，需要强调的是导叶块的划分，正导叶的出口角如果过小的话，按照上一节中叶轮块的划分方法，在正导叶的出口位置，网格的质量会比较差，这里提供一种较好的改进方法，如图 4.2-41 所示，用上一节叶轮分块的思路划分的正导叶的块，而图 4.2-42 所示为改进后的正导叶的块的划分方法。明显可以看出，在进出口位置网格质量能够得到很好的改进。

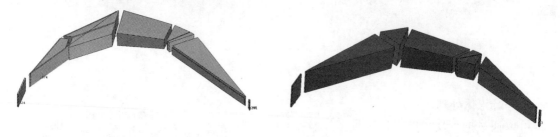

图 4.2-41　正导叶 Block1　　　　　　　　　图 4.2-42　正导叶 Block2

反导叶的块的划分比较常规，这里提供一种常规的分法，分块如图 4.2-43 所示。

5. 导叶网格的生成

导叶的网格同样按照上部分叶轮的操作，得到如图 4.2-44 和图 4.2-45 所示的正反导叶的网格。

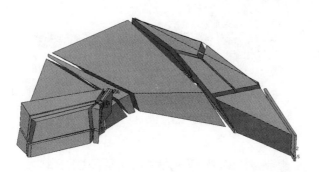

图 4.2-43 反导叶 Block

图 4.2-44 正导叶网格

图 4.2-45 反导叶网格

通过以上操作，对其他过流部件水体部分进行结构化网格的划分，得到整个流道的水体网格装配，在以上操作中，一定要注意的是网格划分结束后要检查是否有错误，如负体积、网格节点不相交、网格加密程度不够等问题。上述这些问题如果不能够一一处理好，会对计算的结果产生影响，甚至在计算之前就会在 CFX 中报错，这会影响整个数值计算的效率。

后面几级的叶轮和导叶也按上述同样步骤划分。

4.2.4 CFX 的前处理

完成整体网格的划分并检查没有错误后，就可以把 ICEM 中导出的 .cfx5 文件导入 CFX 中，可以进一步检查几何体网格的划分正确与否。方法如下：

1. 导入网格文件

1）选择【开始】→【所有程序】→【ANSYS 14.5】→【Fluid Dynamics】→【CFX14.5】，打开软件以后，首先定义工作目录，然后打开前处理组件，操作如图 4.2-46 所示。

2）打开前处理组件后选择新建文件，操作步骤如下：选择【 ▢ 】→【General】→【OK】→【OK】。

3）在新建文件后，需要把划分的网格导出文件 .cfx 导入前处理组件中，具体如下：

在窗口左侧的模型树下，选择【Mesh】→【Import Mesh】→【ICEM CFD】，会弹出如图 4.2-47 所示的对话框，在单位选项中建议使用默认选项 mm，网格输出文件 .cfx5 可以按住 Ctrl 键不放，一次选择所有文件，单击【Open】。

图 4.2-46　前处理选项

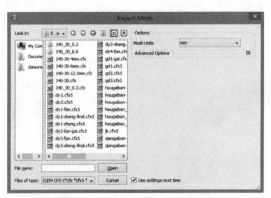

图 4.2-47　前处理选择对话框

4）全部导入网格后，网格的装配图如图 4.2-48 所示。

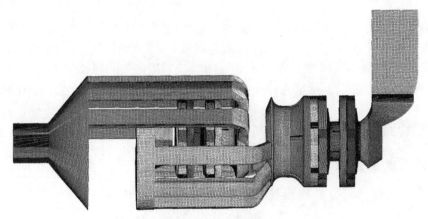

图 4.2-48　网格装配

2. 生成域

导入网格成功后，需要对输入的网格定义流动域和边界条件，操作如下。

1）定义流动域的操作为：选择【 ▦ 】，弹出如图 4.2-49 所示的窗口，输入流体域的名称，单击【OK】，弹出如图 4.2-50 所示的对话框。

2）在 Location 后的下拉选项中选择要定义的几

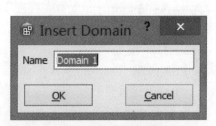

图 4.2-49　命名域窗口

何体，在 Domain 后选择流体域，在坐标系选项中选择默认，在流体介质中选择水，参考压强选择一个大气压，域是旋转的，选择速度按右手定则定义，并且定义选择轴；在湍流模型下的菜单里只需要选择 k-Epsilon 湍流模型，或其他需要选择的湍流模型，完成后单击【OK】。

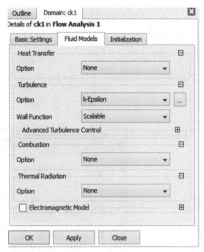

图 4.2-50　定义域对话框

3）按照类似的操作步骤，把所有的流体域都定义属性，叶轮水体定义为旋转流体域，导叶水体定义为静止（不旋转）的流体域，其他部件以此类推。

定义了流体域后，才能定义交界面，即流体域和流体域之间的交界面，这个交界面在实际中是不存在的，而是因画网格和定义流体域的需要，把流体域分成了各个区域，但在计算中，这些交界面是有数值传递误差的，通过定义交界面上网格节点的数值传递方式，可以尽量减小这种误差。

4）定义交界面的操作如下：选择【　】弹出图 4.2-51 所示的窗口，定义交界面的名称，单击【OK】。弹出如图 4.2-52 所示的对话框。

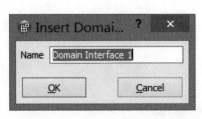

图 4.2-51　命名交界面窗口　　　　　图 4.2-52　定义交界面对话框

5）在交界面类型一栏中选择流体域与流体域的交接，在交界面的模型选择中，如果是动静或动动流体域的交接，需要选择【Frozen Rotor】→【Specified Pitch Angles】→【360（degree）】→【360（degree）】，而如果是静静流体域的交接，选项如图 4.2-52 所示。

按照上述方法定义完所有的交界面后，需要定义流体域的进出口及壁面属性。流体域的装配有总的进口（Inlet），即水流入多级泵的入口，同时也有总的出口（Outlet），即泵的出口。除此之外，还有流体与叶片、导叶以及泵壁接触的位置，这些都可以定义为 Wall，通过这些正确的定义，CFX 才能识别流体域中所包含的叶轮导叶的运动状况，从而计算出通过多级泵的流体流动状态。

6）定义壁面及进出口的操作为：选择对应流体域【 ☑ □ ck1 右键】→【Insert】→【Boundary】，这时会弹出如图 4.2-53 所示的窗口，输入流体边界的名称，单击【OK】，这时会弹出如图 4.2-54 所示的对话框。

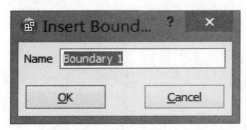

图 4.2-53　命名边界窗口

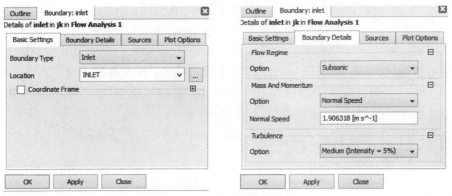

图 4.2-54　定义边界对话框

7）定义是边界类型，是进口，出口，或者壁面，相应选择【Inlet】,【Opening】,【Wall】。这里的出口之所以不选择"Outlet"，是因为真实的泵的出口会有回流的出现，特别是小流量的情况下，回流会更加明显。在这样的背景下，如果出口选择"Outlet"，就代表没有回流，这在泵的流动中是不符合实际情况的，因此我们选择"Opening"，表示回流的产生，这是符合流动规律的。

8）选择了进出口的边界类型，接下来选择边界位置，同时需要定义进口速度和出口的压强，其他选项选择默认，单击【OK】。

9）定义壁面边界条件，如图 4.2-55 所示，边界条件选 Wall，位置为下拉菜单中的选项，这里需要注意的是可以按 Ctrl 键同时选择多项。而壁面在这里设置的是无滑移的，壁面的表面粗糙度为 0.05mm。

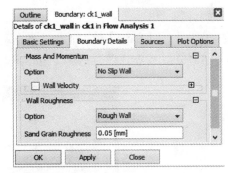

图 4.2-55　定义 Wall 对话框

　　需要说明的是，实例中的 0.05mm 是根据泵的铸造工艺来定义的。如果铸造工艺为精密铸造，可以选择 0.025mm，而一般的铸造，0.05mm 的表面粗糙度是可以接受的。

　　10）通过以上设置，把装配水体的流体域、交界面、边界条件定义以后，需要定义 CFX 计算的定义条件。

　　在模型数的中，选择【Solver】→【Solver Control】，弹出如图 4.2-56 的对话框。这里需要注意的是定义最大迭代步数一般为 1000 步以上，而收敛残差建议为 10^{-5}，甚至更小，只有这样才能保证计算的准确性。

　　11）定义了计算条件后，需要定义监测窗口的曲线意义，一般我们定义进口压强、出口压强以及扬程。

　　操作步骤为，选择【Output Control】→【Minitor】，会弹出图 4.2-56 所示的对话框，单击【　　】，在 Option 中选择 Expression，在表达式中输入 massFlowAve(Total Pressure)@inlet，表示监测进口处的平均质量流量的总压。

图 4.2-56　定义计算对话框

　　同理，定义出口监测为 massFlowAve(Total Pressure)@outlet，扬程定义为 (massFlowAve(Total Pressure)@outlet-massFlowAve(Total Pressure)@inlet)/g/1000（kg m^-3）。

上述定义完成后，需要定义输出前处理的设置过程。

3. 开始计算

选择【 】→【Save】，会弹出如图 4.2-57 所示的对话框，需要定义计算文件的目录，同时定义是否并行计算，然后选择【Start Run】。

图 4.2-57　开始计算对话框

4.2.5　计算

上述过程即为 CFX 前处理和开始计算的过程，接下来会弹出如图 4.2-58 所示计算窗口，最后求解器达到 10^{-5} 的收敛精度或者达到最大收敛步长，就会自动停止，同时在结果文件目录下会生成 .res 结果文件，下一部分我们将具体讲解怎样对结果文件进行后处理。

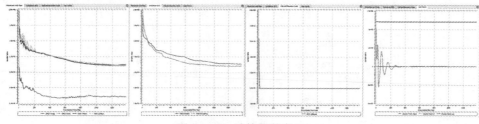

图 4.2-58　计算收敛窗口

4.2.6　CFX 的后处理

前面两部分讲了结构化几何体的结构化网格的划分和前处理，接下来将具体解释后处理的一些操作步骤。

1. 外特性结果提取

1）首先提取外特性结果，数值模拟的计算就是为了通过计算，而得到和实验相近的结果，一般我们经常会提取整泵转子部件的转矩、受力，分析其功率上是否是全远程叶轮、导叶，轴向力是否很好的平衡，通过对比不同方案的结果，验证方案的正确性。具体步骤为：选择模型树中的 Calculators，弹出对话框如图 4.2-59a 所示的窗口，单击"Function Calculator"，然后会弹出如图 4.2-59b 所示的对话框。从图中可以看出，窗口的下半部分分为下拉菜单选择栏和结果显示栏，最下面有两个可选部分，"Clear previous results on calculate"表示的是每次提取结果是否清除上次的结果，建议不勾选，"Show equivalent expression"表示的是显示提取结果的算术表达式，这样可以检查提取的结果是否是自己想要提取的结果。

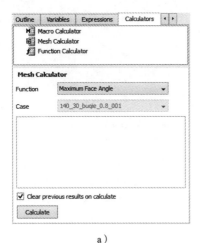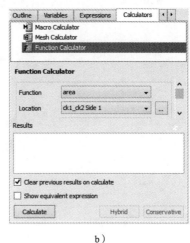

图 4.2-59 结果提取对话框

2）在提取结果的下拉菜单中，Function 表示提取结果的计算类型，而 Location 表示提取结果的位置，以及 variable 表示提取结果的类型。从下拉菜单来看，"massFlowAve"表示的是对面上做积分的平均值，适合提取面的结果，如进出口面的总压值；而"torque"表示的是提取转子部件旋转面上的转矩，通过计算可以得到叶轮的水力功率，对于轴向力，可以通过旋转"force"来提取。

3）对于本书中的多级泵，我们关心的是泵的扬程、功率以及效率，而提取叶轮的进出口压力及转矩就可以计算其扬程、功率以及效率。具体操作为：首先选择提取结果类型 massFlowAve，提取结果的位置 inlet，以及提取结果的类型 Total Pressure，其他默认，单击【Calculate】得到如图 4.2-60 所示的整泵进口总压的结果，同理，可得到出口总压的结果。

4）提取了整泵的叶轮进出口的总压后，如前章中介绍的可以计算出整泵在该工况点的扬程，但要计算其功率和效率，就需要提取叶轮的转矩。具体操作步骤为：首先选择提取结果类型"Fuunction Calculator>Function"：torque；提取结果的位置"Location"：yl1_wall；旋转轴选择为叶轮的旋转轴 Z，其他默认，单击【Calculate】得到如图 4.2-61 所示的第一级叶轮表面的转矩结果，同理，通过选择不同转子部件表面，可以得到不同的转矩，把所有转矩相加即得到整泵的总转矩，表 4.2-1 所示为不同转子部件需要提取转矩的面所代表的意义，这里的盖板水体面为盖板水体所包含叶轮盖板面。然后通过前章所提到的通过excel 表格，计算得到整泵的扬程、功率及效率。

5）上述过程是分析一种多级泵的叶轮导叶设计方案是否合理的基本验证方法。而整泵是否设计合理，不只要看叶轮导叶的扬程、功率以及效率，还有整泵转子部件的轴向力是否平衡，如果不平衡，轴向力是多少，选择承受轴向力零件的强度是否合理，这些问题都是影响一台多级离心泵安全运行的关键。

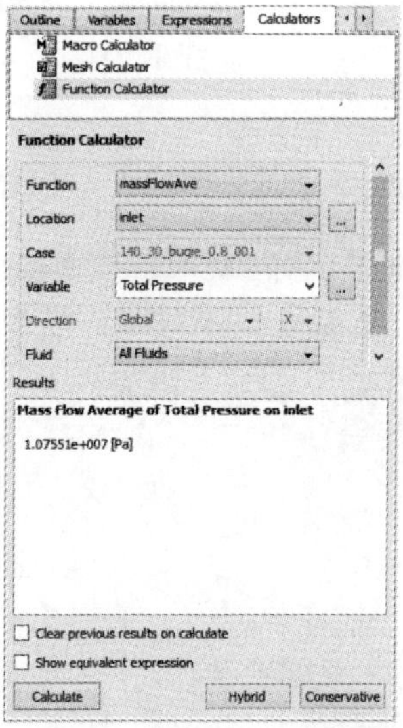

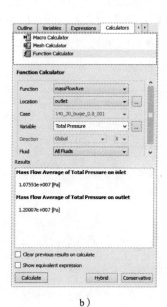

图 4.2-60　提取进口总压对话框

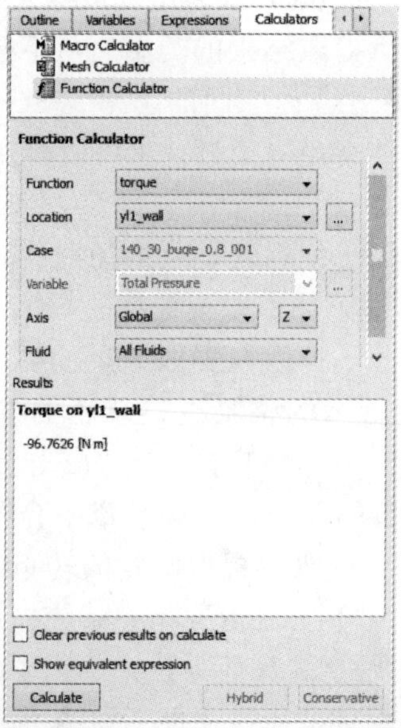

图 4.2-61　提取转子部件转矩对话框

表 4.2-1　提取转子部件扭矩的面

第一级叶轮水体	第二级叶轮水体	第三级叶轮水体	第四级叶轮水体
yl1_wall	yl2_wall	yl3_wall	yl4_wall
第一级前盖板水体	第二级前盖板水体	第三级前盖板水体	第四级前盖板水体
qiangaiban1_wall	qiangaiban2_wall	qiangaiban3_wall	qiangaiban4_wall
第一级后盖板水体	第二级后盖板水体	第三级后盖板水体	第四级后盖板水体
hougaiban1_wall	hougaiban2_wall	hougaiban3_wall	hougaiban4_wall

这里首先要讲的是轴向力的提取步骤，通过轴向力的提取，分析设计是否合理。

首先，选择提取结果类型：force；提取结果的位置选择：yl1_wall；旋转轴选择为叶轮的旋转轴 Z，其他默认，单击【Calculate】，从图 4.2-62 可以得到第一级叶轮轴向力的结果，再通过选择不同的位置，得到其他转子部件的轴向力，表 4.2-2 所示为不同转子部件需要提取轴向力的面所代表的意义。最后得到的结果证明本书的多级泵的背对背结构设计基本可以平衡叶轮上的轴向力的，尽管还有轴端轴向力没有平衡，但不是本书要讲的重点，这里就不再赘述。

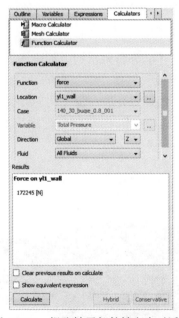

图 4.2-62　提取转子部件轴向力对话框

表 4.2-2　提取转子部件轴向力的面

第一级叶轮水体	第二级叶轮水体	第三级叶轮水体	第四级叶轮水体
yl1_wall	yl2_wall	yl3_wall	yl4_wall
第一级前盖板水体	第二级前盖板水体	第三级前盖板水体	第四级前盖板水体
qiangaiban1_wall	qiangaiban2_wall	qiangaiban3_wall	qiangaiban4_wall
第一级后盖板水体	第二级后盖板水体	第三级后盖板水体	第四级后盖板水体
hougaiban1_wall	hougaiban2_wall	hougaiban3_wall	hougaiban4_wall

6）上述过程需要注意的是，尽管提取叶轮转矩和轴向力的操作非常相似，但请读者不要混淆，这是两个概率。其次在提取的过程中，有的读者在三维建模中会选择 X 轴或 Y 轴为旋转轴，但在前处理和后处理中，很多时候软件默认的旋转轴为 Z 轴，那么不管是在前处理还是后处理中，读者都需要特别注意旋转轴的选取，这对于准确的计算以及准确计算后的正确后处理有很重要的意义。图 4.2-63 所示为后处理得到的性能曲线及设计参数的对照。

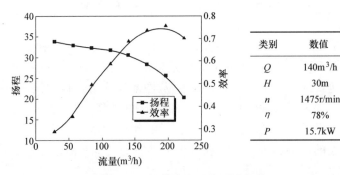

类别	数值
Q	140m³/h
H	30m
n	1475r/min
η	78%
P	15.7kW

图 4.2-63　性能曲线图及设计参数

2. 生成流线和动态追踪粒子

在实际的工程实践中，我们还会分析整泵的内部流场情况，通过分析内部流场的流线，选择使用虚拟的流体质点通过流线流过整个多级泵的动态图像，可以分析叶轮导叶的设计是否需要改进，以及其他过流部件是否有进一步优化的必要。具体步骤如下：

1）打开后处理组件，选择【 ▦ 】，出现后处理界面后，选择【 ▣ 】导入结果文件，后处理界面下的模型如图 4.2-64 所示。

图 4.2-64　后处理几何体

一般在计算后，首先要提取进出口压强、叶轮转矩等，从而计算出整个泵的单机及整机的扬程、功率、效率等结果，对比设计工况和真实实验值，从而判断数值模拟的正确与否。从外特性的判断，能够判定计算的正确与否，同时还可以通过其他方法来判断。

这里介绍通过需要来查看通过过流部件的流体的流线，查看流线可以看出流体的流态，查看空间流线的操作为：选择【 ▧ 】，弹出如图 4.2-65 所示的对话框，类型选择 3D 流线，区域选择所有区域，从进口开始，密度选择75，后面都选择默认，单击【Apply】，得到三维流线。

2）在得到流线之后，可以选择粒子通过流线流动的动态粒子生成，操作如下：选择【▥】，会弹出如图4.2-66所示的对话框，选择流线，单击【▶】，就得到了如图4.2-67所示的粒子沿流线流动的视图，同时可以在默认的目录下生成.wmv的视频文件。

图4.2-65 定义流线对话框

图4.2-66 定义动态追踪粒子对话框

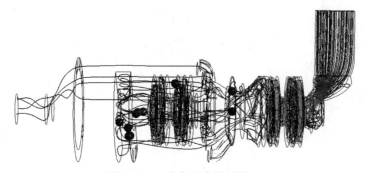

图4.2-67 动态追踪粒子界面

以上操作是对工程上检查模拟基本是否正确来讲的，但在实际中，我们还要对总压、静压、速度等梯度场进行分析，进一步得出模拟正确与否，以及通过这些结果对泵的性能进行优化分析。

3. 生成云图

1）选择【▣】，弹出如图4.2-68所示的定义名称的窗口，单击【OK】，然后会弹出如图4.2-69所示的对话框。

2）定义云图区域为需要提取云图的区域，这里选择叶轮水体的流体域，云图提取位置为叶轮水体

图4.2-68 命名云图窗口

表面，提取总压云图，单击【OK】，得到如图 4.2-70 所示的叶轮水体云图。

图 4.2-69　定义云图对话框

图 4.2-70　云图结果

3）提取静压、速度以及湍动能的步骤同上，即在 Variable 中选择相对应的静压、速度以及湍动能选项。三者云图如图 4.2-71 所示。

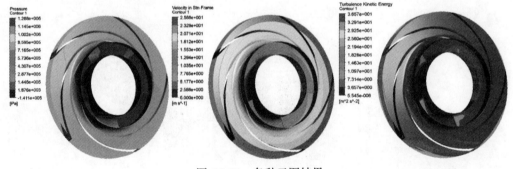

图 4.2-71　各种云图结果

本章介绍了多级泵的数值计算，包括几何体的网格的划分、前处理、计算、后处理。在本章中，由于篇幅有限，不能详述，读者可以通过书后联系方式与作者联系，进一步探讨更好的数值计算的方法。

4.3　污水泵固液两相流数值模拟

本章节采用之前所画的双叶片泵来进行两相流的计算。在污水泵中，两相流就是指固态和液态，两相流的计算即通过模拟获得泵内固体颗粒在液体中的分布，以便能对水力部件进行研究和改进。

4.3.1 网格划分

本例中的水体都采用非结构化网格，网格划分的步骤按上面小节的方法进行，故此处不再赘述。

4.3.2 边界条件

1. 将网格文件导入 CFX 前处理

1）打开 CFX 软件。在开始按钮中选择【所有程序】→【ANSYS14.5】→【Fluid Dynamics】→【CFX14.5】。

2）打开 CFX 前处理 CFX-Pre14.5，如图 4-3-1 所示。"Working Directory" 工作目录注意不要包含中文路径，单击【CFX-Pre14.5】。

图 4.3-1　打开前处理

3）在菜单栏中选择【File】→【New Case】→【General】，单击【OK】。

4）右键单击 Mesh，【Import Mesh】→【ICEM CFD】，选择网格文件，注意 "Import Mesh" 对话框中，"Mesh Units" 选择 mm；单击【open】，如图 4.3-2 所示。

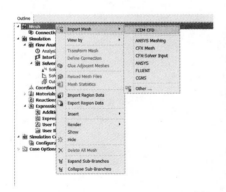 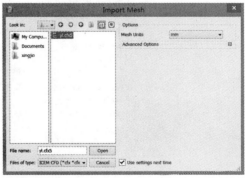

图 4.3-2　导入网格

2. 域前设定

在任务栏中，单击 "Material ⚒"，指定名称，"Name" 输入 sand，单击【OK】，如图 4.3-3 所示。

1）双击打开 "sand"，在基本设定 "Basic Settings" 对话框中，"Option" 选择 Pure Substance；"Material Group" 选择 User；勾选 "Thermodynamic State"，在 "Thermodynamic State" 中选择 Solid，如图 4.3-4 所示。

2）物质属性设定。热力学属性中指定"Molar Mass"为 92.14[kg kmol^-1]；"Density"指定为 2300[kg m^-3]；勾选"Specific Heat Capacity"，并指定为 0；勾选"Reference State"，"Reference State >Option"选择 Specified Point；勾选"Dynamic Viscosity"并指定为 0，其他默认，单击【OK】，如图 4.3-5 所示。

图 4.3-3　域命名

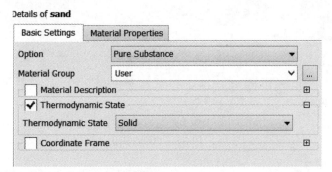

图 4.3-4　基本设定

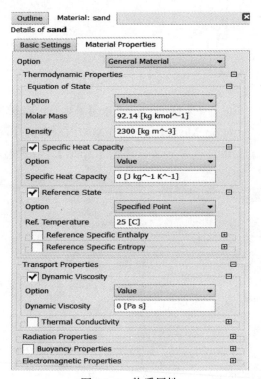

图 4.3-5　物质属性

3. 生成域

1）在任务栏中，单击【Domain ⬚】生成域。

2）指定名称。在弹出的域命名窗口输入域名 in，单击【OK】，如图 4.3-6 所示。

3）常规选项。设定常规选项中基本设定，位置选择 Assembly（注意该位置是要选生成域的位置，名称不重要），域类型选择 Fluid Domain 选项，如图 4.3-7 所示。

图 4.3-6 域命名

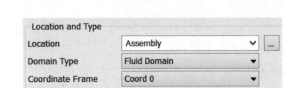

图 4.3-7 定位和类型

4）流体和固体定义。选定物质 solid，"Material" 选择之前定义的 "sand"，修改 "Morphology" 类型为 Dispersed Solid，设定 "Mean Diameter" 值为 0.1mm，"Reference Pressure" 是 1[atm]，其他默认，如图 4.3-8 所示。

5）选定物质 Water，"Material" 选择 "water"，"Morphology" 类型为 Continuous Fluid，"Reference Pressure" 是 1[atm]，其他默认，如图 4.3-9 所示。

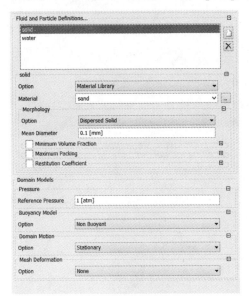

图 4.3-8 固体信息

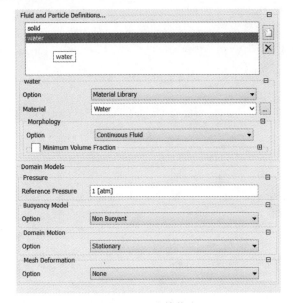

图 4.3-9 流体信息

6）流动模型 "Fluid Models" 中，勾选 Homogeneous Model，选择 SST 模型，其他默认，如图 4.3-10 所示。

7）"Fluid Pair Models" 选择 Gidaspow，其他默认，单击【OK】，如图 4.3-11 所示。（注：未说明的地方都是默认。）

8）将蜗壳水体和出口水体按照和进口水体一样的方法进行域定义，而对于叶轮水体，在 4）和 5）的步骤中有些许不同。图 4.3-12 中，固体信息中 Domain Motion 修改为 Rotating，根据右手法则，Angular Velocity 为 -1450[rev min^-1]。Axis Definition 选择旋转轴是 Z 轴。其他默认。同样从图 4.3-13 中可以看出液体信息的改动和固体的一样。

4. 设定进口边界条件

1）在任务栏中单击【 Boundary 】。

2）指定名称。在弹出的边界条件窗口输入边界名称 inlet，单击【OK】，如图 4.3-14 所示。

3）基本设定。设定常规选项中基本设定，边界类型设置为 Inlet，位置是 INLET（注意这是选择流体的进口位置），如图 4.3-15 所示。

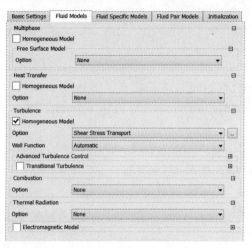

图 4.3-10　流动模型

图 4.3-11　流动双模型

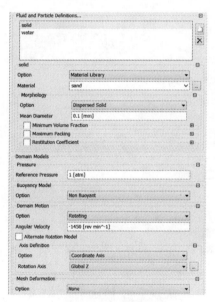

图 4.3-12　叶轮域中固体信息

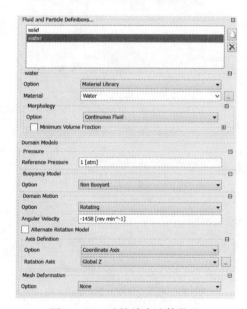

图 4.3-13　叶轮域中液体信息

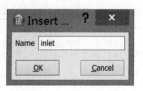

图 4.3-14　边界命名

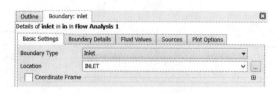

图 4.3-15　基本设置

4）边界信息中，"Mass and Momentum"选择：Normal Speed，而指定 Normal Speed 为 3.743[ms^-1]，该速度是由流量和叶轮进口直径得到，如图 4.3-16 所示。

5）流动数值中，固体的体积分数是 0.1 而液体的是 0.9，如图 4.3-17 所示，其他默认。

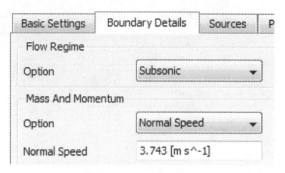

图 4.3-16　进口速度

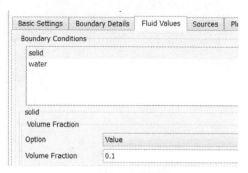

图 4.3-17　固体和液体的体积分数

5. 设定出口边界条件

1）在任务栏中单击【 ⊪▾ Boundary 】。

2）指定名称。在弹出的边界条件窗口输入边界名 outlet，单击【 OK 】，如图 4.3-18 所示。

3）基本设定。设定常规选项中基本设定，边界类型设置为 Outlet，位置是 OUTLET（注意这是选择流体的出口位置），如图 4.3-19 所示。

4）边界信息中，"Mass and Momentum" 选择 Average Static Pressure，而指定相对压力为 0[pa]，其他默认，单击【 OK 】，如图 4.3-20 所示。

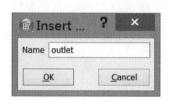

图 4.3-18　边界命名

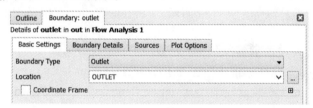

图 4.3-19　基本设定

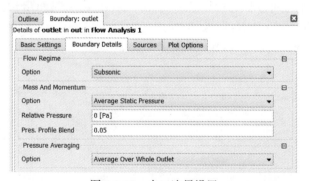

图 4.3-20　出口边界设置

6. 交界面设置

1）在任务栏中单击【 ▨ Iterface 】。

2）指定名称。在弹出的交界面命名窗口输入交界面名 in_yl，单击【 OK 】，如图 4.3-21 所示。

3）基本设定。交界面类型为 Fluid Fluid，交界面一边选择进口的出口，另一边选择叶轮的进口。交界面模型是 "General Connection"; "Frame Change/Mixing Model" 选择 Frozen Rotor; "Pitch Change" 选择 Specified Pitch Angles; "Pitch Angle" 两栏都是 360[degree], 如图 4.3-22 所示。

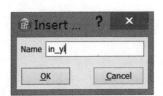

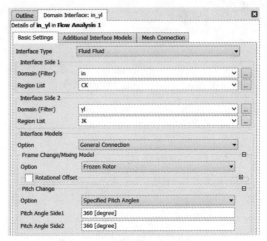

图 4.3-21 交界面命名   图 4.3-22 基本设定

4）叶轮和蜗壳的交界面按照上面的方法一样设置。而蜗壳和出口的交界面中与上面有些许差异。如图 4.3-23 所示, "Frame Change/Mixing Model" 修改为 None, 其他默认。

7. 设定求解控制

1）在任务栏中单击【 ◣ Solver Control 】。

2）基本设定。"Advection Scheme" 设定为 High Resolution; "Turbulence Numerics" 设定为 First Order（可以根据精度的要求自己设置）; "Convergence Control" 中最小设置为 1, 最大设置为 200（本例中为了较快获得结果设置的较小, 实际中一般要 2000 左右）。时间步长控制选择物理时间步长（可以选择自动步长）; 物理时间步长为 0.006589[s]（推荐物理步长为 $1/\omega$）; "Residual Type" 选择 RMS; "Residual Target" 设为 0.0001（这个精度基本符合要求）, 其他默认, 单击【OK】, 如图 4.3-24 所示。

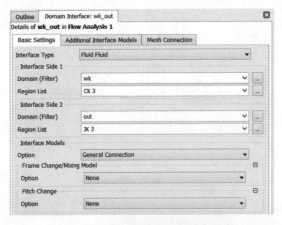

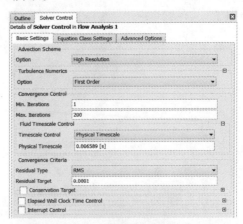

图 4.3-23 静止部件交界面基本设定   图 4.3-24 求解控制设置

8. 设定输出控制

1）在任务栏中单击【 Output Control 】。

2）在监测设置中，单击右侧的新建，然后命名进口为 pressure_in，进口采用方程来监测，设置进口压力方程 massFlowAve(Total Pressure)@inlet，而出口则命名为 pressure_out，使用的监测方程为 massFlowAve(Total Pressure)@outlet，扬程则命名为 h，采用的监测方程为 (outtp-inlettp)/1000[m^3kg-1]/9.8[m/s^{-2}]，单击【 OK 】，如图 4.3-25 所示。

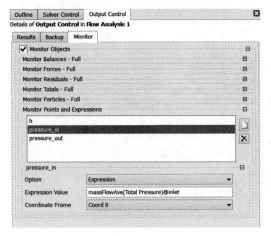
a）

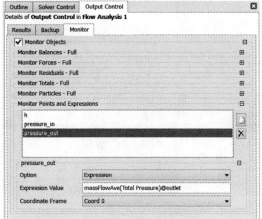
b）

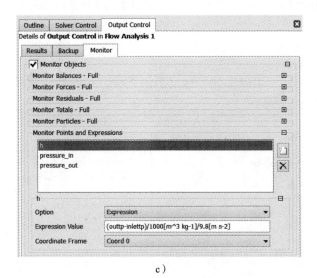
c）

图 4.3-25 输出控制

9. 定义运行

1）单击【 Define Run 】，如图 4.3-26 所示，单击【 Save 】。

2）在弹出的对话框中，选择工作目录，单击【 Start Run 】，如图 4.3-27 所示。前处理到此结束。

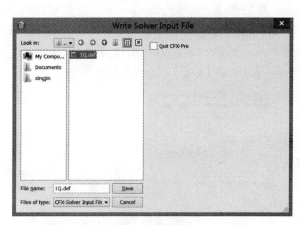

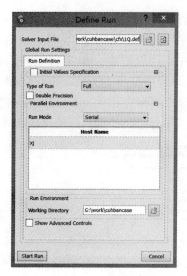

图 4.3-26　保存　　　　　　　　　　　　　　　图 4.3-27　运行

4.3.3　后处理

1. 将结果文件导入 CFX-Post

在开始按钮中选择【所有程序 】→【 ANSYS14.5 】→【 Fluid Dynamics 】→【 CFX-Post14.5 】,
导入结果文件。

2. 水泵外特性

1）在"Expressions",可以看到各种检测的方程,在前处理中设置的三个方程都可以
在其中找到,如图 4.3-28 所示。

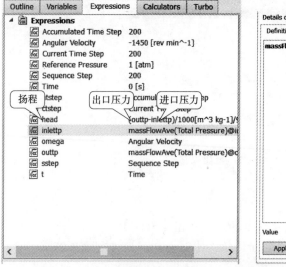

图 4.3-28　方程式监测值

2）在 Calculators 中，单击 Function Calculator，功能选择 torque，位置是叶轮水体，选择 Z 轴，单击【Calculate】，如图 4.3-29 所示。

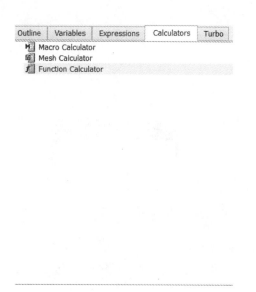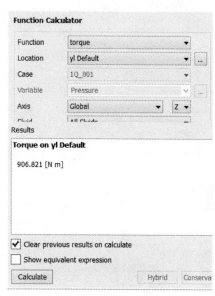

图 4.3-29　转矩

3. 创建平面

1）在几何图形上创建横截面。首先关闭几何图形的显示，勾掉 Wireframe 选项，如图 4.3-30 所示。

2）在任务栏中单击 Location，选择 Plane 选项，并指定名称，默认为 Plane1，单击【OK】，如图 4.3-31 所示。

图 4.3-30　关闭几何图形显示　　　　图 4.3-31　创建平面

3）在平面信息中，平面生成方法是 XY Plane，Z 值为 150[mm]，其他默认，单击【Apply】，如图 4.3-32 所示。

4. 生成矢量图

1）单击任务栏中的【 矢量】按钮，并指定名称，默认为 Vector 1，单击【OK】，如图 4.3-33 所示。

2）矢量图几何设置。矢量图的详细信息如图 4.3-34 所示，位置选择 Plane 1，"Sampling"选择 Vertex，变量为 solid.Superficial Velocity（可以根据自己的需要选择），其他默认，如图 4.3-34 所示。

3）颜色设置。范围改成 Local，其他默认，单击【OK】，如图 4.3-35 所示。

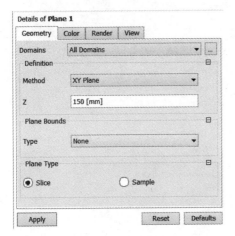

图 4.3-32 平面设置

图 4.3-33 指定矢量名称

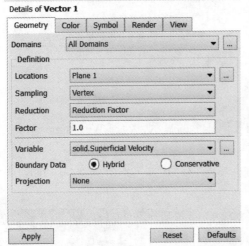

图 4.3-34 矢量图几何设置

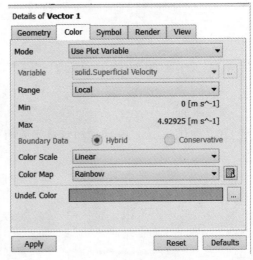

图 4.3-35 颜色设置

4）生成的矢量图如图 4.3-36 所示。

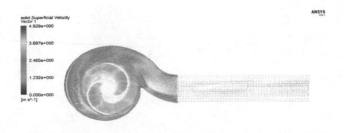

图 4.3-36 速度矢量图

5. 生成云图

1）单击任务栏中【 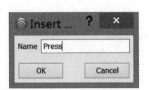 Contour 】，指定名称，命名为 Press，单击【OK】，如图 4.3-37 所示。

2）云图几何设置。位置设为 Plane 1，变量为 Pressure，范围是 Local，其他默认，单击【Apply】，如图 4.3-38 所示。

图 4.3-37　云图命名

图 4.3-38　云图信息设置

3）生成的压力云图如图 4.3-39 所示。

4）若要生成颗粒体积分数云图，按照 1）~ 3）中的步骤，将 1）中的名称改为 "Particle"，在云图几何设置中，位置选择 Plane 1（在位置下拉菜单中可以选择网格文件中设置的各种面），将变量改为 solid.Volume Fraction（在变量的下拉菜单中有几乎所有需要用到的变量），范围改为 Local，其他的默认，单击【Apply】，如图 4.3-40 所示。

图 4.3-39　压力云图

图 4.3-40　云图信息

5）生成颗粒体积分数云图，如图 4-3-41 所示。

图 4.3-41　颗粒体积分数云图

6）对于湍动能、表观速度、总压等云图，只要将上面的变量改变就可。如果想看其他表面的云图，就需要在 Location 中进行选择。

6. 流线图

1）单击任务栏中的【 ≋ Streamline 】按钮，并指定名称，默认为 Streamline 1，单击【 OK 】，如图 4.3-42 所示。

2）流线的几何设置。类型选择 3D Streamline，域选择全部域，开始位置为前处理中设置的 inlet，"Sampling"选择 Equally Spaced（下拉菜单中还有其他选择），点数输入100，变量为 solid.Superficial Velocity，其他默认，单击【 Apply 】，如图 4.3-43 所示。

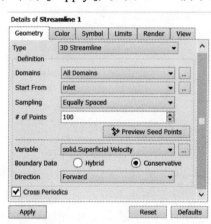

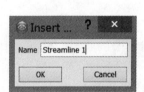

图 4.3-42　指定流线名称

图 4.3-43　流线设置

3）生成的流线图如图 4.3-44 所示。

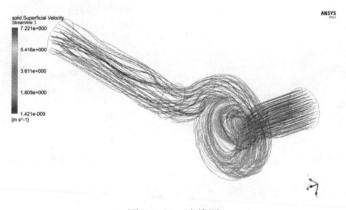

图 4.3-44　流线图

4.4　混流泵数值模拟

先在 UG 中装配好混流泵三维图水体图，将 UG 中的三维图导出，保存成 stp 格式，命名"zhuangpei.stp"，如图 4.4-1 所示。然后将".stp"导入 ICEM 中进行部件的结构化网格和非结构化网格划分，其次导入 CFX 中进行前处理、计算求解和后处理。

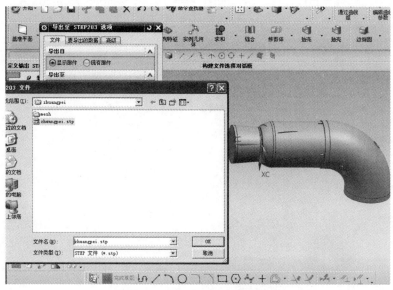

图 4.4-1　UG 中三维水体的导出

4.4.1　创建各部件几何体

1）双击 ICEM CFD 图标，打开 ICEM CFD 页面。在菜单栏中，选择【File】→【Charge Working Dir...】，弹出"浏览文件夹"对话框，选择网格文件所要保存的地方。选择【File】→【Import Geometry】→【STEP/IGES】，弹出"Select STEP/IGES files"对话框，导入"zhuangpei.stp"文件，如图 4.4-2a 所示。导入情况如图 4.4-2b 所示。

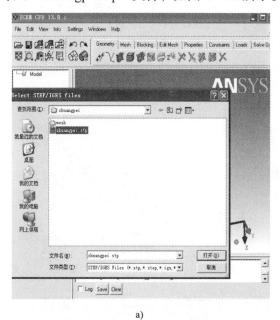

a）

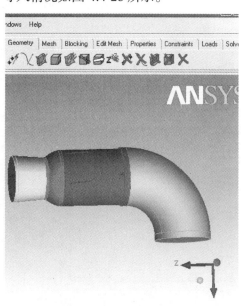

b）

图 4.4-2　整体水体部件的导入

2）在图形窗口的左侧，单击“Parts”项。在下拉列表中，只勾选进口段，如图 4.4-3 所示。在菜单栏中，选择【File】→【Geometry】→【Save Visible Geometry As...】，选择进口段部件保存的文件夹，本例中保存在“mesh>jk”文件中。

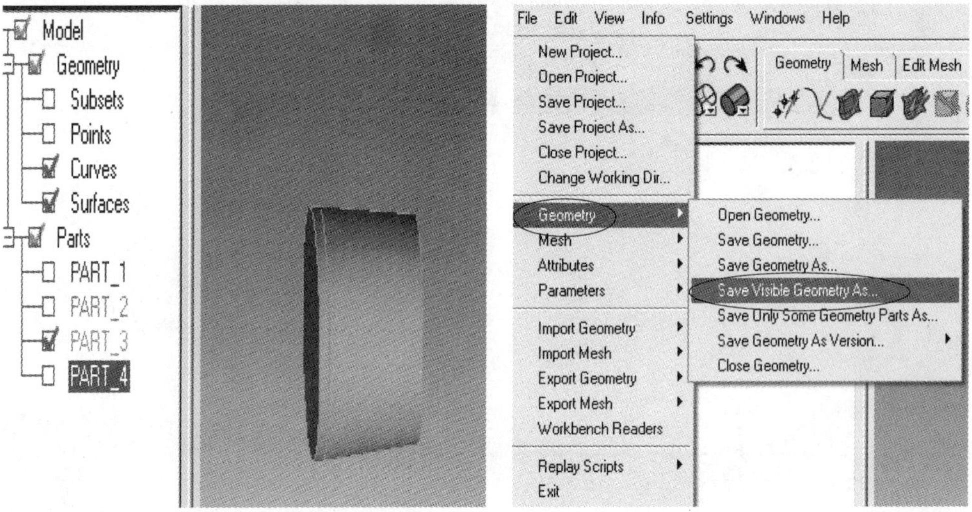

a）　　b）

图 4.4-3　保存进口段

3）其他部件的保存如步骤 2）所示。完成各部件几何体的创建保存。

4.4.2　进口段结构化网格划分

1）打开 ICEM CFD 软件。设定工作目录，选择【File】→【Change Working Dir】，选择文件存储路径。在菜单栏中，选择【File】→【Geometry】→【Open Geometry】或单击“ ”图标，如图 4.4-4 所示，打开混流泵进口水体“jk.tin”文件，导入进口水体部件。

2）右键单击模型树 Model→Parts，选择“Create Part”，弹出“Create Part”对话框。在“Create Part”对话框中，“Part”栏填写：inlet（表示流体进入，名称可自定）；单击“Entities”的“Select entities ”选择进口水体部件的入口，创建“INLET”部件，如图 4.4-5 所示。

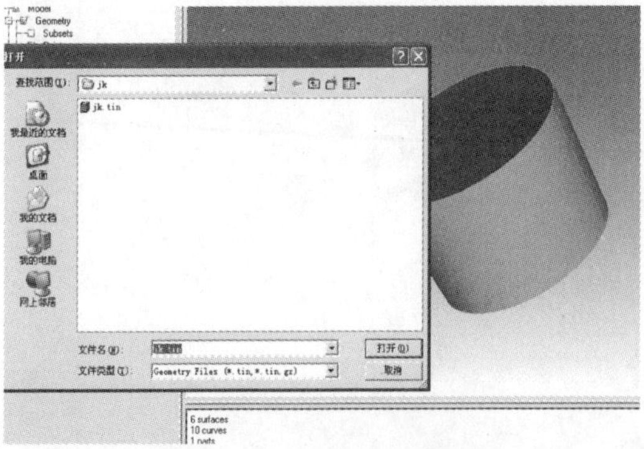

图 4.4-4　进口水体部件的导入

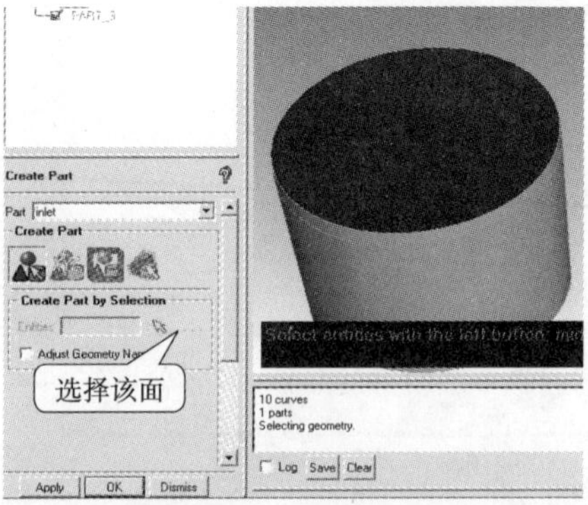

图 4.4-5　“Part”的创建

3）按步骤 2）创建部件"OUTLET""WALL"。

"OUTLET"为进口段水体的出口，"WALL"为进口段水体的圆周面。所有的这些名称按自己的情况定义，不过最好要方便后面的处理辨识。

4）整体块的创建。工具栏上，选择"Blocking"项，单击"Create Block <img_1>"图标，打开"Create Block"对话框。"Part"栏填写"FLUID"，其他项默认不变，单击【Apply】，如图 4.4-6 所示。

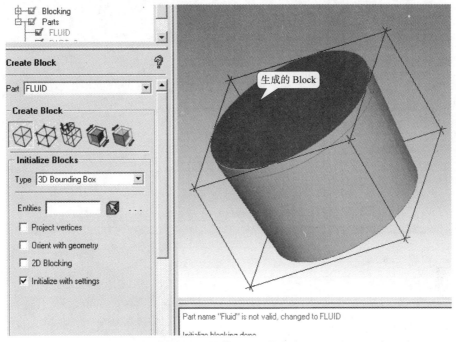

图 4.4-6　整体 Block 的生成

5）映射。工具栏上，"Blocking"项，单击"Associate"图标，打开"Blocking Associations"对话框。选择"Associate Edge to Curve"图标，打开"Associate Edge→Curve"框。单击"Edge（s）"栏的"Select edge（s）"图标，选择 Block 上的四条曲线，单击中键确定，如图 4.4-7a 所示；单击"Curve"栏的"Select curve（s）"，选择与之相对应的部件上的曲线，如图 4.4-7b 所示；勾选"Project vertices"。单击【Apply】，生成如图 4.4-7c 所示。另外四条 Block 的曲线 edges 映射到 curves 的操作步骤如 3）所示。

最终映射如图 4.4-7d 所示，此处为显示清楚而将部件透明化"Transparent"。

6）O-Block 的生成。在工具条中，单击"Blocking"，选择"Split Block"图标，打开"Split Block"对话框。选择"Ogrid Block"，打开"Ogrid Block"。"Select Block（s）"项中，单击"Select block（s）"，选择整个 Block，单击中键确定。"Select Face（s）"项，单击"Select surface（s）"，选择进出口面，如图 4.4-8a 所示；下拉"Offset"栏：0.5，单击【Apply】。结果如图 4.4-8b 所示。

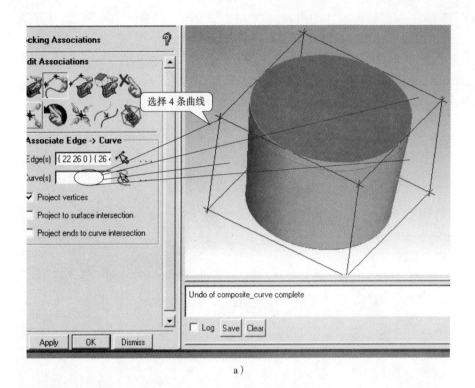

a）

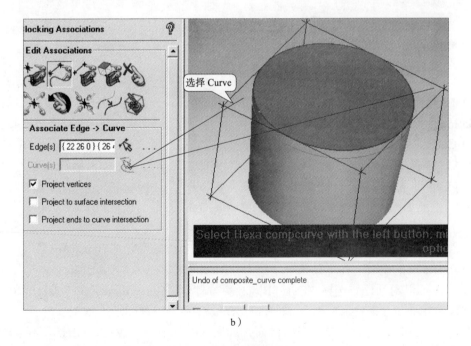

b）

图 4.4-7 Block 的整体映射

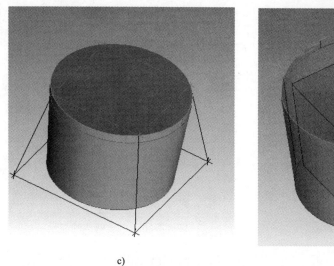

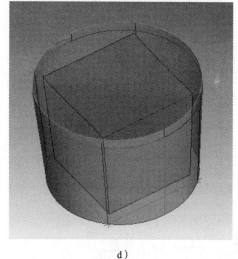

c)   d）

图 4.4-7 Block 的整体映射（续）

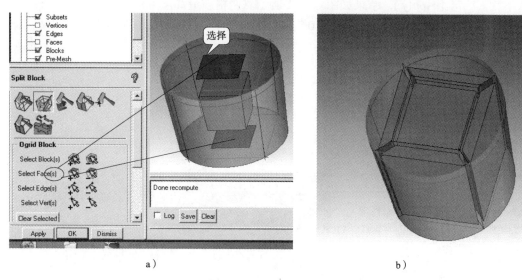

a）   b）

图 4.4-8 O-Block 的划分

7）在工具栏中，单击"Mesh"，选择"Global Mesh Setup 🔧"，弹出"Global Mesh Parameters"对话框。在"Global Mesh Parameters"对话框中，"Scale factor"项设置为"3"（设置视情况而定）；"Max element"项设为"1"，其他默认，单击【Apply】，如图 4.4-9 所示。

8）在工具栏中，单击"Blocking"，选择"Pre-Mesh Params"，弹出"Pre-Mesh Parems"对话框。在"Pre-Mesh Parems"对话框中，选择"Update Size 🔧"，单击【Apply】，生成网格。

9）显示网格。在图形窗口的左侧的树形栏，"Blocking"列，勾选"Pre-Mesh"，显示网格如图 4.4-10 所示。

图 4.4-9 全局网格的设定

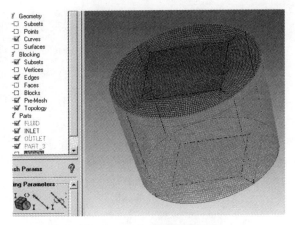

图 4.4-10 生成网格的显示

10）在工具栏中，单击"Blocking"，选择"Pre-Mesh Quality Histograms ⬛"，弹出"Pre-Mesh Quality"对话框。"Criterion"项的下拉选项选择"Determinant $2 \times 2 \times 2$"，其他默认不变，单击【Apply】，结果如图 4.4-11 所示。网格质量高于 0.8 以上，满足要求。

当然，并不是网格质量必须达到 0.8 以上才能计算，将结构化网格转化成非结构时，质量达到 0.1 以上即可粗略计算了。

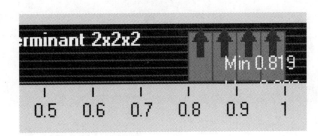

图 4.4-11 网格质量检查

11）保存网格。右键单击模型树 Model → Blocking → Pre-mesh，选择"Convert to Unstruct Mesh"。当信息窗口中提示"Current Coordinate system is global"时表明网格转换已经完成，如图 4.4-12 所示。选择【File】→【Mesh】→【Save Mesh as】，保存当前的网格为 jk.uns。

12）选择求解器。在标签栏中，单击"Output"，选择"Select solve ⬛"，弹出"Select solve"对话框。在"Select solve"对话框中，"Output Solver"项，下拉选择"ANSYS CFX"；"Common Structural Solver"项选择"ANSYS"，单击【Apply】确定。

13）导出网格。在工具栏中，单击"Output"，选择"Write input ⬛"，打开"另存为"对话框。"文件名"：jk.cfx5.fbc，保存，关闭对话框，弹出如图 4.4-13a 所示的窗口。选择"No"。弹出"CFX5"对话框，如图 4.4-13b 所示，单击【Done】。完成网格的导出。

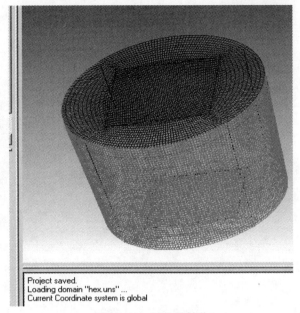

图 4.4-12 网格的转化

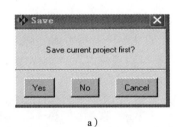

a）

b）

图 4.4-13 网格的导出

4.4.3 叶轮网格划分

此处针对叶轮网格，教授两种画法。一种是非结构化画法，另一种是结构化画法。读者根据自己的情况，可自选。

1. 叶轮非结构化网格的划分

1）打开 ICEM CFD 软件。设定工作目录，选择【File】→【Change Working Dir】，选择文件存储路径。在菜单栏中，选择【File】→【Geometry】→【OpenGeometry】或单击"🖾"图标，打开混流泵进口弯管水体"yl.tin"文件，导入叶轮水体部件。

2）右键单击模型树 Model → Geometry → surface，选择 Solid 和 Transparent，将叶轮出口水体实体透明化。

3）创建 Part。右键单击模型树 Model → Parts，选择 Create Parts。在"Part"栏中输入

"IN"，选择"Create Part by Selection 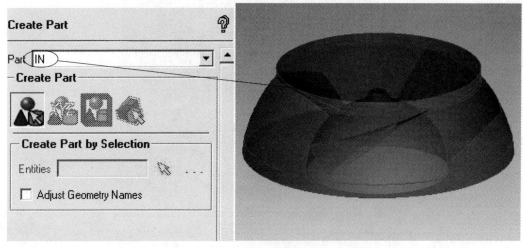"，单击""选择叶轮水体的进口面，如图 4.4-14 所示，单击中键确定。

图 4.4-14　创建 Part

4）采用相同的方法，定义其余的 Part。出口：OUT ；叶片工作面：GZM ；叶片背面：BM ；轮毂周面：LUNGU_WALL ；轮毂上部：LUNGU_UP ；叶片进口倒角：YJ_IN ；叶片出口倒角：YJ_OUT ；定义其余面为 WALL。

5）创建几何模型的拓扑结构。在标签栏中选择 Geometry，单击"Repair Geometry 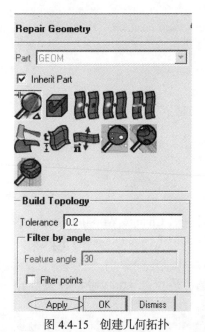"。如图 4-4-15 所示，单击"Build Diagnostic Topology "，保持默认设置，单击【Apply】按钮创建表征几何必需的 Point 和 Curve，创建结果如图 4.4-16 所示，Surface 的显示方式为 Wire Frame。

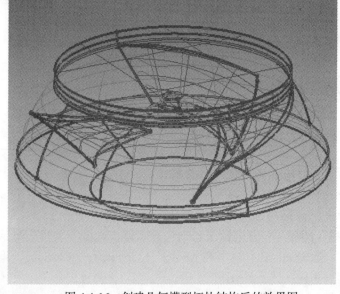

图 4.4-15　创建几何拓扑　　　　图 4.4-16　创建几何模型拓扑结构后的效果图

6）定义 Body。在标签栏中选择 Geometry，单击"Create Body ▱"。如图 4.4-17 所示，在"Part"栏中输入"BODY"，单击"▱"，勾选"Entire model"复选框，单击【Apply】，根据整个几何模型的拓扑结构创建 Body。

7）定义全局网格尺寸。在标签栏中选择 Mesh，单击"Global Mesh Setup ▦"进入定义网格全局参数的操作。如图 4.4-18 所示，单击"Global Mesh Size ▦"，定义"Scale factor"为"1"，"Max element"为"5"，勾选"Display"复选框，查看最大允许网格单元大小，其他选项保持默认设置，单击【Apply】按钮确定。

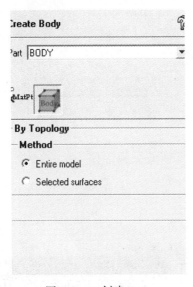

图 4.4-17　创建 Body

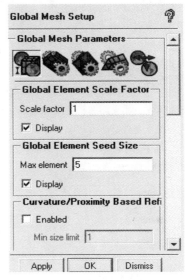

图 4.4-18　定义全局网格尺寸

8）定义全局网格参数。在步骤 7）打开的定义网格全局参数的操作中，如图 4.4-19 所示，单击"Volume Meshing Parameters ▦"，在"Mesh Type"下拉列表中选择"Tetra/Mixed"，在"Mesh Method"下拉列表中选择"Robust（Octree）"，其余保持默认设置，单击【Apply】按钮确定，定义体网格类型和生成方法。

9）生成网格。选择标签栏中的 Mesh，单击"Compute Mesh ▦"，单击"Volume Mesh ◆"，各参数保持默认设置，如图 4.4-20 所示，单击【Compute】按钮生成网格。

10）检查网格质量。选择 Edit Mesh 标签栏，单击"Display Mesh Quality ▦"。如图 4.4-21 所示，选择需要检查的网格类型 TETRA_4（四面体网格单元）、TRI_3（三角形网格单元在）。在"Criterion"下拉列表中选择"Quality"，单击【Apply】。网格质量如图 4.4-22 所示，网格质量不高，需调节网格质量，使其满足计算要求。

11）提高网格质量。其实提高网格质量所采用的方法要依情况而定，很多时候也是靠自己的画图经验，可通过 Mesh 标签栏的"Curve Mesh Setup ⋏"来修改节点数以提高网格质量，也可通过 Mesh 标签栏的"Part Mesh Setup ▦"来定义先前设置的 Part 的网格尺寸，对于如何精确提高网格质量，读者可自行参考关于提高非结构网格质量的资料。此处，通过 Mesh 标签栏的"Curve Mesh Setup ⋏"来修改节点数从而提高网格质量，最终的网格质量如图 4.4-23 所示。大部分都大于 0.2，可粗略满足要求。

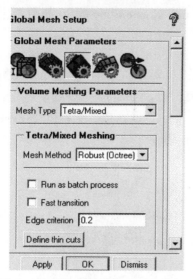

图 4.4-19 定义体网格类型和生成方法

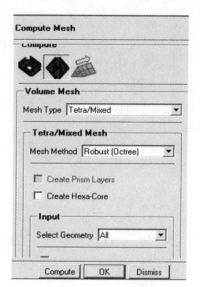

图 4.4-20 生成体网格

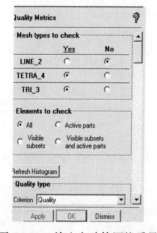

图 4.4-21 检查自动体网格质量

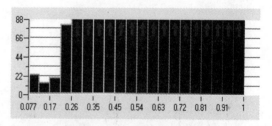

图 4.4-22 自动体网格质量

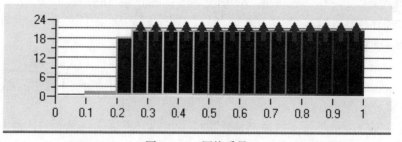

图 4.4-23 网格质量

2. 叶轮结构化网格的划分

网格划分步骤和方法与前面介绍的结构化网格划分的方法是类似的，不同的是各种部件块的划分方法，只要自己学会如何根据实际部件进行块的合理划分，那么以后遇到无论什么样的部件自己都会划分。此节不再仔细介绍划分步骤，只介绍一下每步主要 Block 的划分以及注意点，对于如何移动点，如何合并点需要靠读者自己去看书摸索，不再作无谓的说明，自己可以对着自己手上的泵练习，此处网格划分的是无间隙的混流泵叶轮。（图4.4-25 是将线 Curve 隐藏掉，以清楚显示 Block。）

1）创建整体的 Block。工具栏上，"Blocking"项，单击"Create Block ⌗"图标，弹出"Create Block"对话框。"Part"栏填写"FLUID"，其他项默认不变，单击【Apply】，如图4.4-24 所示。

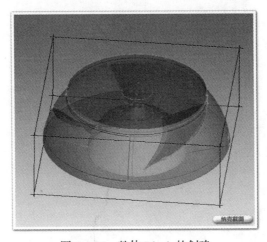

图 4.4-24　整体 Block 的创建

2）Block 的初步映射。将 Block 上的点 Vertex 映射到相应的几何体线 Curve 上，根据实际情况映射。选择 Blocking 标签栏，单击"Associate ⌗"，单击"Associate Vertex ⌗"，在"Entity"栏选择"Curve"，单击"⌗"，选择待映射的 Vertex，单击中键确定，单击"⌗"选择对应的 Curve。单击"Snap Project Vertices ⌗"，在"Vertex Select"栏选择"All Visible"，其他默认，单击【Apply】，完成情况如图 4.4-25 所示，映射完成后 Block 上的点Vertex 变成绿色。

3）拉伸 Block，拉伸出轮毂上部水体的 Block。选择 Blocking 标签栏，单击"Creat Block ⌗"图标，选择"Extrude Face ⌗"，"Method"栏下拉列表选择"Interactive"，将需要拉伸的面拉伸，结果如图 4.4-26 所示。将 Block 上的点 Vertex 映射到相应的 Curve 上，并对点 Vertex 作相应合适的移动，最后如图 4.4-26 所示。

4）纵向划分 Block。选择 Blocking 标签栏，单击"Split Block ⌗"，在"Block Select"栏中选择"All Visible"，在"Split Method"下拉列表中选择"Screen select"，单击"Edge"栏的⌗沿 Z 方向划分，如图 4.4-27 所示。

5）拉伸 Block。按照步骤 3）进行 Block 的拉伸，拉伸的 Block 如图 4.4-28 所示。

6）拉伸 Block。重复上述的拉伸步骤，拉伸的 Block 如图 4.4-29 所示。

7）将点进行合并，选择 Block 标签栏，单击"Merge Vertices ⌗"图标，打开对话框，单击"⌗"，在"2 Vertices"栏单击⌗，选择待合并的点，合并完后如图 4.4-30 所示。且将 Edge 映射到相应的 Curve 上，最终完成情况如图 4.4-30 所示。

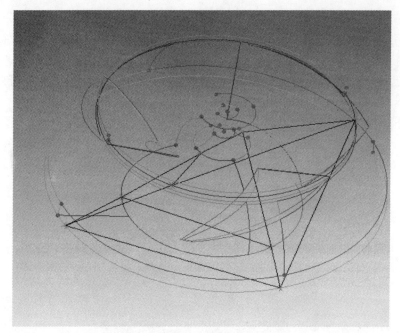

图 4.4-25　Block2

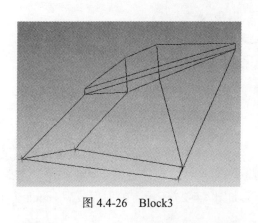

图 4.4-26　Block3

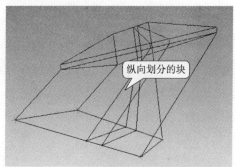

图 4.4-27　Block4

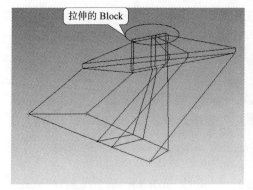

图 4.4-28　Block5

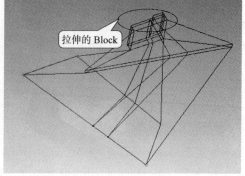

图 4.4-29　Block6

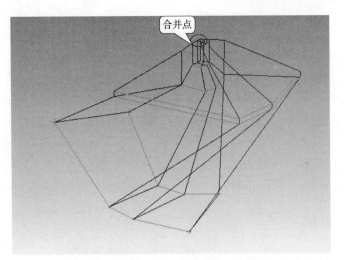

图 4.4-30　Block7

8）Block 的继续划分。按照步骤 4）的方法，大致切出叶片实体的形状。如图 4.4-31 所示，即右上侧切一刀，左下侧切一刀。

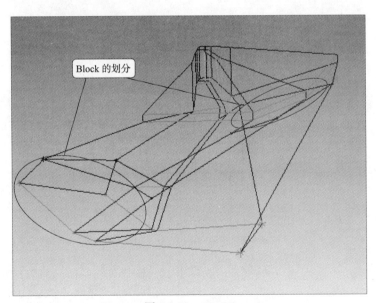

图 4.4-31　Block8

9）映射。对 8）所划分出的 Block 的 Edge 作相应的映射，并将点 Vertex 移动到合适的位置上，并进一步划分 Block，如图 4.4-32 所示。

10）点的合并。按照步骤 7）的方法，对需要合并的 Block 上的点进行合并，结果如图 4.4-33 所示。

11）外 O-Block 的生成。选择 Block 标签栏，单击"Split Block 🔲"，选择"Ogrid Block 🔲"。单击"Select Block（s）🔲"选择叶片实体所对应的 Block，单击"Select Face（s）🔲"选择轮缘面和轮毂面，勾选"Around block"，"Offset"设置为"1"，大小可自定，单击【Apply】。完成情况如图 4.4-34 所示。

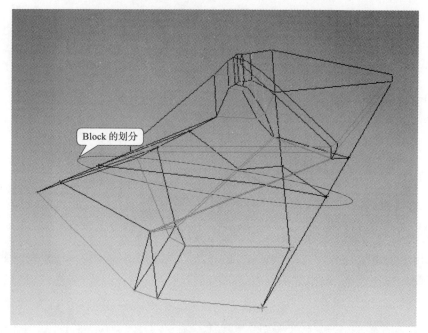

图 4.4-32　Block9

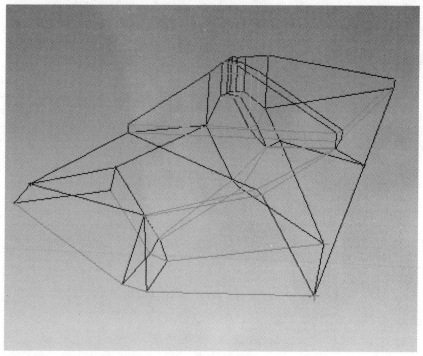

图 4.4-33　Block10

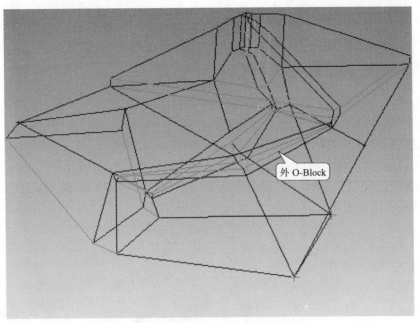

图 4.4-34   Block11

12）进一步对 Block 进行划分，并移动点至合适位置。最终如图 4.4-35 所示。

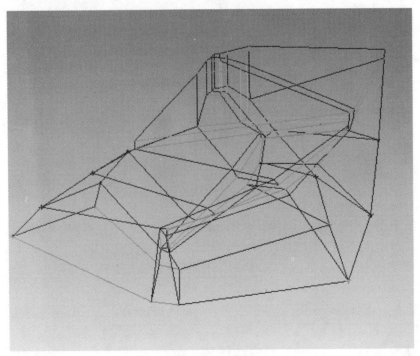

图 4.4-35   Block12

后面的生成网格及网格的输出的操作步骤和前面 4.4.2 节的一样，至于网格质量的调整，可通过移动块上的点，设置线上的节点数等来调整。

4.4.4 导叶网格划分

由于此处导叶体叶片数与肋板数不一致，画结构化网格时，周期网格不好划分，故将导叶分成上下两部分。（当然这只是其中一种画法，只为求方便而已。）

1. 导叶水体上部 dy-up 结构化网格划分

1）打开 ICEM CFD 软件。设定工作目录，选择【File】→【Change Working Dir】，选择文件存储路径。在菜单栏中，选择【File】→【Geometry】→【Open Geometry】或单击"🖥"图标，打开混流泵进口弯管水体"dy-up.tin"文件，导入导叶水体上部部件。

2）右键单击模型树 Model → Geometry → surface，选择 Solid 和 Transparent，则将导叶水体上部实体透明化。

3）创建 Part。右键单击模型树 Model → Parts，选择 Create Parts。在"Part"栏中输入"IN"，选择"Create Part by Selection 👥"，单击"🖰"选择导叶上部水体的进口面，如图 4.4-36 所示，单击中键确定。

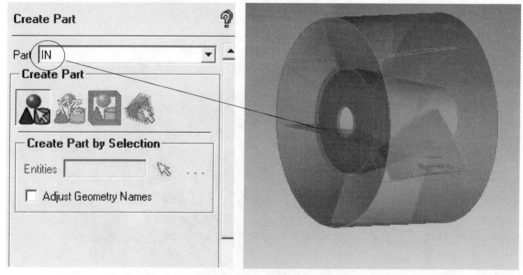

图 4.4-36　创建 Part

4）采用步骤 3）的方法，创建其余的 Parts。出口：OUT；壁面：WALL；轮毂侧面：LUNGU；轮毂上围面：LUNGU_TOP；导叶叶片工作面：YP_GZM；导叶叶片背面：YP_BM；导叶叶片进口圆角：YJ_IN；导叶叶片出口圆角：YJ_OUT；壁面：WALL。（名称可自定。）

5）创建点。选择 Geometry 标签栏中的"Create Point ✐"，创建画网格时所需要的点。（自己根据实际情况而定。）

6）创建整体 Block。在标签栏中选择 Blocking，单击"Create Block 🎲"图标，如图 4.4-37 所示，定义"Part"名为"FLUID"，单击🎲，在"Type"下拉列表中选择"3D Bounding Box"，单击【Apply】，生成整体的三维 Block，如图 4.4-37 所示。

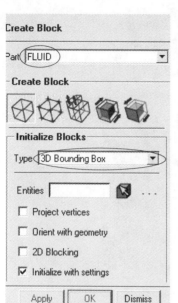

图 4.4-37 整体 Block 的创建

7）映射 Vertex，将 Vertex 映射到 Curve 上。选择 Blocking 标签栏，单击"Associate
"，如图 4.4-48 所示，单击"Associate Vertex "，在"Entity"栏选择"Curve"，单击
""，选择待映射的 Vertex，单击中键确定，单击""选择对应的 Curve。单击"Snap
Project Vertices "，在"Vertex Select"栏选择"All Visible"，其他默认，单击【Apply】，
完成情况如图 4.4-38 所示。

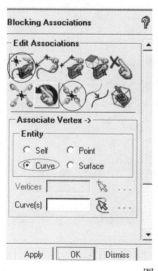

图 4.4-38 Vertex 的映射

8）移动 Vertex。选择 Blocking 标签栏，单击"Move Vertex "，单击""，"Method"
下拉列表中选择"Single"，单击""选择需要移动的 Vertex，移到合适的位置，大致把
导叶叶片的形状勾勒出来，单击中键确定。

9）Block 的初始划分，勾勒基本的弯管形状。选择 Blocking 标签栏，单击"Split Block ⬡"，如图 4-4-39 所示，单击⬡，在"Block Select"栏中选择"All Visible"，在"Split Method"下拉列表中选择"Screen select"，单击"Edge"栏的⬢沿 Z 方向划分，结果如图 4.4-39 所示。

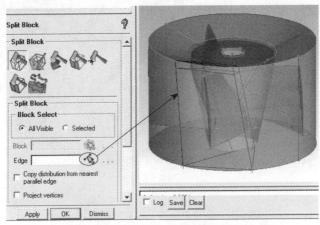

图 4.4-39　Block 的初始划分

10）按步骤 7）的过程，将 V_1，V_2 映射到 C_1 上，如图 4.4-40 所示，就是将导叶叶片实体的 Block 勾勒出来，以完成接下来的步骤。

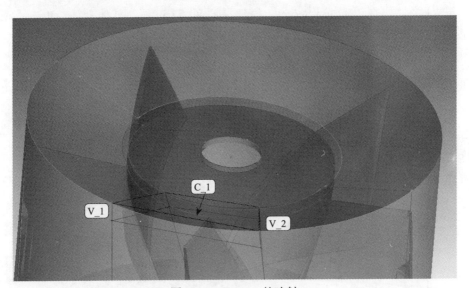

图 4.4-40　Vertex 的映射

11）Block 的拉伸。选择 Blocking 标签栏，单击"Create Block ⬡"，选择"Extrude Face（s）🗏"，如图 4.4-41a 所示，"Method"栏下拉列表选择"Interactive"，单击"Select Face（s）"栏的"🗏"，选择所需拉伸的面，如图 4.4-41b 所示，按住中键拉伸，拉伸到一定位置，放开中键即可，拉伸结果如图 4.4-41c 所示。

12）按步骤 7）将所待映射的 Vortex 映射到相应的 Curve 上，结果如图 4.4-42 所示。

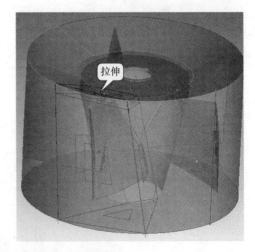

a）　　　　　　　　　　　　　　　　b）

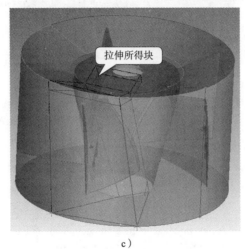

c）

图 4.4-41　Block 的拉伸

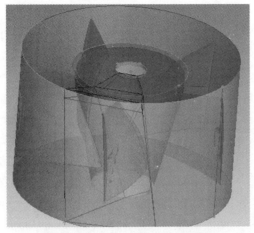

图 4.4-42　Vertex 到 Curve 的映射

可通过移动 Block 的 Vertices 来改变 Block 的形状，以得到自己满意的 Block，此后不再赘述。

13）Block 的继续划分。选择 Blocking 标签栏，单击"Split Block ⬡"，选择"⬡"，"Block Select"项选择"All Visible"，单击"⬡"，划分 Block 如图 4.4-43 所示。

图 4.4-43　Block 的划分

14）按步骤 8）的方法，将 Block 的 Vertices 移到合适的位置。

15）Vertex 到 Point 的映射，勾勒出叶片 Block 的形状。选择 Blocking 标签栏，单击"Associate ⬡"，单击"Associate Vertex ⬡"，在"Entity"栏选择"Point"，单击"⬡"选择待映射的 V_1，单击"⬡"选择对应的 P_1，如图 4.4-44 所示，单击中键确定。采用相同的方法将叶片上其他待映射的 Vertex 移动至各自对应的 Point。结果如图 4.4-44 所示。

16）创建映射关系，创建 Edge 到 Curve 的映射关系。选择 Blocking 标签栏，单击"Associate ⬡"，选择"Associate Edge to Curve ⬡"，勾选"Project vertices"，单击"Edge（s）"栏的"⬡"选择待映射的 Edge，单击"Curve"栏的"⬡"选择相应的 Curve，单击中键确定。（映射完成的会以绿色曲线显示。）

17）修复问题，为了使叶片 Block 的 Edge 更好地与几何模型贴合。选择 Blocking 标签栏，单击"Edit Edge ⬡"，选择"Split Edge ⬡"，在"Split Type"中的"Method"的下拉列表中选择"Spline"，单击"⬡"选择如图 4.4-45a 所示的 E_1，并按住左键调整至合理的位置。采用同样的方法调整 E_2，E_3，E_4，调整结果如图 4.4-45b 所示。（为视图清晰，图 4.4-45a 只显示了 Block 的 Edge，几何模型被隐藏。）

18）创建外部 O-Block。单击 Blocking 标签栏，单击"Split Block ⬡"，如图 4.4-46a 所示，单击"Ogrid Block ⬡"，单击"Select Block（s）"栏的 ⬡ 选择导叶叶片形状的 Block，单击"Select Block（s）"栏的 ⬡ 选择导叶叶片的轮毂接触面和轮缘面，勾选"Around block（s）"，单击【Apply】确定，创建结果如图 4.4-46b 所示。

19）按步骤 13）的方法，接着进行 Block 的划分，划分结果如图 4.4-47 所示。（很多时候，Block 的继续划分是要视情况而定的，有时为了质量更高，所以需要继续划分 Block，有时是为了形成周期性网格的对称点，所以 Block 的再划分可自定，此处仅作一个参考。）

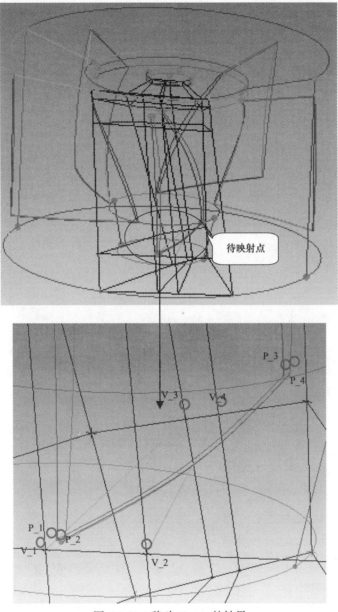

图 4.4-44　移动 Vertex 的结果

20）删除多余的 Block，将叶片实体 Block 删除，因为此处本来就是无 Block 的。单击 Blocking 标签栏，单击"Delete Block 🞮"，在弹出的对话框中单击"🔍"，选择图 4.4-46 中 O-Block 内部的 Block 删除。

21）根据步骤 16）的过程，将待映射的 Edge 映射到相应的 Curve，例如前面划分出来的 O-Block 内部的 Block 的 Edge。（因为前面 Block 的再次划分，使得 Edge 与 Curve 不对应，故要再次进行映射。）

22）按步骤 8）的方法，将 Vertex 移动到合适的位置上，以调整 Block 的形状，使得更加贴合几何模型，最终的 Block 如图 4.4-48 所示。（其实，Vertex 的移动也要视实际情况而定，有时移动完全要靠经验而来。）

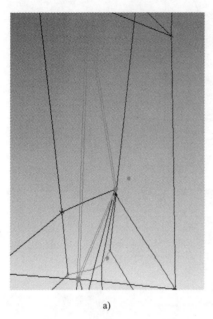
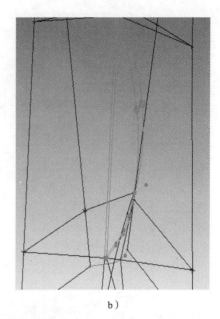

a)

b)

图 4.4-45   调整 Edge 形状

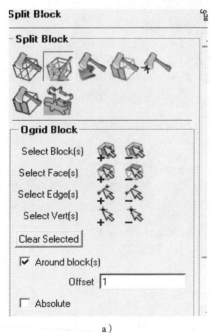
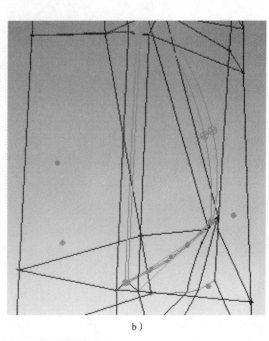

a)

b)

图 4.4-46   创建外 O-Block

23）删除 Block 重合的 Face。单击 Blocking 标签栏，单击 "Disassociate from Geometry 🖐"，单击 "Faces" 栏的 "🐾"，选择周期旋转时会相重合的 Face，如图 4.4-49 所示，单击【Apply】，删除重合的 Face。

24）设置全局网格尺寸。单击 Mesh 标签栏，单击 "Global Mesh Setup 📷"，选择 "Global Mesh Size 📷"，"Scale factor" 栏设置为 "1"，"Max element" 栏设置为 "3"，如图 4.4-50 所示，单击【Apply】，完成全部网格尺寸的设置。

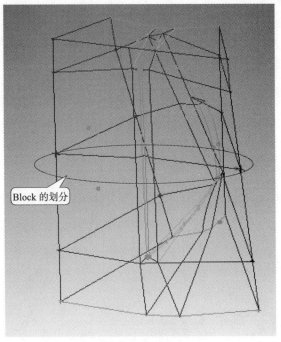

图 4.4-47 Block 的划分

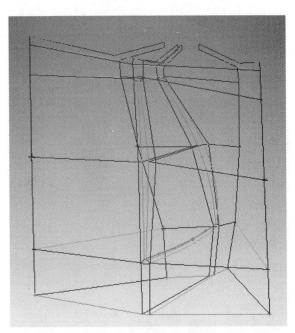

图 4.4-48 移动 Vertex 结果

25）保存当前的块文件。在菜单栏中，选择【File】→【Blocking】→【Save Blocking As】或单击工具栏的"![icon]"，保存当前的块文件为 dy_up.blk。

26）生成网格。勾选模型树 Model → Blocking → Pre-mesh，弹出如图 4.4-51 所示的对话框，单击【Yes】按钮确定，生成网格如图 4.4-52 所示。

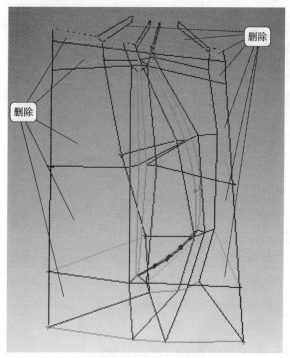

图 4.4-49　重合 Face 的删除

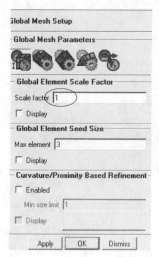

图 4.4-50　全局网格尺寸的设置

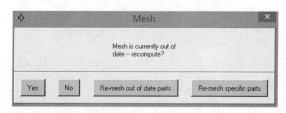

图 4.4-51　生成网格

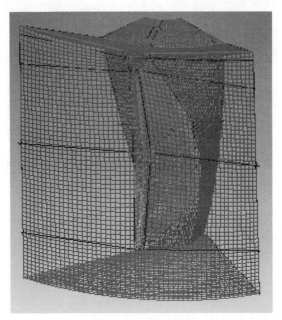

图 4.4-52　网格分布

27）检查网格质量。选择 Blocking 标签栏，单击"Pre-Mesh Quality Histograms 🔍"，"Criterion"栏下拉列表分别选择"Determinant 2×2×2"和"Angle"，其他默认，单击【Apply】，网格质量如图 4.4-53 和图 4.4-54 所示，所有网格的 Determinant 2×2×2 值大于 0.4，所有网格 Angle 值大于 18°，可以认为网格质量满足要求。（若网格质量不好，可按前面调整 Block 节点的方法来改善网格质量或者通过调节 Edge 的节点，或是用其他方法，此处不再赘述。）

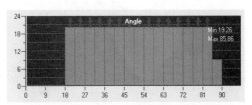

图 4.4-53　以 Angle 为判标准的网格质量

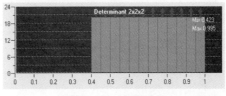

图 4.4-54　网格质量

28）生成周期性网格。根据周期性网格的知识，生成完整网格如图 4.4-55 所示。（此处当作读者已对周期性网格的知识有一定的了解，谨记阵列前需把结构化网格转化成非结构的，然后阵列网格，无需阵列 Block。）

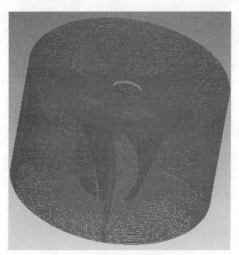

图 4.4-55　周期性网格的生成

29）检查生成的周期性网格是否存在问题。选择 Edit Mesh 标签栏，单击 "Check Mesh　"，按实际情况检查，此处采取默认，单击【Apply】，未出现问题提醒时，则说明周期性网格正常，是可用的。

2. 导叶水体下部 dy-down 结构化网格划分

划分过程可参见 4.1 节导叶水体上部 dy_up 结构化网格的划分过程。最终 Block 的划分如图 4.4-56 所示，生成的周期性网格如图 4.4-57 所示。过程不再重述。

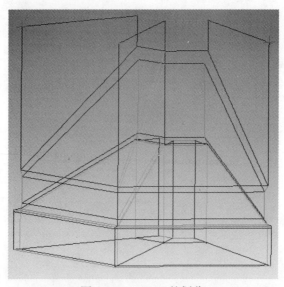

图 4.4-56　Block 的划分

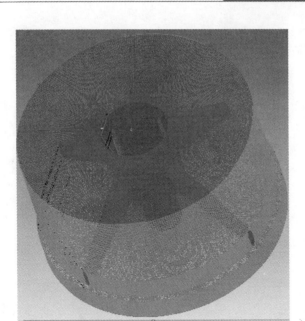

图 4.4-57 周期性网格的生成

4.4.5 出口弯管网格划分

1）打开 ICEM CFD 软件。设定工作目录，选择【File】→【Change Working Dir】，选择文件存储路径。在菜单栏中，选择【File】→【Geometry】→【Open Geometry】或单击"🖳"图标，打开混流泵进口弯管水体"ck.tin"文件，导入出口弯管水体部件。

2）右键单击模型树 Model → Geometry → surface，选择 Solid 和 Transparent，将出口弯管水体实体透明化。

3）创建点。选择 Geometry 标签栏中的"Create Point 🖋"，创建点。如图 4.4-58 所示，单击"Curve-Curve Intersection ✕"，然后单击🖎选择 C_1，C_2 生成 P_1，P_2。

4）采用 3）的方法，依次创建 P_3，P_4，P_5，P_6，P_7，P_8，P_9，P_10，如图 4.4-58 所示。

5）创建 Part。右键单击模型树 Model → Parts，选择 Create Parts。在"Part"栏中输入"IN"，选择"Create Part by Selection 🖎"，单击"🖎"选择出口弯管水体的进口面，单击中键确定。

6）采用步骤 5）的方法，创建其余的 Parts。出口：OUT；壁面：WALL；穿轴部分：CRL。

7）创建整体 Block。在标签栏中选择 Blocking，单击"Create Block 🔷"图标，如图 4.4-59a 所示，定义"Part"名为"FLUID"，单击🔷，在"Type"下拉列表中选择"3D Bounding Box"，单击【Apply】，生成整体的三维 Block，如图 4.4-59b 所示。

8）Block 的初始划分，勾勒基本的弯管形状。选择 Blocking 标签栏，单击"Split Block 🔷"，如图 4.4-60 所示，单击🔷，在"Block Select"栏中选择"All Visible"，在"Split Method"下拉列表中选择"Screen select"，单击"Edge"栏的🔶，划分结果如图 4.4-60 所示。

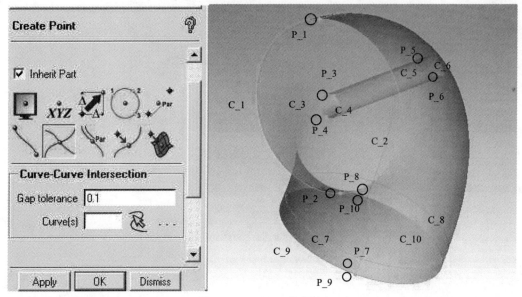

图 4.4-58　Points 的创建

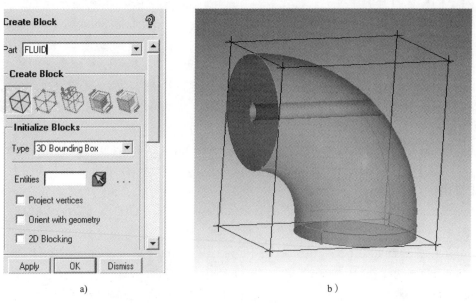

a)　　　　　　　　　　　　　　　　b)

图 4.4-59　整体 Block 的生成

9）删除 Block。选择 Blocking 标签栏，单击"Delete Block ✖"，如图 4.4-61 所示，单击"🔧"，选择图 4.4-61a 所示 Block，单击中键确定删除，删除后结构如图 4.4-61b 所示。

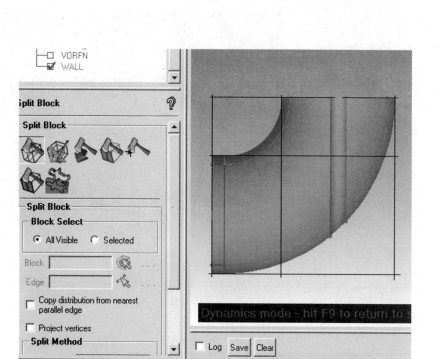

图 4.4-60 Block 的初始划分

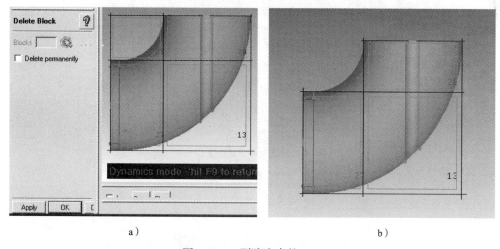

a)   b)

图 4.4-61 删除多余的 Block

10）创建映射关系。选择 Blocking 标签栏，单击"Associate ⚙"，如图 4.4-62a 所示，单击"Associate Edge to Curve ⟁"，单击"⟰"选择待建映射的 Edge，单击"⟰"选择对应的一条或几条 Curve，单击中键确定，如图 4.4-62b 所示（此处待映射的为进口的四条 Edge 与进口圆周相映射，出口的四条 Edge 与出口圆周相映射）。单击"Snap Project Vertices ✖"，在"Vertex Select"栏选择"All Visible"，其他默认，单击【Apply】，完成情况如图 4.4-62c 所示。

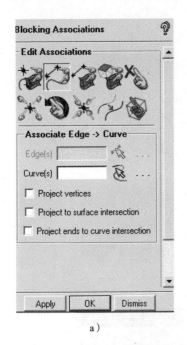

a)

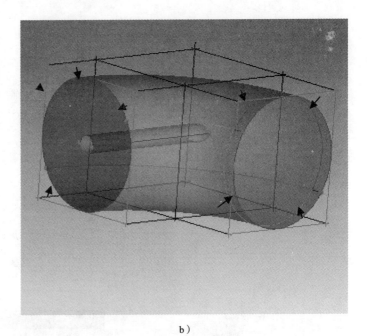

b)

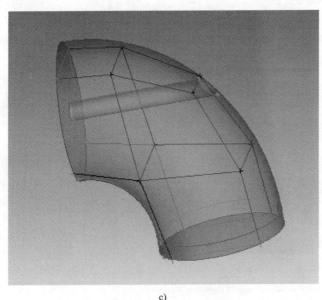

c)

图 4.4-62　建立 Edge 与 Curve 的映射关系

11）移动 Vertex。选择 Blocking 标签栏，单击"Move Vertex ⚡"，如图 4.4-63 所示，单击"⚡"，"Method"下拉列表选择"Multiple"，"Movement Constraints"栏勾选"Fix Y"，单击"Vertex"的 ▷ 选择需要移动的 Vertex。点移动前如图 4.4-63a 所示，移动后如图 4.4-63b 所示。

12）继续创建映射，将刚才移动的点映射到弯管表面上。选择 Blocking 标签栏，单击"Associate ⬡"，单击"Snap Project Vertices ✳"，在"Vertex Select"栏选择"All Visible"，其他默认，单击【Apply】。

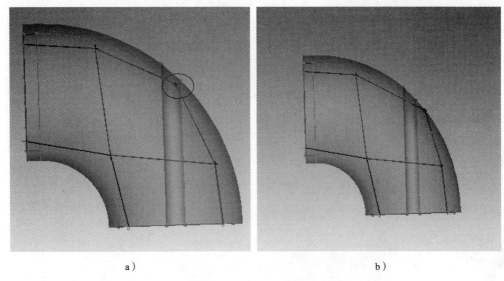

a)   b)

图 4.4-63   Vertex 的移动

13）创建 O-Block。选择 Blocking 标签栏，单击"Split Block ⬡"，如图 4.4-64 所示，单击"Ogrid Block ⬡"，单击"Select Face（s）"栏的"⬚"选择所需创建 O-Block 的 Face，如图 4.4-65a 所示，在"Offset"栏输入"1"，单击【Apply】，完成结果如图 4.4-65b 所示。

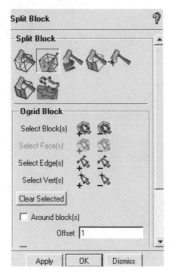

图 4.4-64   创建 O-Block

接下来，对穿轴部分的 Block 做处理。

14）在模型树中，右键单击 Model → Blocking，在弹出的对话框中选择"Index Control"，如图 4.4-66 所示。在弹出的对话框中，将"O3"栏的"Min"项设为"1"，则主窗口显示穿轴部分的 Block，如图 4.4-67 所示。

15）根据步骤 10），对穿轴 Block 做相应的 Edge 到 Curve 的映射。结果如图 4.4-68 所示。

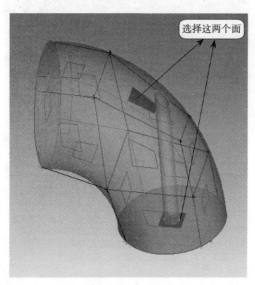
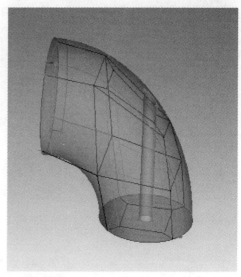

a)   b）

图 4.4-65   创建 O-Block 结果

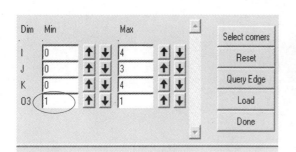

图 4.4-66   Block 显示的设置

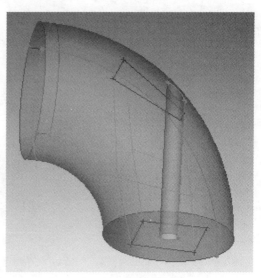

图 4.4-67   穿轴 Block 的显示

16）进一步建立穿轴 Block 的映射关系。选择 Blocking 标签栏，单击 "Associate⊕"，单击 "Associate Face to Surface ⬦"，"Method" 选择 "Part"，"Faces" 栏单击 "⬦" 选择穿轴 Block 的所有侧边的 Face，单击中键确定，弹出 "Select parts" 对话框，选择前面创建的 Part "CRL"。然后，单击 "Snap Project Vertices ⬦"，默认原设置，单击【Apply】，完成 "Face" 到 "Surface" 的映射，如图 4.4-69 所示。

17）显示所有的 Block。右键单击 Model → Blocking，在弹出的对话框中选择 "Index Control"，如图 4.4-70 所示，在弹出的对话框中单击 "Reset"，显示所有的 Block。

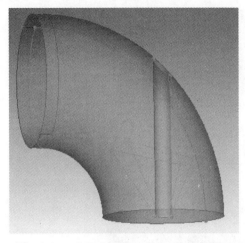

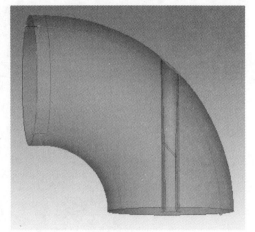

图 4.4-68　建立 Edge 与 Curve 的映射关系　　图 4.4-69　穿轴 Block 的 Face 到 Surface 的映射

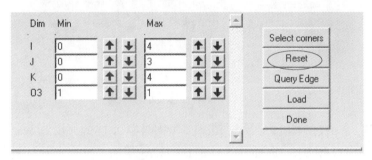

图 4.4-70　显示所有的 Block

18）按步骤 11）的过程移动 V_1，V_2，V_3，V_4，结果如图 4.4-71b 所示。图 4.4-71a 为 Vertex 移动前的图。

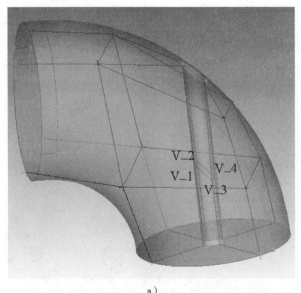

a）

图 4.4-71　Vertex 移动结果

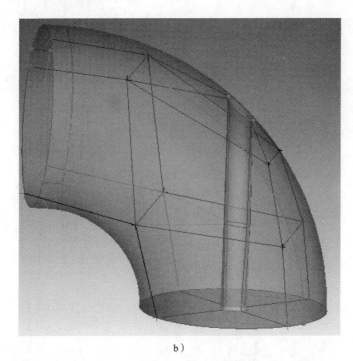

b）

图 4.4-71　Vertex 移动结果（续）

19）按步骤 9）的过程删除穿轴的 Block（即原本无水体的那块 Block）。

20）继续创建 O-Block。选择 Blocking 标签栏，单击 "Split Block 🔧"，单击 "Ogrid Block 🔧"，单击 "Select Block（s）" 栏的 🔍，选择所有的 Block，单击 "Select Face（s）" 栏的 🔍 选择弯管进口和出口的所有 Face，"Offset" 项设为 "1"，单击【Apply】，结果如图 4.4-72 所示。

图 4.4-72　O-Block 的创建

21）设置全局网格尺寸。选择 Mesh 标签栏，单击"Global Mesh Setup 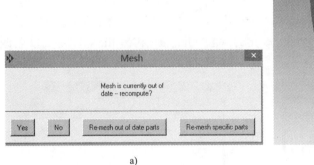"，选择"Global Mesh Size"，"Scale factor"设置为"3"，"Max element"栏设置为"1"，单击【Apply】。

22）选择 Blocking 标签栏，单击"Pre-Mesh Params"，选择"Update Sizes"，单击【Apply】。

23）生成网格。勾选模型树 Model → Blocking → Pre-mesh，弹出如图 4.4-73a 所示对话框，单击【Yes】按钮确定，生成网格如图 4.4-73b 所示。

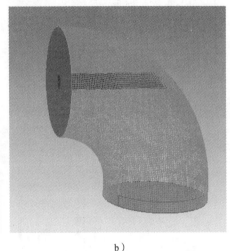

a)　　　　　　　　　　　　　　　　　　b)

图 4.4-73　生成网格

24）检查网格质量。选择 Blocking 标签栏，单击"Pre-Mesh Quality Histograms"，"Criterion"栏下拉列表分别选择"Determinant $2 \times 2 \times 2$"和"Angle"，其他默认，单击【Apply】，网格质量如图 4.4-74 和图 4.4-75 所示，所有网格的 Determinant $2 \times 2 \times 2$ 值大于 0.4，所有网格 Angle 值大于 18°，可以认为网格质量满足要求。若网格质量不好，可按前面调整 Block 节点的方法来改善网格质量或者用其他方法，此处不再赘述。

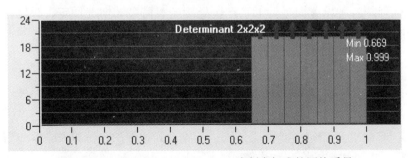

图 4.4-74　以 Determinant $2 \times 2 \times 2$ 为判定标准的网格质量

25）保存网格。右键单击模型树 Model → Blocking → Pre-mesh，选择"Convert to Unstruct Mesh"。当信息窗口中提示"Current Coordinate system is global"时表明网格转换已经完成，选择【File】→【Mesh】→【Save Mesh as】，保存当前的网格为 ck.uns。

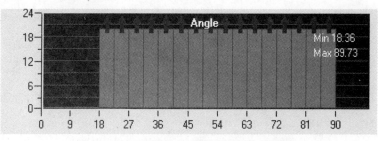

图 4.4-75 以 Angle 为判定标准的网格质量

26）选择求解器。在标签栏中，单击"Output"，选择"Select solve 〔〕"，弹出"Select solve"对话框。在"Select solve"对话框中，"Output Solver"项，下拉选择"ANSYS CFX"；"Common Structural Solver"项选择"ANSYS"，单击【Apply】确定。

27）导出网格。在工具栏中，单击"Output"，选择"Write input 〔〕"，弹出"另存为"对话框。"文件名"：ck.cfx5.fbc，保存，关闭对话框，弹出如图 4.4-76a 所示的对话框，选择"No"。弹出"CFX5"对话框，如图 4.4-76b，在"Output CFX5 file"栏将文件名改为"ck"，单击【Done】。完成网格的导出。

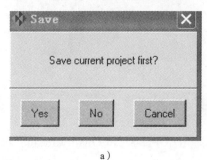

a）

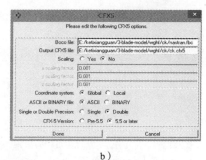

b）

图 4.4-76 网格的导出

4.4.6 前处理

本节前处理的各种设置只是针对自己所处理的混流泵的情况而定，只能作为参考。其他设置要按照自己的实际情况而定。

4.5 轴流泵空化数值模拟

本章节基于 CFX 商用软件功能，从网格的导入到边界的设置以及求解设置和后处理等一系列的过程，进行详细的介绍和讲解。

4.5.1 空化的定常模拟

空化模型是否适用于某一计算模型通常使用一些简单的几何作为验证。图 4.5-1 所示为 NACA66(MOD) 二维翼型的空泡计算结果，攻角 $\alpha=4°$，$Re=2 \times 10^{6}$，$\sigma=0.91$，左列为各模型的默认设置，右列为修正模型，FCM 和 Kunz 模型修正前后的空穴差别比较大。从图中吸力面上的压力系数分布可以看出，三种模型的默认设置的计算得出的空穴都比试验所得的空穴小，试验工况 σ 为 1.00，0.91 和 0.84。结合图 4.5-2 和图 4.5-3 的结果，可以得出结论，3 个修正的空化模型结果非常相近，与实验结果也较符合。

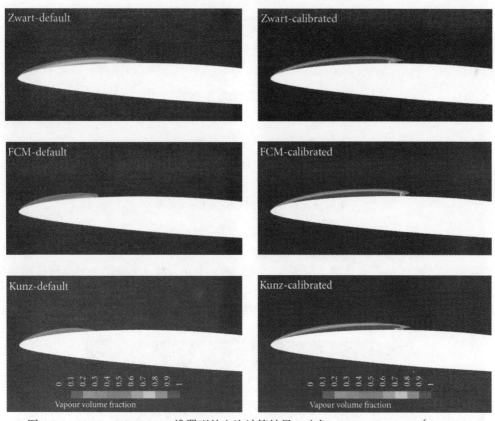

图 4.5-1 NACA66(MOD) 二维翼型的空泡计算结果，攻角 α=4°，Re=2×10⁶，σ=0.91

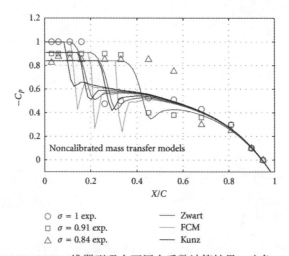

图 4.5-2 NACA66(MOD) 二维翼型吸力面压力系数计算结果，攻角 α=4°，Re=2×10⁶，
使用未经修正的 Zwart，FCM 和 Kunz 模型

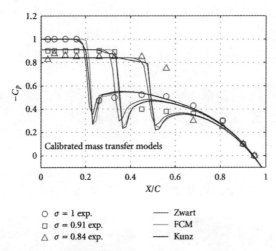

○ σ = 1 exp. ——— Zwart
□ σ = 0.91 exp. ——— FCM
△ σ = 0.84 exp. ——— Kunz

图 4.5-3 NACA66(MOD) 二维翼型吸力面压力系数计算结果，攻角 $\alpha=4°$，$Re=2 \times 10^6$，使用修正的 Zwart，FCM 和 Kunz 模型

1. 将网格文件导入 CFX 前处理

本次采用的模型是南水北调工程天津同台实验的 TJ04-ZL-02 号优秀轴流泵模型为原型泵，以其等比例缩放为叶轮直径为 200mm 的模型泵为研究对象。根据前一章的叙述，将 5 个网格文件导入，分别为进口段、叶轮段、导叶段、支撑板段和出口段，如图 4.5-4 所示。

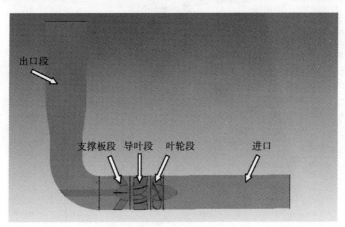

图 4.5-4 计算域

2. 时间形式

打开"Analysis Type ⏱"，选择默认的 Steady State，如图 4.5-5 所示。单击【OK】。注意虽然此处不需要手动改变选项，但是这是区别于后文的非定常模拟的重要选项，请读者引起注意以养成良好的习惯。

3. 计算域的设置

1）在任务栏中，单击"Domain ▦"生成域。

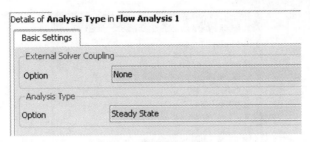

图 4.5-5　计算的时间形式

2）指定名称。在弹出的域命名窗口输入域名 YL，单击【OK】。

3）常规选项。设定常规选项中基本设定，位置选择 BODY（注意该位置是要选择生成域的位置，名称不重要），"Location and Type>Domain Type" 选择 Fluid Domain；"Fluid>Material" 选择 Water；"Morphology" 选择 Continuous Fluid；在 "Reference Pressure" 中选择 0[atm]；在 "domain motion" 里设置为 Rotating；"Angular Velocity" 设置为 -1450[rev min^-1]（根据右手定则判断旋转方向。方向相同为正，反之为负），如图 4.5-6a 所示。

4）流体模型。"Fluid Models" 选项设置湍流模型为 SST k-w，其他默认，如图 4.5-6b 所示。

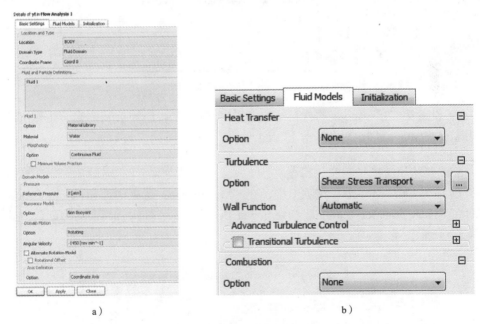

a）　　　　　　　　　　　　　　　　　b）

图 4.5-6　域的设置

同样方法设置进口管段，导叶段、支撑板管段以及出口弯管段，注意与上述设置不同的是在 "Domain Motion" 里设置为 Stationary。

4. 添加第二相—气体

1）右键单击【Materials】，选择【Import Library Data】，在【Water Data】选项中选择【Water Vapour at 25C】，单击【OK】确定，如图 4.5-7 所示。

图 4.5-7　插入水蒸气材料

2）双击之前定义的 YL 计算域。进入 "Basic Setting" 选项卡，在 "Fluid and Particle Definition" 中单击 "Add New Item"，弹出 "Insert Fluid" 界面，输入名称：vapour，单击【OK】确定，如图 4.5-8 所示。

图 4.5-8　设置名称

3）设置第二项 vapour 的材料，单击【Material】右边的扩展按钮，在弹出的菜单里选择【Water Vapour at 25C】，单击【OK】确定。

5. 设置均相流模型和空化模型

1）在 "Fluid Models" 选项卡中，在 "Multiphase" 选项中选择：Homogeneous Model，同时在 "Heat Transfer" 下方的 "Homogeneous Model" 打钩，其余均为默认设置即可，如图 4.5-9 所示。

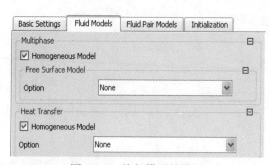

图 4.5-9　均相模型的设置

2）在 "Fluid Pair Models" 选项卡中，"Interphase Transfer" 选择默认的 None；

"Mass Transfer" 选择 Cavitation；"Cavitation" 设置控制方程为 Rayleigh Plesset；"Mean Diameter" 为 2.0E-06[m]，在空化临界压力 "Staturation Pressure" 设置为 3574[Pa]，其他选项为默认值，如图 4.5-10 所示。

3）湍流模型的相关设置这里不再赘述，本算例选择的是 SST *k-w* 湍流模型。

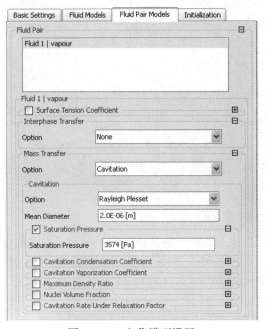

图 4.5-10　空化模型设置

6. 边界条件设定

1）设置进口管段的进口边界。插入边界取名为 inlet（方法在前面章节已有介绍，不再赘述）。基本设置中，"Boundary Type" 设置为 Inlet，进入 "Boundary Details" 选项卡，"Mass And Momentum" 的下拉菜单中选择 Total Pressure（stable）；设置 "Relative Pressure" 为 35000[Pa]，如图 4.5-11 所示。

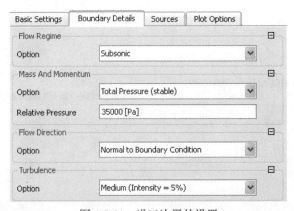

图 4.5-11　进口边界的设置

注意，此处的总压的取值大小为本算例临界空化点的左右，是通过多组数值计算得出的取值，读者在进行空化的数值计算的时候可以先从较大的总压开始取值，根据计算的扬程的变化来逐渐降低进口总压。

2）设置出口管段的出口边界。插入边界取名为 outlet，基本设置中"Boundary Type"设置为 Outlet；在"Boundary Details"选项卡中，"Mass And Momentum"选择 Mass Flow Rate，并设置其值为 108.3kg/s，该值为本例的额定流量点，读者根据自己的情况选取。

3）其他边界条件，如壁面、交界面等在之前的章节已介绍，不再赘述。

7. 求解器设置

1）在任务栏中单击【 Solver Control 】。

2）基本设置。"Advection Scheme"设定为 High Resolution；"Turbulence Numerics"设定为 First Order（可以根据精度的要求自己设置），"Convergence Control"中最小设置 1，最大设置 2000。时间步长设为自动【 Auto Timescale 】。

8. 设定输出控制

1）在任务栏中单击【 Output Control 】。

2）在监测设置中，单击右侧的【 新建 】，然后命名为 pressure_in，进口采用方程来监测，设置进口压力方程 massFlowAve(Total Pressure)@inlet；而出口则命名为 pressure_out，使用的监测方程为 massFlowAve(Total Pressure)@outlet；扬程则命名为 h，采用的监测方程为 (outtp-inlettp)/1000[m^3kg-1]/9.8[ms-2]，单击【 OK 】，如图 4.5-12 所示。

9. 定义及求解计算

1）单击【 Define Run 】，如图 4.5-13 所示，对输出的文件进行命名后单击【 Save 】进行保存操作。

2）在弹出的对话框中，选择工作目录，单击【 Start Run 】对模型进行数值计算，如图 4.5-14 所示。

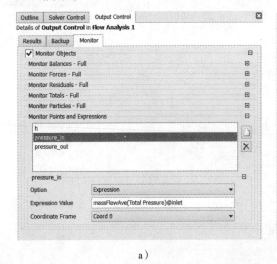

a）

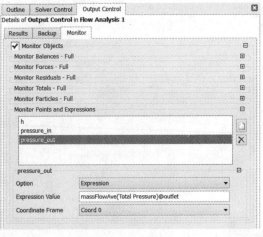

b）

图 4.5-12　输出控制

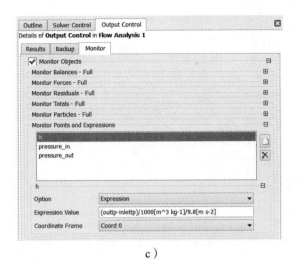

c）

图 4.5-12　输出控制（续）

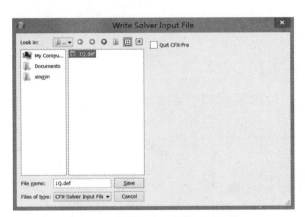

图 4.5-13　保存

图 4.5-14　运行

10. 查看收敛曲线

在 CFX-Solver Manager 求解器上可以观察残差收敛曲线和监测的扬程曲线，如图 4.5-15 和图 4.5-16 所示。

小技巧：为了清晰观测扬程的收敛情况，可以进行如下操作：右键单击鼠标，选择"Monitor Properties"，弹出如图 4.5-17 所示的对话框。

选择"Range Settings"选项卡，"Timestep Range Mode"选择 Most Recent；"Time Window Size"选择 100，如图 4.5-18 所示。单击【OK】，再次查看扬程的收敛曲线，如图 4.5-19 所示，可见扬程的波动在 0.004m 左右，可以认为本次计算的扬程收敛。

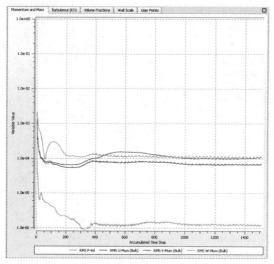

图 4.5-15　残差收敛曲线

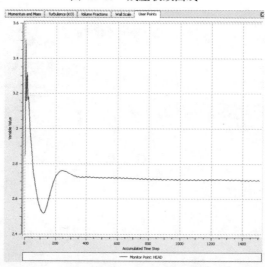

图 4.5-16　扬程曲线

图 4.5-17　Monitor Properties

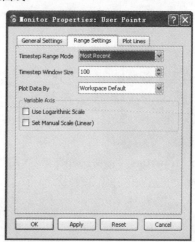

图 4.5-18　设置扬程曲线的显示范围

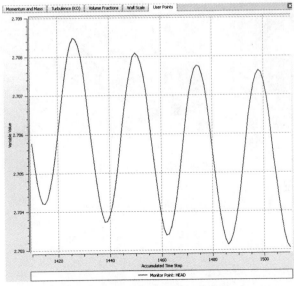

图 4.5-19 局部放大的扬程曲线

11. 后处理

（1）将结果文件导入 CFX-Post

在开始按钮中选择【所有程序】→【ANSYS14.5】→【Fluid Dynamics】→【CFX-Post14.5】，打开 CFX 的后处理软件，然后导入所需处理的结果文件。

（2）查看空泡分布

1）单击【 Location 】，选择"Isosurface"，进入 Isosurface 1 设置。

2）点开变量列表，选择 vap.Volume Fraction，设置等值为 0.1，如图 4.5-20 所示。

3）设置完成后，单击【Apply】，接着点开"Color"选项卡，设置等值面的颜色为白色，如图 4.5-21 所示。

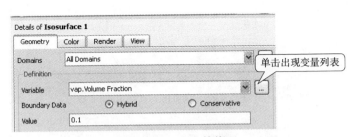

图 4.5-20 空泡等值面

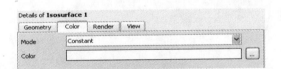

图 4.5-21 等值面颜色设置

4）最后单击【OK】，出现空泡体积分数为 0.1 的等值面，如图 4.5-22 所示。

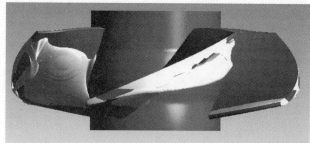

图 4.5-22　空泡等值面图

（3）查看漩涡分布

1）单击【Location】，选择【Vortex Core Region】。

2）在弹出的设置框中设置"Method"为"Swirling Strength"，并设置等级"Level"为0.03，单击【Apply】，如图 4.5-23 所示。

3）设置完成后出现如图 4.5-24 所示的涡核分布。在图中可以看到明显的泄漏涡分布。

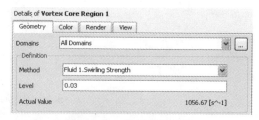

图 4.5-23　漩涡涡核设置

图 4.5-24　涡核分布

（4）叶片背面的空泡云图

1）单击【 Contour 】，进入云图的设置选项。

2）"Location"选择叶片的 4 个叶片的背面，"Variable"选择 vap.Volume Fraction；"Range"选择 Local，单击【Apply】，如图 4.5-25 所示。

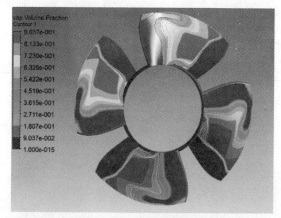

图 4.5-25　叶片背面的空泡云图

4.5.2 空化的非定常模拟

1. 在上节的基础上，修改时间形式

1）单击【 ⏱ Analysis Type 】。

2）选择【Analysis Type】为 Transient，设置计算总时间【Total Time】为 0.206897[s]，时间步长为 5.74713e-005[s]，如图 4.5-26 所示。注意由于本例的轴流泵转速为 1450r/min，一周的时间为 0.041379s，设置的总时间为叶轮旋转五周的时间，时间步长为叶轮选择转 0.5° 的时间。

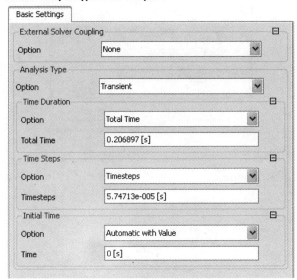

图 4.5-26 总时间与时间步长

2. 修改动静部件的交界面形式

1）打开进口管段与叶轮段的交界面设置，将【Frame Change/Mixing Model】改为 Transient Rotor Stator，其他设置不变，如图 4.5-27 所示。

图 4.5-27 修改交界面设置

2）同样方法，改变叶轮段与支撑板段的交界面。

3. 求解器设置

1）在任务栏中单击【 📐 Solver Control 】。

2）其他基本设置不变，修改每次迭代的步数为 30，如图 4.5-28 所示。注意，空化的非定常计算建议采用 30~50 的计算步数。

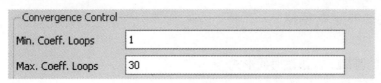

图 4.5-28　修改迭代步数

4. 设置输出选项

1）单击【 Output Control 】。

2）选中【Trn Results】选项卡，单击【新建】，弹出如图 4.5-29 所示窗口，选择默认名字，并单击【OK】。

图 4.5-29　Trn 选项卡

3）设置【Option】为 Standard，将计算的输出频率【Output Frequency】设为 10，并单击【Apply】，如图 4.5-30 所示。

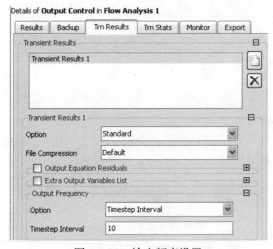

图 4.5-30　输出频率设置

4）打开监控点【Monitor】选项卡，可以设置计算时的某点压力或涡量大小的瞬态数值，这与监测扬程的原理一样，都是通过对公式的编辑进行监控的。

5. 求解计算

1）单击【 Execution Control 。

2）修改 def 的名字即可，如 xxxx.def 。

3）单击【 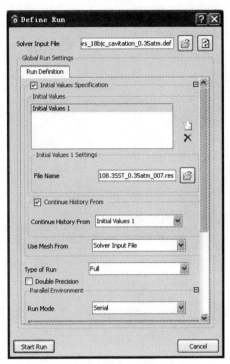 Define Run 】。

4）弹出如图 4.5-31 所示的窗口，单击【 OK 】即可。

5）在【 Initial Values Specification 】上打钩，并将之前计算得到的定常空化文件作为初始文件，如图 4.5-31 所示。

图 4.5-31　定义初始文件

6）单击【 Start Run 】开始求解。

6. 非定常的后处理

非定常的基本后处理方法与定常的处理方式一致，这里另外补充的是，非定常计算到的一组 Trn 文件可以做成连贯的视频文件，具体操作如下。

1）打开 CFX-POST 进入后处理界面。

2）单击【 Timesteps Selector 】，弹出对话框，单击【 Add Timesteps 】将保存的 Trn 文件全部加载进来，如图 4.5-32 所示。

3）单击【 Animation Timsteps 】，进入该对话框，设置保存选项，在【 Save Movie 】上打钩，如图 4.5-33 所示。

4）单击播放按钮，生成视频文件。

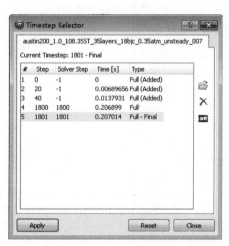

图 4.5-32　加载 Trn 文件

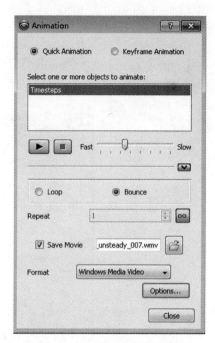

图 4.5-33　设置视频的保存

4.6　本章小结

　　本章基于 CFX 计算软件，详细地讲解了轴流泵空化的定常计算和非定常计算，以及之后的后处理方法，由于篇幅所限，重点讲解了基本的设置和方法，读者在学习的过程中可以多加摸索其他的功能，以便更加深入地理解空化问题的数值计算。

第5章 叶片泵流固耦合数值模拟实例

5.1 流固耦合方法

流固耦合问题一般分为两类：一类是流 – 固单向耦合，另一类是流 – 固双向耦合。单向耦合应用于流场对固体作用后，固体变形不大，即流场的边界形貌改变很小，不影响流场分布的，可以使用流固单向耦合。先计算出流场分布，然后将其中的关键参数作为载荷加载到固体结构上。典型应用如小型飞机按刚性体设计的机翼，机翼有明显的应力受载，但是形变很小，对绕流不产生影响。当固体结构变形比较大，导致流场的边界形貌发生改变后，流场分布会有明显变化时，单向耦合显然是不合适的，因此需要考虑固体变形对流场的影响，即双向耦合。例如大型客机的机翼，上下跳动量可以达到 5m，以及一切机翼的气动弹性问题，都是因为两者相互影响产生的。因此在解决这类问题时，需要进行流固双向耦合计算。下面简单介绍其理论基础。

连续流体介质运动是由经典力学和动力学控制的，在固定参考坐标系下，它们可以被表达为质量、动量守恒形式：

$$\frac{\partial \rho}{\partial t} + \nabla \cdot (\rho v) = 0 \qquad (5.1\text{-}1)$$

$$\frac{\partial \rho v}{\partial t} + \nabla \cdot (\rho vv - \tau) = f^B \qquad (5.1\text{-}2)$$

式中，ρ 为流体密度；v 为速度向量；f^B 为流体介质的体力向量；τ 为应力张量；在旋转的参考坐标系下，控制方程变为：

$$\frac{\partial \rho v}{\partial t} + \nabla \cdot (\rho v_r) = 0 \qquad (5.1\text{-}3)$$

$$\frac{\partial \rho v}{\partial t} + \nabla \cdot (\rho v_r v_r - \tau) = f^B + f_c \qquad (5.1\text{-}4)$$

形式和固定坐标系下基本相同，只是速度变成了相对速度，另外就是增加了附加力项 f_c。

固体有限元动力控制方程为：

$$[M]\left\{\ddot{u}\right\} + [C]\left\{\dot{u}\right\} + [K]\left\{u\right\} = \left\{F\right\} \qquad (5.1\text{-}5)$$

式中，$[M]$、$[C]$、$[K]$ 分别是质量矩阵，阻尼矩阵以及刚度矩阵；$\{F\}$ 为载荷矩阵。

流固耦合遵循最基本的守恒原则，所以在流固耦合交界面处，应满足流体与固体应力、位移、热流量、温度等变量的相等或守恒，即满足如下四方程：

$$\tau_f \cdot n_f = \tau_s \cdot n_s \tag{5.1-6}$$

$$d_f = d_s \tag{5.1-7}$$

$$q_f = q_s \tag{5.1-8}$$

$$T_f = T_s \tag{5.1-9}$$

5.2 单向流固耦合

思路分析：轴流泵的单向流固耦合仅仅考虑流场对结构的影响，并不考虑结构变形对流场的影响，所以其数据的传递是单向的，流场和结构分开计算，完成流场计算之后将其作为结构的边界条件加载到结构域上。本书通过 ANSYS 中 Workbench 模块实现轴流泵叶片的单向流固耦合分析。ANSYS 14.5 Workbench 平台整合了 ICEM CFD 软件，实现了ICEM 参数化划分网格的功能。本书的全部流程都将在 Workbench 平台中进行。本例以轴流泵为几何模型，流体域三维图如图 5.2-1 所示。流体域由四段组成，分别是：进口段、叶轮段、导叶段以及出口段。

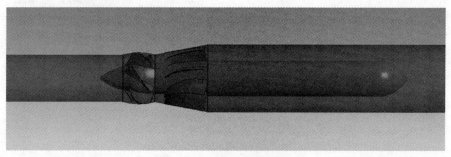

图 5.2-1　结构三维造型图

5.2.1　新建文件

1）启动 Workbench。在 Windows 系统中按下列路径打开，选择【开始】→【所有程序】→【ANSYS14.5】→【Workbench14.5】。

2）单击【File】→【Save】，选择需要保存的路径并将该文件命名为 "single-way FSI"。

3）展开 Workbench 窗口左侧树形栏的 Component Systems 工具箱，分别双击其中的 " Geometry " 以及 " ICEM CFD " 模块，重复上述过程三次，打开四个 " Geometry " 以及 " ICEM CFD " 模块；以同样的方式打开 Custom Systems 中的 " FSI: Fluid Flow(CFX) -> Static Structural " 模块。用鼠标左键拖动 A2 下的【Geometry】到 B2 下的【Model】上将两者连接起来，并且用同样的方式将 B2 下的【Model】拖动到 G2 的【Setup】上，同样的方法执行其他几何、网格模块，如图 5.2-2 所示。

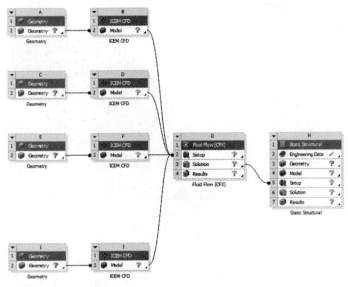

图 5.2-2　单向流固耦合计算流程图

5.2.2　流体域几何模型的处理及网格划分

1）处理物理模型。右键单击 A2 后单击【import Geometry】命令导入轴流泵叶片几何体模型，如图 5.2-3 所示，为了方便对几何体进行结构化网格划分，这里仅仅取叶轮 1/5 流道，鉴于导叶网格划分方法与叶轮相同且操作更加简单，而进口段以及出口段网格划分简单，这里仅仅介绍叶轮的网格划分时需要注意的要点。

图 5.2-3　叶轮 1/5 流道

2）修补几何体。双击 B2【Model】，启动 ICEM CFD，进入 ICEM CFD 工作界面。打开界面左边工具栏【Geometry】下拉菜单，【Surface】命令左边框打钩，右键单击【Surface】，勾选【Solid】和【Transparent】命令。通过【 ▦ 】命令修补几何体，如若几何体为封闭的几何体，则几何线条全部为红线，如若有黄线出现，则应对几何体进行相应的修补，如图 5.2-4 所示。

3）建立周期面。这里为了方便拓扑结构的建立，我们将几何模型切割出 1/5，实际上我们需要计算全流场，将来网格需要建立全流场网格模型，所以这里我们需要建立周期面，方便后续周期网格的建立。本书至此，相信读者已经对 ICEM CFD 这一网格划分工具有了一定的了解，下面为了突出这一章节的重点"流固耦合"，对于 ICEM CFD 网格划分的具体操作将做相应的简化。

通过点命令创建叶轮进水边圆弧的圆心，作为基准点，如图 5.2-5 所示。此时注意要勾选界面左边工具栏中【Geometry】下拉菜单中【Points】左边的方框，在工作界面中显示模型中的所有点。

单击图 5.2-6 中的"Global Mesh Setup ▦"图标，设置周期基准点及基准轴，如图 5.2-6 所示。

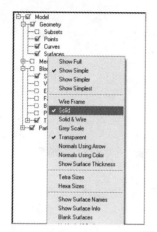

图 5.2-4　修补几何体

图 5.2-5　创建旋转周期基准点

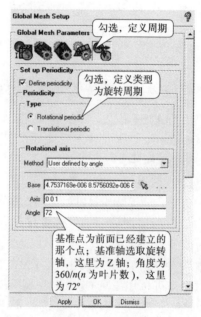

图 5.2-6　定义周期

　　根据以上章节的步骤，对轴流泵叶片各个面建立相应的 Part，所不同的是，这里要对周期面分别建立单独的 Part，然后建立拓扑，生成三维块，并且首先关联其中一个周期面上的四个端点，如图 5.2-7 所示。

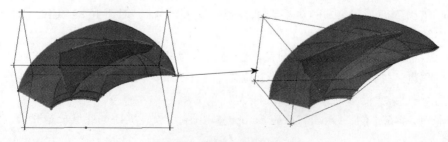

图 5.2-7　关联一侧周期面

单击【Blocking】下拉菜单中的"Edit Block "，然后单击"Periodic Vertices "，建立对应的周期点，完成另一个周期面上四个端点的关联，如图 5.2-8 所示。

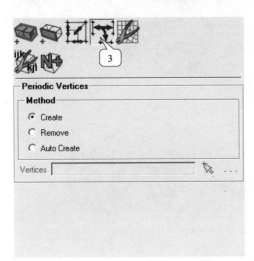

图 5.2-8 创建周期节点

4）块的划分。对于复杂几何的结构化网格的划分是一个极其费时费力的过程，其中的关键便是拓扑结构的划分（见图 5.2-9），由于篇幅的限制，这里仅仅给出块的划分方法，具体操作需要读者自己去操作。

5）生成六面体。待完成所有关联，预网格质量满足要求之后，单击【File】→【Mesh】→【Load from blocking】，生成六面体网格，如图 5.2-10 所示。

图 5.2-9 拓扑结构

6）删除周期面网格。在【Edit Mesh】标签栏下，单击"Delete Elements "按钮，然后按照图 5.2-11 中顺序依次进行直到删除周期面网格。

7）生成全流道网格。这时，多余的周期面的网格已经删除，接下来便是旋转复制网格，生成叶轮全流场网格，打开【Edit Mesh】标签栏，单击"Transform Mesh "按钮，具体设置如图 5.2-12 所示。最后叶轮全流场结构网格生成图如图 5.2-13 所示。

至此，叶轮的全流场结构化网格已全部生成。导叶的网格生成方法与此相似，这里不再赘述，而进口段出口段的结构化网格划分比较简单，这里也不再详细介绍。

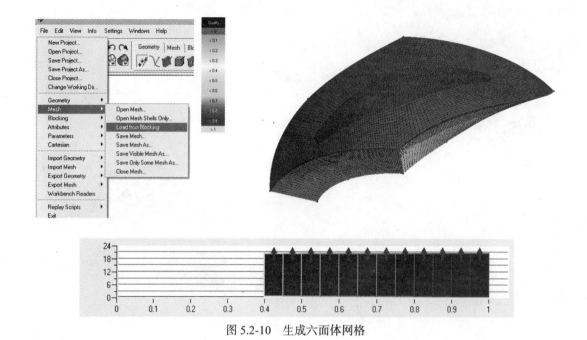

图 5.2-10　生成六面体网格

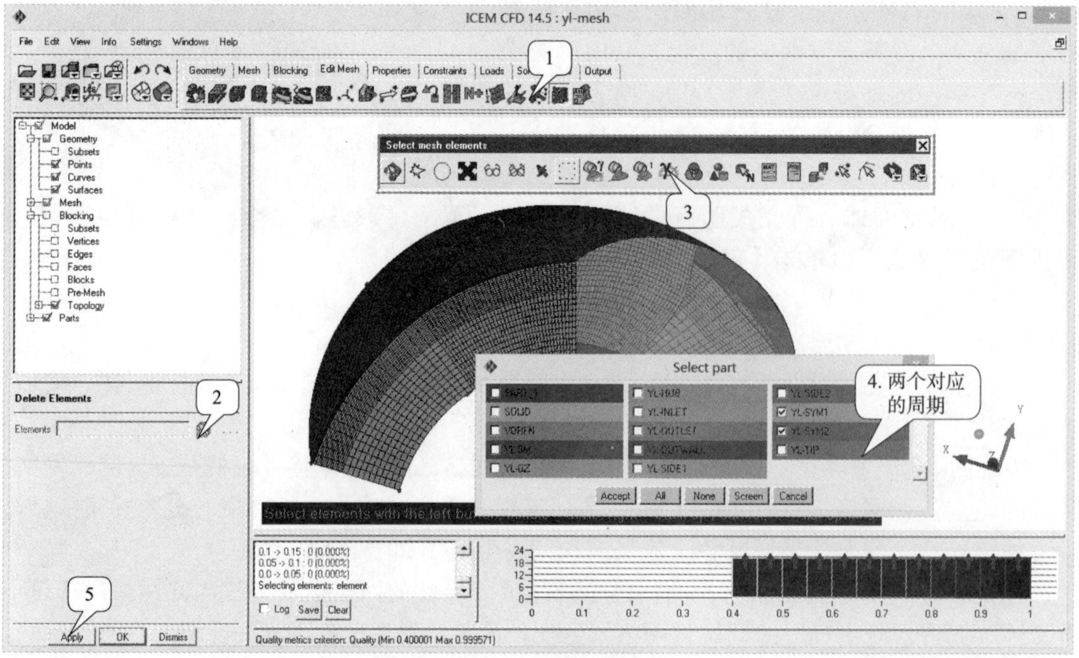

图 5.2-11　删除周期面网格

图 5.2-12　旋转复制网格

图 5.2-13　叶轮全流道网格

5.2.3　流体域前处理及求解

1）各段网格划分完毕之后，接下来的工作就是对流体域进行前处理。回到 Workbench 工作界面，双击 G2【Setup】进入 CFX 前处理界面，图 5.2-14 所示为轴流泵全流场。

2）在任务栏中，单击【　Domain】生成域，指定名称：jk，单击【OK】，如图 5.2-15 所示。

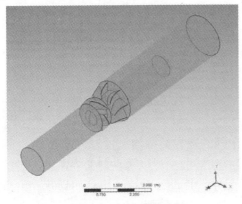

图 5.2-14　轴流泵全流场

图 5.2-15　创建域

3）在"Basic Setting（基本设置）"栏内按前面 3.2 节所教方法，设置好所需条件，如图 5.2-16 所示。

4）Fluid Models（流动模型）设置如图 5.2-17 所示。

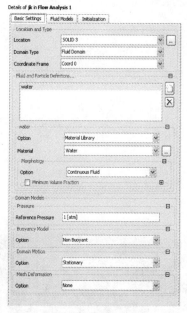

图 5.2-16　基本设置

图 5.2-17　流体属性设置

5）用步骤 3）和步骤 4）的参数对出口、导叶进行相同的设置。

6）设置叶轮域时，"Domain Motion"：Rotating，"Angular Velocity"：297[rev min^-1]，"Rotation Axis"：Global Z，其他的选项保持与 6）、7）一致，如图 5.2-18 所示。

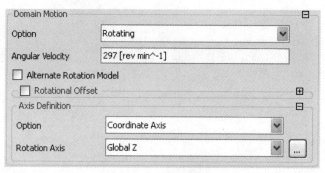

图 5.2-18　设置转速

7）以叶轮为例，设置边界条件。

如图 5.2-19 所示，将边界命名为"yl kt"（壳体）；"Boundary Type"；Wall；"Location"：叶轮壳体；"Boundary Details"保持默认。

类似地，将除各个域进出口以外的其余各个面的边界类型均设置为"Wall"。

8）设置交界面。由于旋转域的存在，导致存在静静交界以及动静交界两种类型的交界面的存在，进口 – 叶轮以及叶轮 – 导叶为动静交界，其设置方法一样，而导叶 – 出口为静静交界，设置方法更为简单，分别如图 5.2-20 和图 5.2-21 所示。

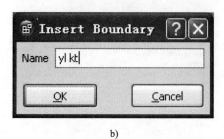

a)   b)

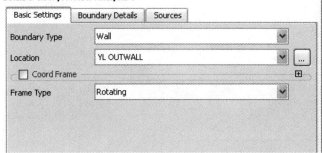
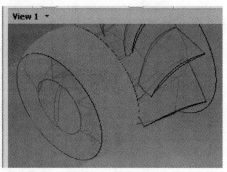

c)

图 5.2-19　叶轮壁面边界条件设置

图 5.2-20　动 – 静交界面设置   图 5.2-21　静 – 静交界面设置

9）全局进出口条件设置。进口设置为质量流，出口设置为开放压力及方向，具体如图 5.2-22、图 5.2-23 所示。

10）设定求解控制。单击任务栏中 " $\boxtimes$ Solver Control"，对求解器进行设置，具体如图 5.2-24 所示。

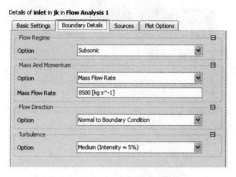

图 5.2-22 进口边界条件设置

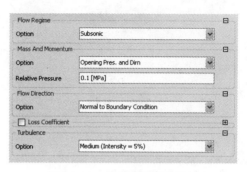

图 5.2-23 出口边界条件设置

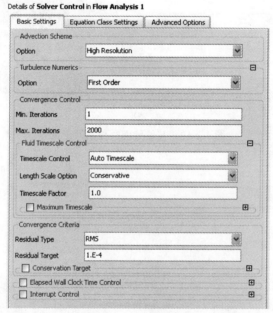

图 5.2-24 求解器控制

11）求解。由于本章节主要介绍单向流固耦合，并不需要对流体域的结果进行后处理，所以当求解完毕之后关闭求解器，返回 Workbench 工作界面。

5.2.4 固体域的处理

1）导入固体域几何模型。右键单击 H3【Geometry】，选择【Import Geometry】，将轴流泵的结构图导入进来。这里需要特别指出的是，固体域几何的空间坐标必须与流体域几何的空间坐标完全吻合，只有耦合面的坐标完全吻合，数据才能准确传递。其结构图如图 5.2-25 所示。

2）设置结构材料。打开工作界面左边的"Model"树形下拉菜单，打开【Geometry】子菜单，打开几何体详细菜单栏。设置结构材料，本例使用默认的材料结构钢，读者在实际运用中需要根据实际设置物质材料，材料属性的设置需要返回到 Workbench 工作界面中的【Static Structural】模块的【Engineering Data】里完成。

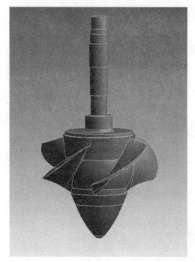
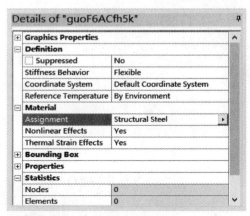

图 5.2-25　结构图

3）网格划分。固体域的网格划分使用 Workbench 自带的网格划分工具进行四面体自划分。得到高质量的网格并不是一件容易的事情，需要花费大量的时间与精力去学习，为了简单起见，这里仅进行简单的设置。单击左边工具栏里【Mesh】，打开【Mesh】详细菜单栏，按图 5.2-26 中进行设置，生成的网格如图 5.2-26 所示。

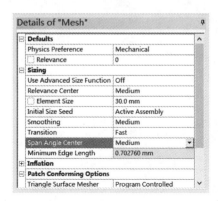
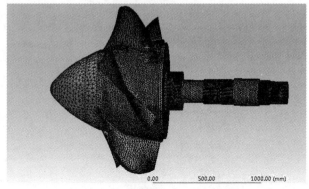

图 5.2-26　网格划分

4）设置边界条件。边界条件的设置至关重要，因为求解结果可靠与否与边界条件的设置直接相关，所以边界条件的设置是结构分析中最为重要的一步。

右键单击左边工具栏中【Static Structural】，插入【Cylindrical Support】，选择图 5.2-27 中的 A 面使用全约束，即各个方向的自由度全部约束，其详细菜单栏如图 5.2-27 右图，采用同样的方法来约束 B 面。

载荷加载，除了流体作用力，结构域还受到由自重引起的重力以及由旋转引起的离心力。首先，加载重力：右键单击【Static Structural】，插入【Standard Earth Gravity】，具体设置如图 5.2-28 所示。

离心力通过给结构施加转速的方式加载，右键单击【Static Structural】，插入【Rotational Velocity】，具体设置如图 5.2-29 所示。

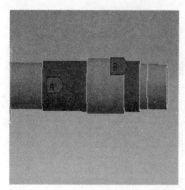

图 5.2-27 添加圆柱约束

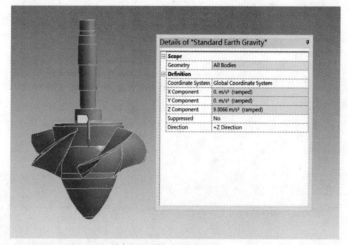

图 5.2-28 添加重力

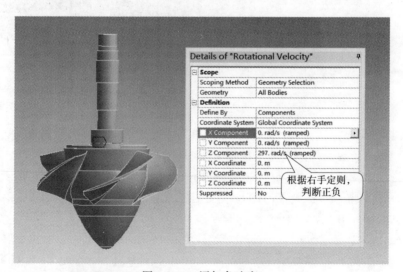

图 5.2-29 添加角速度

加载流体作用力。右键单击【Imported Pressure】，选择【Insert】→【Pressure】，选择固体与流体的耦合面进行加载，待设置完毕，右键单击【Imported Pressure】，选择【Load

Pressure】。该例流体加载结果如图 5.2-30 所示。

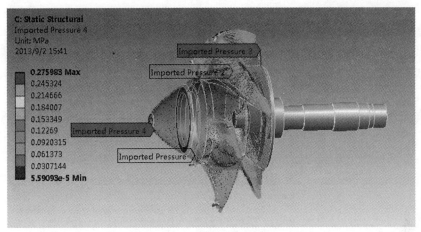

图 5.2-30　加载流体作用力

5）求解，右键单击【Solution】，选择【Solve】，进行求解计算。

6）后处理，右键单击【Solution】，插入变形和等效应力，具体设置如图 5.2-31 所示。

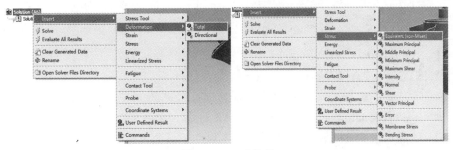

图 5.2-31　后处理

右键单击【Solution】，选择【Evaluate All Result】，更新后处理结果。则叶轮等效应力以及变形云图如图 5.2-32 所示，其中图 a 为变形分布云图，图 b 为等效应力分布云图。

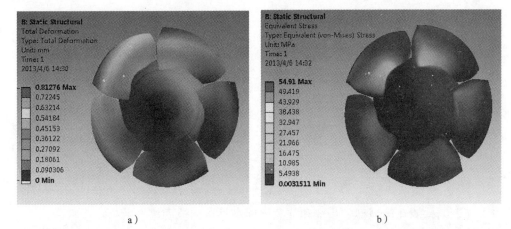

a ）

b ）

图 5.2-32　后处理云图

5.3 双向流固耦合

双向流固耦合既考虑流场对固体的影响，同样也要考虑由于结构发生变形反过来对流场的影响，数据传递并不像单向流固耦合一样是单向的，而是双向的，即将流体域的计算结果中的应力应变作为结构的边界条件，对结构进行求解，然后将结构的求解结果作为流体域的初始条件进行求解，如此反复。本书采用 ANSYS14.5 在 Workbench 平台上完成轴流泵的双向流固耦合过程。另外需要说明的是，双向流固耦合分析的设置相对复杂且困难一些，如果设置不合理或者设置错误，就会有错误提示甚至中断计算，因此在设置时需要非常仔细。如前所述，双向流固耦合中经常发生的错误主要集中在两个方面：

1）时间步的统一问题。既要考虑流场分析又要考虑结构分析，不同的问题需要考虑的侧重点也不同。例如，高超声速问题，流场分析收敛更困难些，所以时间步的设置应以流场分析收敛为目标；但是对橡胶等非线性材料的分析，固体分析的时间步长设置更为重要一点。

2）结构大变形导致的流场网格问题。首先需要明确结构分析中的大变形选项（Large deformation）是否需要打开，然后就需要考虑的就是 CFX 中的流场网格设置，其中 Mesh deformation 至关重要，需要用户认真仔细比较其下设的各种选项，详见 CFX 帮助文档。

5.3.1 新建文件夹

1）启动 Workbench。在 Windows 系统中按下列路径打开，选择【开始】→【所有程序】→【ANSYS14.5】→【Workbench14.5】。

2）单击【File】→【Save】，选择需要保存的路径并将该文件命名为"Two-way FSI"。

3）展开 Workbench 右侧工具栏中【Analysis Systems】菜单栏，双击【Transient Structural】，然后右键单击【Setup】按图 5.3-1 操作，添加 CFX 模块，如图 5.3-1 所示。

4）由于双向流固耦合的求解以及后处理全部在 CFX 里完成，所以删除【Transient Structural】的【Solution】模块，则双向耦合的流程图如图 5.3-2 所示。

图 5.3-1　建立双向耦合流程

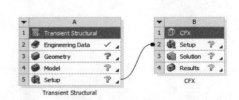

图 5.3-2　双向耦合示意图

5.3.2 固体域的设置

1）导入结构的几何模型。步骤和注意事项参见单向流固耦合的操作步骤。

2）设置材料属性。参见单向流固耦合。

3）网格划分。参见单向流固耦合。

4）设置边界条件。

由于双向流固耦合结构上采用瞬态，流体上采用非定常设置。所以，两者边界条件与单向耦合都存在较大的不同，这里详细介绍如下。

1）时间步长的设置。前面已经说过，双向流固耦合的时间步长的设置至关重要，结构与流体的时间步长的设置要完全吻合起来。单击【Analysis Settings】打开详细菜单栏，如图 5.3-3 设置。其中【Step End Time】为迭代总时间，为简单起见这里设置为 1s；【Auto Time Stepping】选择 Off；【Time Step】时间步长，这里设置为 0.01s，即每 0.01s 计算一次。

2）轴承处同样适用圆柱约束，如图 5.3-4 所示。

图 5.3-3　设置时间步长

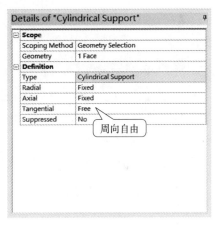

图 5.3-4　添加圆柱约束

3）重力加载同单向耦合一样。

4）角度的添加，由于瞬态分析中的初始设置中并不能直接添加角速度，所以角速度的初始化需要直接在边界条件中设置，如图 5.3-5 所示。

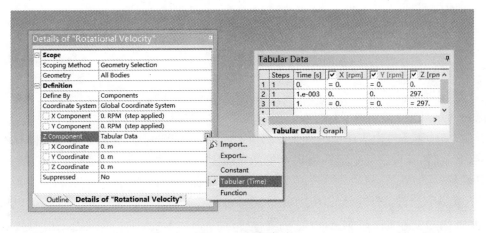

图 5.3-5　添加角速

5）创建耦合面。右键单击【Transient(A5)】，按图5.3-6插入耦合面，然后在耦合面详细菜单栏中选择结构上与流体耦合的面即可。

图5.3-6　建立耦合面

5.3.3　流体域的设置

1）返回Workbench工作界面，右键单击B2【Setup】，如图5.3-7a操作，将先前设好的稳态前处理文件导进来，因为流体域的定常和非定常设置仅有部分不同，这里仅需讲定常设置稍作修改即可。然后单击工具栏中【Update Project】，进行更新，如图5.3-7b所示。

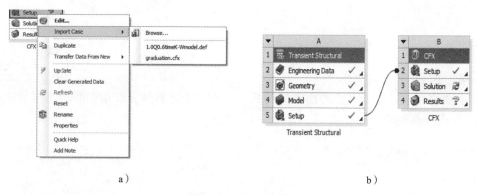

a）　　　　　　　　　　　　　　　　　　　　b）

图5.3-7　导入流体域

2）流体域分析类型设置。双击B2【Setup】按钮，进入CFX前处理模块，接着进入【Analysis Type】，设置如图5.3-8所示。

3）设置边界条件。进出口边界条件的设置与定常状态的设置相同，这里不再赘述。双向耦合时，流体域设置与定常不同之处主要为耦合面处边界条件的设置，这里主要指旋转域，即叶轮段。

4）域基本设置。打开叶轮域【Basic Setting】菜单，其他设置与定常时设置相同，唯有"Mesh Deformation"如图5.3-9所示进行设置。

5）耦合面边界设置。叶轮表面、轮毂、轮缘以及倒流冒表面都是耦合面，前三者都分布在叶轮域，而导流冒包含在进口段。叶轮表面、轮毂以及轮缘耦合面的边界条件设置为【Wall】，与定常时一样，所不同的是【Boundary Details】里的设置，如图 5.3-10 所示。通过耦合面传递压力数据，根据读者需要也可以添加传递数据的信息。导流冒处的设置在进口段完成，其过程与以上完全相同。

图 5.3-8　设置流体域时间步长

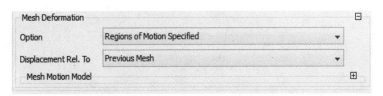

图 5.3-9　设置网格变形

6）求解控制。求解器控制【Solver Control】里可以使用系统默认的设置，也可以根据模型收敛难易的程度对迭代步数进行相应修改，这点可以参见轴流泵非定常计算的设置。需要指出的是双向耦合时【External Coupling】中求解顺序的设置，需要根据实际情况设定求解顺序，如果是固体带动流体就先求解固体，反之就先求解流体，如图 5.3-11 所示。

7）输出结果控制。非定常计算必须要为 TRN 文件设置输出结果控制，具体设置参见非定常计算相关设置，不同的是流固耦合时需要输出网格变形，以及需要设置输出频率，打开【Trn Results】菜单栏，单击【 　 】添加瞬态结果，名字采用默认名，【Option】选择"Selected Variables"，【Output Variables List】选择如图 5.3-12 所示，以及输出频率【Output Frequency】需根据读者自己需要设定。

图 5.3-10　设置耦合面边界条件

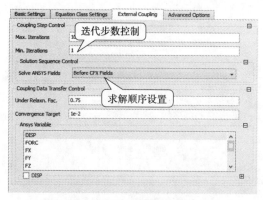

图 5.3-11　求解顺序设置

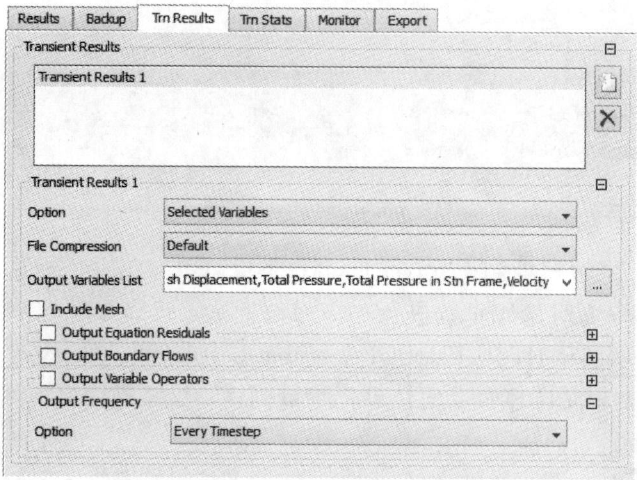

图 5.3-12　设置非定常输出结果

5.3.4　求解

　　返回 Workbench 工作界面，双击 B3【Solution】，进入求解界面。由前面轴流泵非定常计算可知，轴流泵非定常情况下不需要前处理进行初始化，可以在求解时以定常的计算结果作为非定常的初始值进行计算，如图 5.3-13 所示。

图 5.3-13　非定常初始化

5.3.5　后处理

流固耦合的结构域以及流体域的后处理都在 CFX-Post 中进行，这里不再赘述。

5.4　基于单向流固耦合的转子部件的模态分析

轴流泵叶片在运行过程中受到巨大的轴向力，轴向力的存在会使结构发生应力刚化现象，从而改变结构的刚度，进而改变结构的固有频率。本例基于单向流固耦合对轴流泵转子部件进行在预应力情况下的模态分析。

5.4.1　新建文件夹

1）启动 Workbench。在 Windows 系统中按下列路径打开，选择【开始】→【所有程序】→【ANSYS14.5】→【Workbench14.5】。

2）单击【File】→【Save】，选择需要保存的路径并将该文件命名为 "Modal"。

3）展开 Workbench 右侧工具栏中【Custom Systems】菜单栏，双击【FSI：Fluid Flow（CFX）→ Static Structural】，然后右键单击 B6【Solution】按图 5.4-1 操作，添加 Modal 模块。

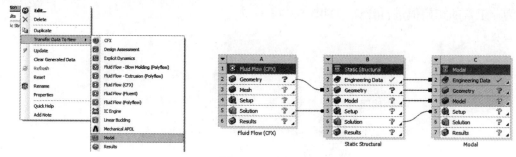

图 5.4-1　分析流程

5.4.2　流固耦合设置

流固耦合设置参照单向流固耦合设置。

5.4.3　模态分析

返回 Workbench 工作界面，双击 C5【Setup】进入模态分析工作界面。此时单向流固耦合已经求解完毕，结构所受到的作用力已全部加载到结构上去，只需直接求解即可。求解器默认只取前六阶模态，图 5.4-2 所示为流固耦合作用下结构的前三阶模态分布。

图 5.4-2　流固耦合作用下前三阶模态

综合对比流固耦合作用下结构的前六阶固有频率与不考虑预应力情况下的模态分布，有下图 5.4-3 可见，结构在流固耦合作用下发生了明显的应力刚化现象，结构的固有频率明显提高。

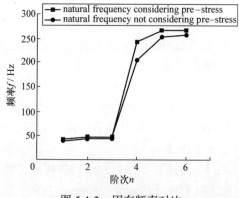

图 5.4-3　固有频率对比

5.4.4 湿模态分析

　　传统的方法都是通过附加质量法来计算结构在水中的模态，即湿模态，本文利用 APDL 语言命令流和 Workbench 平台耦合的方法来实现对转子部件在预应力情况下湿模态的计算。预应力下结构模态的计算方法，已经介绍过，所以前期设置与上面完全相同，不同的是，需要在 Workbench 里导入流体域模型，以设置边界条件，过程这里不再赘述。首先需要叶轮流体域几何模型将叶轮包围起来。固体域的材料全部在 Workbench 中定义，流体域材料的添加需要通过插入命令流的方法实现，为了获得更高的求解精度，用 Fluid220 和 221 高阶单元作为流体域单元，由于流体域单元不支持完全积分法，所以这里对流体域积分控制使用缩减积分法，而对流固耦合面的固体域积分控制使用完全积分法。由于 Fluid220 和 221 都是高阶单元，为了确保在划分网格时产生一致的高阶单元，这里强制程序保留单元边线上的中节点，Workbench 默认使用 Solid186 和 187 作为结构单元，二者都是高阶单元。对于流体域边界条件的处理同样在命令流中实现：①对于只有压力自由度的单元，只要指定自由液面处的压力自由度为零，即为完全固定；②对和固体结构耦合的液体单元，则只要指出单元和固体结构相耦合的面，而这些面上的压力、位移参量关系的确定则由程序自动完成。

　　（1）插入命令流如下

/prep7

allsel, all

*get, etmax, etyp,, num, max,

*get, matmax, mat,, num, max,

*set, hetid, etmax+1

*set, tetid, etmax+2

*set, matid, matmax+1（提取参数，并赋值参数。）

et, hetid, fluid220

keyopt, hetid, 2, 1

et, tetid, fluid221

keyopt, tetid, 2, 1

mp, dens, matid, 1000e-9

mp, sonc, matid, 1400e3（定义流体单元，一为四面体，另一为六面体，单元属性为无流固耦合，并且定义水的参数，包括声波在水中的速度。）

cmsel, s, water,

emodif, all, mat, matid,

esel, r, ename,, solid186

emodif, all, type, hetid,

allsel, all

cmsel, s, water,

esel, r, ename,, solid187

emodif, all, type, tetid,（修改流体模型水的单元和材料；单元修改分别针对四面体和六面体形状。）

```
allsel，all
*get，etmax，etyp，，num，max，
*set，hetid，etmax+1
*set，tetid，etmax+2（再一次提取参数，并赋值参数。）
et，hetid，fluid220
et，tetid，fluid221（再次定义两种形状的流体单元，使其具有流固耦合的属性。）
cmsel，s，present，
esln，r
esel，r，ename，，fluid220
emodif，all，type，hetid，
allsel，all
cmsel，s，present，
esln，r
esel，r，ename，，fluid221
emodif，all，type，tetid，（修改流固耦合处流体单元，使其具有流固耦合的能力。）
allsel，all
finish
/solu
modopt，unsym，6，（取其前六阶模态。）
sf，present，fsi
d，pressure，pres，0
allsel，all（赋值流体边界处节点的压力自由度为零。）
```

（2）求解之后，前三阶振型图如图 5.4-4 所示

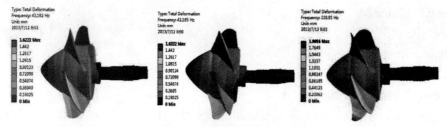

图 5.4-4　湿模态前三阶振型图

则前六阶固有频率如图 5.4-5 所示。

阶次	预应力下的固有频率（Hz）
1.	41.923
2.	46.614
3.	46.641
4.	243.74
5.	267.77
6.	267.85

图 5.4-5　前六阶湿模态固有频率

（3）对比结构在预应力情况下在真空和在水中的前六阶固有频率，如图 5.4-6 所示

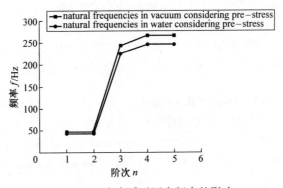

图 5.4-6 水介质对固有频率的影响

结构在水中各个阶次的固有频率都下降了，幅度大概在 10% 左右，这是由于在结构动力学方程中考虑到阻尼矩阵 C 的原因，说明阻尼起到了降低固有频率的作用，由于水的深度以及其他因素都会对结果造成影响，但是本方法的湿模态计算结果的降幅与其他文献的计算结果降幅相当。另外由图 5.4-4 可以看出，在水中各阶振型对应的振幅相比于在真空中也相应降低，这是水介质阻尼作用的结果。

参 考 文 献

[1] 谢龙汉，赵新宇，张炯明 . ANSYS CFX 流体分析及仿真 [M]. 北京：电子工业出版社，2012.

[2] 纪兵兵，陈金瓶 . ANSYS ICEM CFD 网格划分技术实例详解 [M]. 北京： 中国水利水电出版社，2012.

[3] 胡仁喜 . UG NX 8 中文版曲面造型从入门到精通 [M]. 北京： 机械工业出版社，2012.

[4] 王福军 . 计算流体动力学分析 -CFD 软件原理与应用 [M]. 北京：清华大学出版社，2004.

[5] Zhang D，Shi W，Pan D，et al.Numerical and Experimental Investigation of Tip Leakage Vortex Cavitation Patterns and Mechanisms in an Axial Flow Pump[J]. Journal of Fluids Engineering，2015，137(12)：103-121.

[6] Zhang Desheng，Shi Weidong，B.P.M. (Bart) van Esch，et al. Numerical and experimental investigation of tip leakage vortex trajectory and dynamics in an axial flow pump[J]. Compututers & Fluids，2015，112:61-71.

[7] Zhang Desheng，Shi Weidong，Pan Dazhi，et al. Numerical simulation of cavitation shedding flow around a hydrofoil using Partially-Averaged Navier-Stokes model[J]. International Journal of Numerical Methods for Heat & Fluid Flow.2015，25（4）：825-830.

[8] Zhang Desheng，Pan Dazhi，Xu Yan，et al. Numerical investigation of blade dynamic characteristics in an axial flow pump[J].Thermal science，2013，17(5)：1511-1514.

[9] Zhang Desheng，Shi Weidong，Chen Bin，et al. Unsteady flow analysis and experimental investigation of axial-flow pump[J]. Journal of Hydrodynamics，Ser.B，2010，22(1)：35-44.

[10] Zhang Desheng，Pan Dazhi，Shi Weidong，et al. Study on tip leakage vortex in an axial flow pump based on modified shear stress transportation k- ω turbulence model[J]. Thermal science，2013，17(5)：1551-1555.

[11] Shi Weidong，Zhang Desheng，Guan Xingfan，et al. Numerical and experimental investigation on high-efficiency axial-flow pump[J]. Chinese Journal of Mechanical Engineering，2010，23(1)：38-44.

[12] Zhand D，Shi W，Wu S，et al.Numerical and Experimental Investigation of Tip Leakage Vortex Trajectory in an Axial Flow Pump[C]//ASME 2013 Fluids Engineering Division Summer Meeting. American Society of Mechanical Engineers，2013：V01BT10A005-V01BT10A005.

[13] Pan D Z，Zhang D S，Wang H Y，et al.Numerical analysis of the interactions of sheet cavitation and cloud cavitation around a hydrofoil[C]//IOP Conference Senes：Materials Science and Engineering.IOP Publishing，2015，72（2）：022005.

[14] Zhang Desheng，Shi Weidong，Chen Bin，et al.Unsteady flow analysis and experimental investigation of axial-flow pump[J].Journal of Hydrodynamics，Ser.B，2010，22(1)：35-44.

[15] Zhang D，Shi W，Chen B，et al.Numerical Simulation and Flow Field Measurement of High Efficiency Axial-Flow Pump[C]//ASME 2009 Fluids Engineering Division Summer Meeting.American Society of Mechanical Engineers，2009：99-106.

[16] 张德胜，石磊，陈健，等 . 基于大涡模拟的轴流泵叶顶泄漏涡瞬态特性分析 [J]. 农业工程学报，2015，31(11):74-80.

[17] 张德胜，施卫东，潘大志，等.基于数值模拟的特种混流泵水力性能优化与试验 [J]. 机械工程学报，2014，50(5)：177-184.

[18] 张德胜，陈健，张光建，等 . 轴流泵叶顶泄漏涡空化的数值模拟与可视化实验研究 [J]. 工程力学，2014，31(9)：225-231.

[19] 张德胜，张磊，施卫东，等 . 基于流固耦合的离心泵蜗壳振动特性优化 [J]. 农业机械学报，2013，44(9)：40-45.

[20] 张德胜，施卫东，陈斌，等 . 高扬程潜水排污泵叶轮和蜗壳的匹配优化与试验 [J]. 农业工程学报，2013，29(1)：78-85.

[21] 张德胜，施卫东，陈 斌，等 . 低比转速离心泵内部流场分析及试验 [J]. 农业工程学报，2010，26(11)：108-113.

[22] 施卫东，冷洪飞，张德胜，等 . 轴流泵内部流场压力脉动性能预测与试验 [J]. 农业机械学报，2011，42(5)：44-47.

[23] 施卫东，邹萍萍，张德胜，等 . 高比转速斜流泵内部非定常压力脉动特性 [J]. 农业工程学报，2011，27(4)：147-151.

[24] 施卫东，邹萍萍，张德胜，等 . 斜流泵性能预测与叶轮进出口环量分析 [J]. 农业机械学报，2011，42(5)：94-97.

[25] 张德胜，石磊，施卫东，等 . 轴流泵叶轮叶顶区空化流的数值模拟与实验研究 [J]. 水利学报，2014，45(2)：68-75.

[26] 张德胜，潘大志，施卫东，等 . 轴流泵叶顶区的空化流场与叶片载荷分布特性 [J]. 化工学报，2014，65(2)：501-507.

[27] 张德胜，邵佩佩，潘大志，等 . 轴流泵叶顶泄漏涡的流体动力学特性的数值模拟 [J]. 农业机械学报，2014，45(3)：70-75.

[28] 张德胜，王川，施卫东，等 . 轴流泵叶轮出口轴面速度数学模型的建立与验证 [J]. 水力发电学报，2013，32(6)：239-243.

[29] 张德胜，施卫东，张华，等 . 轴流泵叶轮端壁区流动特性数值模拟 [J]. 农业机械学报，2012，43(3)：73-77.